AUF SAMTPFOTEN DURCH DIE GESCHICHTE

BABA, die Katze
mit PAUL KOUDOUNARIS

AUF SAMTPFOTEN DURCH DIE GESCHICHTE

Wie wir Katzen die Welt eroberten

Aus dem Amerikanischen von Elisabeth Liebl

BEN
VE
NTO

1. Auflage 2023

Translated from the English language:
A CAT'S TALE. A JOURNEY THROUGH FELINE HISTORY
Published by arrangement with
Henry Holt & Company, New York

Medieninhaber, Verleger und Herausgeber:
Red Bull Media House GmbH
Oberst-Lepperdinger-Straße 11–15
5071 Wals bei Salzburg, Österreich

Satz:
Schimmelpenninck.Gestaltung
nach einem Design von
Simona Materazzini at Barnbrook
Umschlaggestaltung:
Schimmelpenninck.Gestaltung
Umschlagmotive:
Schimmelpenninck.Gestaltung
Übersetzung:
Elisabeth Liebl
Printed by DZS Grafik, Slovenia
ISBN: 978-3-7109-0162-1

FSC www.fsc.org
MIX
Papier aus verantwortungsvollen Quellen
FSC® C106600

C.O.D
Cafe AN
HOUSE POT PIE
MOUSE ON TOAST
FRIED ROB
CATNIP SAU
TO DAY.
MILK

Dieses Buch ist gewidmet
all den unbeugsamen Katzen,
die Eingang in die Geschichte
gefunden haben. Und den Menschen,
die klug genug waren, sich nicht
einzumischen und sie gewähren
zu lassen.

INHALT

11	**Einführung** – Auf ein Abenteuer mit einer sehr gelehrten Tigerkatze
19	**Das Goldene Zeitalter** – Katzen im Neolithikum und Alten Ägypten
55	**Ruhmreiche Pfade** – Der Siegeszug der Katze in Asien
87	**Triumph und Tragödie in Europa** Aufstieg und Fall des Katzenreiches
127	**Auf großer Fahrt** – Schiffskatzen und andere kätzische Helden
169	**Wiedergutmachung** – Die Aufklärung und der Weg der Katze in die Moderne
207	**Ein Neuanfang** Katzen in Amerika
273	Ein kurzes Wort von Babas Mensch
278	Bibliografie
283 ff.	Dank und Bildnachweis

Auf ein Abenteuer mit einer sehr gelehrten Tiger-Katze

Menschen sagen ja gerne, dass es ihnen unglaublich schwerfällt, Katzen zu verstehen. Da euch dies vor Probleme zu stellen scheint, sei hier eines in aller Deutlichkeit betont: Wir Katzen verstehen einander mühelos. Wenn ihr also aus uns nicht schlau werdet, so liegt das einzig und allein an euch. Und außerdem, wenn ich mal so offen sein darf, ist es schon etwas anmaßend von der Menschheit zu glauben, sie habe Anspruch darauf zu wissen, was in unseren Köpfen vorgeht.

Allerdings kann ein bisschen Verständnis für uns Katzen auch nicht schaden. Ihr habt ja durch den Kauf dieses Buches eure guten Absichten und euer Interesse bereits unter Beweis gestellt. Daher möchte ich euch einladen, euer mageres Wissen ein wenig aufzupolieren. Und ich muss schon sagen: Wenn ihr mehr über uns Katzen erfahren wollt, dann seid ihr hier goldrichtig, denn keine andere Katze hat sich so intensiv mit dem Studium ihrer Art befasst wie ich!

Aber was wollt ihr denn eigentlich wissen?

Vielleicht möchtet ihr ja, dass ich euch etwas über die verschiedenen Rassen erzähle und warum die Zeichnung des Fells die eine zum Zuchtsieger macht, während die andere weiter ein Leben als Straßenkatze führen darf? Oder seid ihr eher an Celebrity-Katzen aus Cartoons, Fernsehen und Internet interessiert? Jenen Katzen, die es zu so viel Ruhm gebracht haben, dass man ihr Konterfei auf T-Shirts druckt und ihre Possen Millionen von Menschen vorführt?

Ihr Menschen interessiert euch tatsächlich für so was. Das Problem ist nur: Wer sich für solche Themen begeistert, *interessiert sich nicht wirklich für Katzen!* Darüber zu schreiben, würde euch nur in eurem albernen Treiben bestärken. Denn diesen ganzen Unsinn hat sich der Mensch ausgedacht, und keine Katze auf dieser Welt würde sich je damit beschäftigen. Was kratzt es uns, ob der Farbton unseres Fells euren Zuchtstandards entspricht? Wir schätzen uns aus ganz anderen Gründen. Auch sind uns Zeichentrickfiguren zutiefst gleichgültig, vor allem wenn sie als Spiegel für euer dümmliches menschliches Verhalten herhalten müssen. Und die berühmten Internetkatzen? Sie spülen Geld in eure Kassen, ohne auch nur das Geringste über das stolze Leben einer Katze auszusagen. Bloße Klischees, die suggerieren, wir seien auf der Welt, um süß zu wirken und euch Menschen zu amüsieren. Keine Katze, die etwas auf sich hält, würde sich je für so etwas hergeben.

Wenn ihr wirklich etwas über uns erfahren wollt, dann müsst ihr derlei Albernheiten vergessen. Ihr müsst vielmehr eintauchen in unsere Geschichte. Eine Saga, die vor sehr langer Zeit begann, als wir, der Stolz der Natur, die urzeitlichen Wälder durchstreiften, in denen die Menschen nicht anders lebten als die Tiere. Wenn ihr uns Katzen auf dem Weg durch die Jahrtausende folgt, werdet ihr feststellen, dass die Geschichte unserer Art ebenso von Liebe und Ehre geprägt ist wie die jeder anderen Spezies, von unseren kätzischen Helden mal ganz abgesehen. Unsere Geschichte ist reich an großen Namen und ehrwürdigen Katzen, die unglaubliche Leistungen vollbracht haben, an die man sich auch Jahrhunderte später noch erinnert. Aber auch Leid und Verluste mussten wir erfahren.

– Was? Eine Weltgeschichte der Katzen? Also weißt du, Baba! –

Na klar! Du tust ja gerade so, als wäre das etwas Außergewöhnliches. Das Ego deiner Spezies ist so ausgeprägt, dass es denkt, »Geschichte« sei eine Errungenschaft, die allein ihr zukomme. Eure Annalen berichten nur von Menschen. Selten würdigen sie den Beitrag, den andere Arten geleistet haben. Dabei wärt ihr ohne deren Unterstützung wohl kaum dort, wo ihr heute steht. Beweise? Wenn ihr über Alexander den Großen redet, dann erzählt ihr voller Ehrerbietung von seinen Siegen und großen Taten, die in Filmen und Büchern geschildert werden. Wer aber verehrt Bukephalos?

Falls ihr euch überhaupt an seinen Namen erinnert, dann ist er für euch nur das Reittier, das tat, was der große Mann von ihm wollte. Aber hat nicht dieses »Nur-Pferd« Alexander zu jedem Sieg getragen? War es nicht ebenso kühn? Hat es nicht ebenso sein Leben riskiert, während es den Feldherrn schnell wie der Wind in die Schlacht trug – und ihn genauso schnell wieder in Sicherheit brachte, wenn er in Gefahr war? Die beiden vertrauten einander und teilten ihr Leben. Sie waren Partner. Und wenn ihr nun meint, das Pferd sei weniger wichtig gewesen, dann fragt euch doch mal: Wo wäre Alexander ohne Bukephalos? Das kann ich euch sagen: in Makedonien. Ohne sein Pferd hätte er wohl kaum nach Indien ziehen können und von dort nach Ägypten!

Wie ihr seht, hatten in der Geschichte der Menschheit alle Arten ihre Hand mit im Spiel – oder besser gesagt: den Huf beziehungsweise die Pfote. Jede Art hat ihr eigene, an Geschichten reiche Historie, und all diese Geschichten sind eng miteinander verknüpft. Das gilt vor allem für die Geschichte von Katze und Mensch, denn die historische Partnerschaft zwischen unseren Arten ist eine höchst innige. Wir standen schon in grauer Vorzeit helfend an eurer Seite. Ihr habt uns zu Göttern erhoben, und wir sind auf unserem Thron zu Zeugen eurer Fortschritte geworden. Wir sind mit euch durch dick und dünn gegangen bis in weit entfernte Länder. Und wir stehen euch auch heute noch zur Seite.

Trotzdem nehmen die Menschen von unserer Geschichte meist keine Notiz, und unsere größten Errungenschaften gelten euch als banal. Es ist typisch für euch, dass ihr uns als eure Schutzbefohlenen betrachtet, als hilflose Geschöpfe, die ohne euch verloren wären. Diese Vorstellung ist ebenso amüsant wie beleidigend. »Lass bloß die arme Katze nicht raus!«, heißt es, wenn wir sehnsüchtig durchs Fenster nach draußen blicken oder auf die offene Tür zu spurten. Ihr glaubt, dass wir da draußen keine fünf Minuten überleben würden. Wenn ihr wüsstet, womit unsere Art nicht schon fertiggeworden ist! Um der Wahrheit die Ehre zu geben: Ich bezweifle, dass es selbst die kräftigsten Menschen in puncto Überlebensinstinkt auch nur ansatzweise mit einer x-beliebigen Straßenkatze aufnehmen können!

Diejenigen unter euch, die uns für sanfte, niedliche Geschöpfe halten, werden auf den folgenden Seiten jedenfalls dieser Illusion beraubt. Ich werde euch mit Katzen bekannt machen, die nicht nur Weltreisen unternommen haben, sondern sogar ins All geflogen sind. (So viel zu: »Lass bloß die Katze nicht raus!«) Ihr werdet Katzen kennenlernen, die in den großen Kriegen dieser Welt an der Seite der Menschenarmeen standen und Tapferkeitsmedaillen verdient haben. Warum glaubt ihr, hat man zu Ehren von Trim, der im 18. und 19. Jahrhundert die sieben Weltmeere befahren hat, vier Statuen errichtet? Weil er die berühmteste Schiffskatze aller Zeiten war. Na, wie viele eurer Menschenhelden können da mithalten?

Ja, meine Freunde, wenn ihr wirklich mehr über Katzen wissen wollt, wird dieses Buch euer Bild von uns ein für alle Mal vom Kopf auf die Füße stellen. Wenn ihr uns für selbstsüchtig haltet, werdet ihr Katzen kennenlernen, die bereitwillig ihr Leben riskierten für den Menschen, den sie liebten. Und wenn ihr glaubt, wir seien faul, werde ich euch mit Katzen bekannt machen, die gefährliche Reisen unternahmen, die sie Tausende Kilometer durch unbekannte Gegenden führten. Und wer unseren Einfluss auf den Lauf der Weltgeschichte bezweifelt, wird feststellen, dass wir mit den größten Künstlern, Schriftstellern und Politikern der Welt zusammen waren und sie zu ihren Leistungen inspirierten. Ja, mitunter waren wir sogar in ihre Intrigen verstrickt.

Wer jetzt glaubt, unser Leben wäre stets eitel Freud und Sonnenschein gewesen, wird erfahren, dass wir auch Leid ertragen mussten wie kaum eine andere Art. Seid also gewarnt, was auf diesen Seiten berichtet wird, ist nicht immer erbaulich. Denn die Hände, die uns einst auf den Thron der Götter erhoben, stießen uns auch wieder herunter und damit in tiefste Verzweiflung. Ich werde hier nicht um des guten Tons willen darauf verzichten, von unseren finstersten Tagen zu berichten. Und ich bin mir sicher, dass euch das ebenso erschüttern wird wie mich. Aber meine Art verfügt über eine enorme Resilienz, und so werdet ihr im letzten Kapitel lesen, wie wir modernen Katzen die wütenden Mühlen der Geschichte bezwungen haben … Ein Triumph, der euch das Kätzchen im Wohnzimmer vermutlich mit anderen Augen sehen lässt!

Also? Ist es immer noch euer Wunsch, mehr über meine Art zu erfahren, jetzt, da ihr wisst, was euch erwartet? Werdet ihr uns auf unserem Pfad folgen? Wenn ja, dann reiche ich euch hiermit die Pfote. Unsere Geschichte wird sich vor euren Augen entfalten, während ich mit euch durch längst vergessene Jahrhunderte streife. Wir werden über sanfte Wasser gleiten unter dem goldenen Licht der uralten Sonne. Vorbei an den Ufern launischer Gezeiten, über Stromschnellen hinweg, bis in die Moderne. Ein gewaltiges Abenteuer erwartet euch. Natürlich liegt es an euch, ob ihr in See stechen wollt. Aber da ihr nun schon so weit gelesen habt, würde ich euch doch empfehlen, an Bord zu kommen! Einmal umblättern und ihr taucht ein in die Nebel der Zeit.

AUF SAMTPFOTEN DURCH DIE GESCHICHTE

DAS GOLDENE ZEITALTER

KATZEN IM NEOLITHIKUM UND ALTEN ÄGYPTEN

Wir Katzen sind schon seit sehr langer Zeit Verbündete der Menschen. Es sind zwar die Hunde, die ihr als den »besten Freund des Menschen« bezeichnet, aber ich hätte da ein paar Argumente zu bieten, die euch vom Gegenteil überzeugen könnten. Denn wie archäologische Funde zeigen, begleiten Katzen euch genauso lange, wenn nicht noch länger als Hunde. Die Partnerschaft zwischen Katze und Mensch ist jedenfalls älter als das Geld, als die Kunst der Metallbearbeitung und als eure geschriebene Sprache. Sie reicht zurück bis in graue Vorzeit. Ohne uns hätte eure Zivilisation vermutlich nicht zum Höhenflug angesetzt. Ihr mögt uns für großspurig halten, aber eure Vorfahren waren für unser Eingreifen so dankbar, dass sie in uns die Verkörperung einer Gottheit sahen. Das waren die glorreichen Tage, als sich Mensch und Katze gemeinsam in ungeahnte Höhen aufschwangen.

Die frühen kätzischen Begleiter des Menschen stammten von *Felis sylvestris lybica* ab, einer Wildkatze, die in Nordafrika und im Nahen Osten lebte. Sie war kaum größer als heutige Katzen und hatte ein lohfarbenes, gestreiftes Fell. Tatsächlich sahen meine werten Urahnen nicht sehr viel anders aus als ich. Wir Hauskatzen haben zwar unbestreitbar viele Vorzüge, doch wir würden unseren Vorfahren unrecht tun, trieben wir die Gleichsetzung allzu weit. Denn diese Tiere waren so schlau, schnell und stark, wie es nur Wildkatzen sein können. Ihr Menschen seid ja schon ganz aus dem Häuschen, wenn wir euch mal eine Eidechse mitbringen, aber unsere Vorfahren waren als Jäger unübertroffen.

Warum aber ist *Felis* so ein geschickter Beutefänger? Nun, 13 Millionen Jahre Evolution haben dafür gesorgt, dass die Wildkatze perfekt an ihre Umgebung angepasst ist. Und wir Hauskatzen stammen in direkter Linie von ihr ab, was heißt, dass wir vor euch entstanden sind. Der *Homo sapiens* ist nämlich erst circa 300 000 Jahre alt. Ihr werdet uns also nachsehen, wenn wir gelegentlich ein wenig hochmütig wirken, aber wir sind von der Zeit geprüft und für gut befunden worden. Außerdem muss ich da noch ein häufiges Missverständnis ausräumen, was Großkatzen angeht, denn die gibt es erst seit ungefähr 3 Millionen Jahren. Wer also meint, dass wir die Bonsai-Version von Tiger, Löwe und Co. sind, hat sich getäuscht. Bei den Katzen haben die Kleinen die Großen hervorgebracht.

Und noch einen Mythos gibt es da! Der Mensch hat uns nämlich keineswegs domestiziert. Wir haben uns selbst gezähmt. *Felis* brauchte eure Hilfe nicht, um zu überleben. Und da dieses Tier alles andere als dumm war, hättet ihr es nie dazu zwingen können, eure Gesellschaft zu akzeptieren. Nein, *Felis* hat sich aus freien Stücken euren Siedlungen genähert, und als sie feststellte, dass es eine Basis für ein erfolgreiches Miteinander gab, ist sie geblieben. Also Schluss mit diesem Unsinn von wegen »Zähmung«. Ich bevorzuge den Begriff »Partnerschaft«. Ich habe ja schon in der

Einleitung erwähnt, warum das vernünftiger ist. Hier noch ein paar weitere Gründe.

Im Neolithikum, der Jungsteinzeit, begannen Menschen in Mesopotamien, Landwirtschaft zu betreiben. Diese Entwicklung beeinflusste ihr Leben massiv. Der Mensch wurde sesshaft und gründete die ersten Siedlungen. Wobei es vermutlich ziemlich an eurem Stolz kratzen würde, könntet ihr die Lehmhütten sehen, in denen ihr damals gehaust habt. Die sahen aus wie übergroße Biberbauten! Eines aber muss man euch lassen: Den Getreideanbau habt ihr perfekt beherrscht. Ihr habt so hohe Überschüsse erzielt, dass dies nicht nur euer Leben veränderte, sondern auch das aller Arten in eurer Umgebung.

Da waren die Ratten und Mäuse, schlaue Biester, die eng mit unserer eigenen Geschichte verflochten sind. Natürlich war so ein Kornspeicher für sie ein gefundenes Fressen, weshalb eure Häuser immer mehr von den Nagern anzogen. Typisch Mensch, hattet ihr das nicht bedacht. Ihr mit euren ausgeklügelten Anbaumethoden seid gar nicht auf die Idee gekommen, dass euch jemand die Früchte eurer Arbeit einfach wegfressen könnte! Ganz schön unvorsichtig! Denn die hungrigen Biester zwackten euch auf leisen Sohlen einen ordentlichen Anteil der Ernte ab und verdarben dabei auch noch das übrige Getreide.

Ihr wart verzweifelt! Aber nicht lange – denn mit der kleinen *Felis* war eine Lösung in Sicht. Ihr mochtet die Nager nicht, sie schon. Sie hatten eine prima Nährstoffbilanz, und da *Felis* nun wusste, wo sie im Überfluss zu finden waren – nämlich in euren Getreidespeichern –, bezog sie dort Quartier. Anfangs war sie noch ziemlich misstrauisch, was euch Menschen angeht. Und das kann man ihr nicht verübeln. Überlegt nur mal, wie ihr in Katzenaugen wirkt: groß, ja riesig! Ihr bewegt euch auf euren Hinterbeinen auf eine Art, die man nur tapsig nennen kann. Und dann seid ihr auch noch *laut*. Ich würde euch nicht gerade ungehobelt nennen, aber besonders subtil geht ihr nicht zu Werke, wenn ihr versucht, euch die Herrschaft über eure Umgebung zu verschaffen.

Aber die kleine *Felis* hatte ein wackeres Herz. Sie näherte sich euren Siedlungen auf der Suche nach Nahrung und entdeckte in eurer Nähe noch einen weiteren Vorteil für sich. Zu eurem Schutz hattet ihr alle großen Beutegreifer um die Siedlungen herum vertrieben oder getötet. Für kleine Beutegreifer war es dort also sehr sicher. Und *Felis* merkte schnell, dass eine Katze in diesem Umfeld leichtes Spiel hatte! Sie entwickelte sich zum Spitzenräuber, der in der lokalen Nahrungspyramide ganz oben stand. Indem sie die Nager dezimierte, die eure Vorräte fraßen, wurde das Fundament für ein symbiotisches Miteinander von Katze und Mensch gelegt.

Was nicht heißt, dass nun der Weg an euren Herd frei war. Denn so wie *Felis* sich vor euch fürchtete, ist anzunehmen, dass auch die Menschen die Katzen mit einem gewissen Argwohn beäugten. Wildkatzen mochten zwar klein sein, aber sie hatten trotzdem spitze Krallen und Zähne. Wenn

Felis mit einem Hieb den Bauch einer Ratte aufschlitzen konnte, was würde sie mit einer menschlichen Hand anstellen?

Trotzdem entwickelte sich die Beziehung recht gut, denn ihr wolltet ja nicht, dass wir uns wieder trollen, sonst wäre ja die nächste Nagerinvasion über euch hereingebrochen. Und so habt ihr uns wohl gelegentlich den einen oder anderen Leckerbissen von eurer Tafel zukommen lassen. Gekochtes Fleisch war vielleicht nicht gerade die Leibspeise einer prähistorischen Katze, andererseits schmeckte es aber auch nicht so übel. Und es vereinfachte das Leben, wenn einem hin und wieder eine gebratene Taube ins Maul flog. Also verspeiste *Felis* sie gnädig. Was aber Katze wie Mensch darob entging: Beide Arten verließen sich immer stärker aufeinander. Natürlich gewinnt man das Herz einer Katze nicht so leicht, und bei *Felis* dauerte das mehrere Jahrhunderte. Aber schlussendlich war es wohl unvermeidlich.

Sofern mir diese romantisierende Sicht gestattet sei: Ich glaube, das Ganze passierte vor gut 10 000 Jahren irgendwo im Irak oder in Syrien. Es war Mittag, die Sonne stand hoch am Himmel. Der Mann richtete seinen Blick auf das Buschland, welches die Grenze der Menschensiedlung markierte. Hier ist das Ende seiner Welt. Dahinter beginnt die Wildnis. Er blinzelt in den Schatten hinein und erkennt plötzlich, dass es da zurückblinzelt. Unzählige mandelförmige Augenpaare von funkelndem Grün. Er kennt diese Tiere wie die anderen Dorfbewohner. Das sind die Augen jener Katzen, die die Ratten töten.

Dann raschelt es plötzlich im Busch, und die Augen verschwinden, wie sie es meistens tun. Dieses Mal aber ist etwas anders: Ein Augenpaar bleibt. Ein unverwandter Blick trifft den Mann, der in die Hocke geht. Nie hat er so ein Tier genau gesehen. Sein Herz klopft wie wild, als er langsam die Hand ausstreckt. Und da steht sie: die kleine *Felis*. Natürlich war der Mensch neugierig, wem denn diese Augen gehörten, aber das galt auch für die Katze. Was waren das nur für riesige, laute Geschöpfe, die da über die Felder tapsten? Auch ihr Herz klopft wie wild, als sie unter dem Busch hervorkommt.

Und dann senkt sich die Hand des Mannes unendlich langsam herab, und *Felis* streckt das Köpfchen. Und die Hand berührt sachte die Stelle zwischen den Ohren, bevor ihre Finger den Rücken entlangstreichen. Was für ein fantastisches Gefühl! Die raue Hand des Mannes streicht über das seidig weiche Fell. Und Schluss! Auf der Stelle verschwindet *Felis* im Busch. Die Begegnung endet blitzartig. Sie hat nur Sekunden gedauert. Aber diese einfache Geste machte in zwei Welten etwas grundlegend anders.

Diese Szene spielte sich sicher überall im Nahen Osten und in Ägypten ab. Die kleine *Felis* kam immer wieder unter dem Busch hervor und war jedes Mal ein bisschen weniger nervös. Und auch der Mann fürchtete sich nicht mehr vor den Krallen, sondern freute sich auf die Begegnung.

Seine Hand lag länger auf dem Fell. Aus der Berührung wurde ein Streicheln, aus dem Streicheln ein Kuscheln. Am Ende bat der Mensch die kleine *Felis* in sein Heim. Und *Felis* gewöhnte sich an die Hand und die schönen Dinge, die sie anbot. Und sie ließ kurzfristig außer Acht, dass sie eigentlich ein unglaublich unabhängiges Geschöpf war.

Was mit der Mäusejagd begann, endete als höchst unwahrscheinlicher Zusammenschluss zweier sehr verschiedener Arten. Dieser Zusammenschluss geschah zuerst in Nordafrika an den Ufern des Nils.

Seine reißenden Wasser trugen den Schlamm aus dem Dschungel am Oberlauf nach Norden. Der Fluss suchte sich seinen Weg durch die Sahara hin zum Mittelmeer, und das Land, das eigentlich trocken und ungastlich war, bot an seinen Ufern Lebensraum für viele. Der Schlamm, den der Fluss anschwemmte, ließ an den Ufern ein grünes Band entstehen, das Heimat für Mensch und Tier bot. Herumziehende Jäger und Sammler entdeckten das Paradies und ließen sich darin nieder. 4000 v. Chr. begannen sie, Getreide anzubauen und Siedlungen zu gründen wie ihre Artgenossen im Nahen Osten.

Ich bezweifle ja nicht, dass ihr den weiteren Verlauf der Geschichte kennt: Die Dörfer gediehen, und als man sie zu einem Reich vereinigt hatte, entstand mit Ägypten eine Zivilisation, die 3000 Jahre lang die größte sein sollte, die die Welt je gesehen hatte. Aber dieses Kapitel liegt noch gut 1000 Jahre in der Zukunft und ließ sich zu jener Zeit nicht vorausahnen. Denn die armen Bauern am Nilufer hatten zu Beginn schwer zu kämpfen. Der Boden war gut, die Kornspeicher waren voll, aber die Siedlungen wurden von einer besonders lästigen Art Flussratten bedrängt. Und wer eilte den Vorfahren der Ägypter nun zu Hilfe? Unser Freund *Felis* natürlich! Die kleinen Wildkatzen erledigten die Flussratten und eroberten sich so einen Platz im Herzen der Bauern.

Das Band, das dort zwischen den Arten entstand, war besonders stark. Von all den frühgeschichtlichen Gesellschaften, die uns aufnahmen, waren die Ägypter uns für unsere Dienste am dankbarsten. Unsere Partnerschaft mit dem Menschen bedeutete, dass wir uns gegenseitig gute Dienste leisteten. Aber mit der Zeit übernahm der Mensch immer mehr die Pflichten, die aus dieser Verbindung erwuchsen. Die Ägypter vergaßen nie, welche Dienste wir ihnen erwiesen hatten, als sich ihr Reich formierte. Und als sie aus dem Dunkel der Geschichte heraustraten, ins Licht der Zivilisation, baten sie uns, sie zu begleiten. Und wir blieben an ihrer Seite und stiegen auf zum Zenit der felinen Kultur, während sie die Gipfel menschlicher Entwicklung erklommen.

– Doch was sind die Gründe dafür, Baba? Haben die Katzen die Menschen am Nil etwa verzaubert? –

Dass wir sie bezaubert haben, ist ja klar. Unsere stimmlichen Äußerungen befanden sie für so hinreißend, dass man daraus unsere Namen formte: *miu* stand für Kater, *miit* für Katze. Sie waren also die ersten Menschen, die ein Wort prägten, das wir heute als »miauen« kennen. Aber um der Wahrheit die Ehre zu geben: Wir haben alle Menschen bezaubert, die sich je auf uns einließen. Doch allein mit unserem Charme lässt sich unsere Stellung in Ägypten nicht erklären. Die Menschen am Nil, die uns in ihr bescheidenes Heim aufnahmen, merkten nämlich bald: Wir waren nicht nur tödliche Mäuse- und Rattenfänger. Wir erledigten auch Skorpione, Kobras und andere Giftschlangen.

Dass wir die Menschen von tödlichen Eindringlingen befreiten, verstärkte offensichtlich ihr Pflichtgefühl uns gegenüber. Aber es machte die Menschen auch neugierig. Sie beobachteten uns und merkten, dass Katzen sozusagen hellsehen konnten. Manche Tiere schienen im Voraus zu wissen, wann das Wetter umschlug. Andere spürten, dass ein Erdbeben bevorstand. Sie warnten ihre Menschen vor scheinbar unsichtbaren Gefahren. Und so kamen die Ägypter auf die Idee, dass unseren Fähigkeiten etwas Übernatürliches anhaften musste. Vielleicht hatten wir also tatsächlich einen Zauber gewirkt. Auf jeden Fall zogen die Menschen den Schluss, dass Katzen eine besondere Magie eigen war.

In der alten Welt nahm man Magie sehr ernst. Sie diente auch keineswegs finsteren Zwecken. Alle Gesellschaftsschichten bedienten sich ihrer. Sie galt als transzendente Kraft, mit deren Hilfe man die Mühen und Plagen einer chaotischen, feindlichen Welt in den Griff bekommen konnte. Wie auch immer: Vermutlich zweifelt ihr an den magischen Fähigkeiten der Katzen? Nun, die Ägypter wussten nicht, dass sich das, was sie für Magie hielten, mit der überlegenen felinen Sinneswahrnehmung erklären lässt, die jene des Menschen bei Weitem übertrifft. Während der Mensch ein Gewitter erst bemerkt, wenn sich finstere Wolken am Himmel zusammenballen, spürt eine Katze dies lange vorher am sich verändernden Luftdruck. Und wir nehmen heimliche Eindringlinge schon wahr, während ihr noch im Bett liegt und schlaft.

So wurden wir zum Bollwerk gegen das Böse. Die Unheil abwehrenden Fähigkeiten von Katzen standen außer Frage. Wenn eine Katze sich erst einmal für einen bestimmten Menschen entschied, so der Glaube, würde sie ihn und seine Familie vor Schaden bewahren. Aber bevor ihr jetzt auf die alten Ägypter herabschaut, solltet ihr eines bedenken: Zu jener Zeit und an jenem Ort war es nicht nur vernünftig, dass sie sich auf unsere Fähigkeiten verließen, es war sogar ein weiser Schachzug. In eurem neuzeitlichen Hochmut habt ihr verlernt, die Signale der Arten in eurem Umfeld zu erkennen und zu verstehen. Die Ägypter hingegen, die auf ihre Katzen achteten, konnten sich deren Gabe der Voraussicht zunutze machen.

Magie? Nein, aber der Nutzen aus unseren besonderen Fähigkeiten war unverkennbar. Daher nahmen die Ägypter uns bald in jene Rituale auf, die ihrem Schutz dienen sollten. Sie bannten unser Bild auf alle Gegenstände, die dazu dienten, übernatürliche Kräfte herbeizurufen: vom kleinsten Amulett bis zum größten Schutzstein der Welt, der Großen Sphinx von Gizeh. Hier sitzt der Kopf des Pharaos, des ägyptischen Gottkönigs, auf dem Körper einer gewaltigen Katze. Man assoziierte uns mit magischen Gegenständen wie dem Spiegel, der zu jener Zeit nicht nur die Eitelkeit seines Besitzers befriedigte. Polierte Kupferplatten reflektierten das Böse und warfen es auf seine Ursprünge zurück. Supertrick, aber um wirksam zu sein, brauchte der Spiegel eine *reale* Kraft, und aus diesem Grund gravierte man auf der Rückseite oder auf dem Griff das Bild

einer Katze ein. Man bannte unser Konterfei auch auf eine Bronzerassel, das Sistrum, das weit mehr als nur ein simples Musikinstrument war. Der runde Teil stand für den Mutterleib, der lange Griff für den Phallus. Wer diese Rassel schüttelte, rief damit die Kräfte, die für Geburt, Tod und Wiedergeburt standen. Und die Katze auf dem Oberteil des Sistrums wachte über diesen ewigen Kreislauf.

Wie sehr haben sich doch die Zeiten geändert! Heute wacht ihr über uns. Damals waren wir es, die euch beschützten. Zu jener Zeit war die menschliche Psyche so eng mit uns verwoben, dass jede Katze als Sinnbild der Schöpfung galt. Das hatte mit einer alten Legende zu tun, in der es um die Zeit vor jenen Tagen ging, als nur Dunkelheit herrschte und es noch kein Leben gab. Bis der Sonnengott Ra in Form der *Miu Oa* erschien, der Großen Katze. Als er seine ersten Pfotenabdrücke in der Leere hinterließ, wünschte er sich eine Welt, in der der Mensch leben könne.

Es war klug von Ra, dass er die Gestalt einer Katze annahm, denn bald entstand ein Tier, das ihr ewiger Gegenspieler wurde. Man nannte es Apophis. Es hatte die Gestalt einer Schlange. Apophis war der Gott der Finsternis, und sein Begehren war es, dass diese für immer bestehen blieb. Doch der Entschluss der Großen Katze stand fest, und so stürzte sie sich auf die Schlange.

Wie lange dieser urzeitliche Kampf dauerte, kann niemand sagen, denn die Zeit existierte noch nicht. Es war ein schwerer Kampf, doch *Miu Oa* besiegte die Schlange. Und so lichtete sich die Dunkelheit, und die Welt und alles, was in ihr sein sollte, konnten ins Sein eintreten. Ich habe euch doch gesagt, dass die Ägypter uns schätzten, weil wir sogar Schlangen besiegen! Wir haben aber nicht nur ihr Heim beschützt, wir haben die Schöpfung selbst ermöglicht.

– Die Schöpfung aus Katzenpfoten? Das ist mir neu, Baba. Gibt es dazu auch eine Geschichte? –

Na klar! Die Priester von Heliopolis erzählten, dass Ra – immer noch in Gestalt einer Katze – die anderen Götter hervorgebracht hat. Zuerst kamen die Götter der Luft und des Wassers, die Erde und Himmel schufen. Aus denen wiederum gingen die großen Götter wie Osiris, Isis, Seth und Nephthys hervor. Wie viele Götter ergab das insgesamt? Lassen wir Ra die Zählung übernehmen: »Ich bin der Eine, der zur Zwei wurde, die Zwei, die zur Vier wurde, die Vier, die zur Acht wurde, und ich bin immer noch einer mehr.« In anderen Worten: *Miu Oa*, die Große Katze, ist acht Gottheiten und eine zusätzliche. Eine von neun! Ja, genau, neun Leben. Diese Geschichte überlebte selbst das altägyptische Reich und ist die bekannteste aller Legenden um meine Katzenverwandten. Es gibt in Amerika sogar ein Katzenfutter, das so heißt: *9Lives*. Vermutlich ein wahrlich göttlicher Schmaus.

Die ägyptischen Götter liebten Katzen sehr, sodass sich am Ende immer mehr Legenden um uns rankten. Da war zum Beispiel die elegante und geheimnisvolle

Isis, die unsere Geschichte entscheidend beeinflusste. Als Göttin der Magie hatte sie eine natürliche Verbindung zu uns, und die Ägypter fragten sich, ob wir unsere hellseherischen Fähigkeiten vielleicht ihr verdankten. Außerdem war sie die Göttin der Nacht, und obwohl wir ursprünglich mit dem Sonnengott Ra assoziiert wurden, ging unter der Herrschaft der Isis der Mond über uns auf. Vor allem schwarze Katzen mit ihrem nachtfarbenen Fell galten als Isis-Tiere. Ja, man spekulierte sogar, dass sie Isis in Tiergestalt seien.

Als Nachttiere waren wir jedenfalls populärer denn als Sonnentiere. Kein Wunder, das passt auch besser zu unserer nachtaktiven Natur. Diese Assoziation übernahmen auch andere Kulturen. Griechen und Römer glaubten sogar, dass unsere Pupillen sich mit den Mondphasen veränderten. Der romantische Mythos, dass unsere Pupillen bei Vollmond rund seien, verfestigte sich über die Jahrzehnte. Die alten Weisen gingen im Übrigen davon aus, dass Katzen bei der Geburt ihrer Jungen einem bestimmten Schema folgten: beim ersten Wurf ein Kätzchen, beim zweiten zwei, beim dritten drei usw. Das macht bei sieben Würfen insgesamt 28 Kätzchen, eines für jeden Tag des Mondmonats. Natürlich hätte die Katzenmama dann alle Pfoten voll zu tun ... Aber es zeigt einmal mehr, wie sehr Katzen zur Repräsentation der Mondgöttin wurden, die man als heilig erachtete.

Als Patronin der Geburt und Mutterschaft herrschte Isis naturgemäß über die Frauen. Vielleicht waren wir ja auch in dieser Hinsicht ihr Totemtier, das für Weiblichkeit, Häuslichkeit und den Schutz der Kinder stand? Denn seit jeher galten Katzen als Hüterinnen des heimischen Herdes. Eine nicht sterilisierte Katze hat viele Junge. Und was unsere Jungen angeht, so sind wir Katzenweibchen berühmt dafür, unseren Nachwuchs mit Zähnen und Klauen zu verteidigen, sogar unser Leben würden wir für sie geben.

Das passte alles ganz wunderbar zusammen, fanden die Ägypter, und so wurde jede Hauskatze zu einer Hausgottheit. Man hängte bereits Kleinkindern Amulette mit einem Katzenbild um den Hals in der Hoffnung, dass wir sie genauso leidenschaftlich beschützen würden wie unsere eigenen Jungen. Auch diese Beziehung wurde durch eine Legende untermauert, denn das Horuskind war angeblich von einer Katze genährt worden. Da Horus für den gottköniglichen Pharao stand, hieß das, dass Katzen seine Ersatzmütter waren. Und wenn euch das immer noch nicht beeindruckt, dann überlegt mal: Auch heute lieben Menschen ihre Katzen, aber wann hätte man schon einmal gehört, dass sie den Präsidenten der Vereinigten Staaten genährt hätten oder die Königin von England?

Die Verbindung zwischen Katze und Weiblichkeit wurde schließlich so stark, dass die ideale Frau etwas von einer Katze an sich haben musste. Die vollendete Frau war katzenhaft. Das ging so weit, dass Kleopatra, die wohl berühmteste ägyptische Königin, ihr Augen-Make-up so gestaltete, dass es dem Gesicht ihrer felinen Gefährtin Charmian glich. Offensichtlich hatte die Königin Geschmack. Auf jeden Fall inspirierte die natürliche Schönheit der Katze sie dazu, ihren eigenen Augen mit dicken schwarzen Strichen eine mandelförmige Anmutung zu geben. Ihr Make-up revolutionierte die Beautyregeln jener Zeit und ist bis heute Inbegriff von geheimnisvoller Schönheit. Im Alten Ägypten war das nicht weiter verwunderlich, weil dadurch zwei innig harmonierende Prinzipien zusammenfanden.

Da war es nur natürlich, dass unsere Anhänger zu guter Letzt ein Bild schufen, das beides in sich vereinte, eine Gottheit, die beide Archetypen gleichzeitig repräsentierte. Bastet wurde geboren. Sie wurde dargestellt als schöne Frau mit dem Kopf einer Katze. Dabei stand sie keineswegs symbolisch für die Katze. Bastet war die Synthese aus Katze und Mensch, das höchste Geschenk von uns an euch. Spätere Menschengenerationen entthronten sie und beschimpften sie als unheilig, wir aber haben sie immer in Ehren gehalten. Wir riefen sie in unseren dunkelsten Stunden an, weil wir wussten, dass die Vereinigung mit den Menschen, für die Bastet stand, die Hoffnung auf eine bessere Zukunft war.

Wie es ihrer kätzischen Natur entspricht, war Bastet sehr geheimnisvoll. Wo ihre Ursprünge liegen, wissen wir bis heute nicht. Auch die Ägypter konnten sie nicht genau benennen. In der ägyptischen Frühzeit kannte man Bastet nicht. Gelehrte hielten sie für die Tochter von Isis und Ra. Oder von Isis und Osiris. Oder konnte sie nicht Isis selbst sein – in ihrer felinen Inkarnation? Das wurde nie vollständig geklärt, eines aber war gewiss: Bastet war eine echte Katze, denn wie diese tauchte sie plötzlich aus dem Dunkel auf. Ihre Herkunft gab Rätsel auf, aber sie stahl so manches Herz – in diesem Fall das eines ganzen Reiches.

Im Laufe des zweiten vorchristlichen Jahrtausends wurde sie allmählich immer populärer. Und warum auch nicht? Als braves Kätzchen sorgte sie dafür, dass ihre Anhänger ein ruhiges Leben führen konnten und beschützt wurden. Da sie als echte Katze galt, schenkte sie ihren Verehrern alle positiven Katzeneigenschaften. Aber eine kam noch dazu. Sie wurde zur Hüterin der Toten. Traditionell war es der Schakal-köpfige Gott Anubis, der die Toten ins Jenseits geleitete. Aber der alte Hund konnte endlich ein paar neue Tricks lernen, als Bastet diese Aufgabe für ihn übernahm.

Die Anbetung der Katze war nicht mehr aufzuhalten. Im Jahr 1000 hatten wir die anderen ägyptischen Götter auf der Beliebtheitsskala definitiv abgehängt. Wir bekamen sogar eine eigene Stadt im Nildelta mit Namen Bubastis. Das war der Sitz der Bastet. Aber natürlich hätte sie das nie allein zuwege gebracht. Die Ägypter kannten uns gut. Sie wussten um unsere zwiefältige Natur, was heute meist übersehen wird. Natürlich sind wir süße

Kuscheltiere, die sich auf dem Sofa gern in eure Arme betten. Aber das ist nur eine Seite der felinen Natur. Denn wir sind auch tödliche Jäger. Und war es nicht ebendiese Eigenschaft, die ihr zuerst an uns zu schätzen wusstet, Jahrhunderte bevor wir zu Schmusekatzen wurden?

Die Ägypter gaben Bastet eine Schwester zur Seite, die ebendiesen Aspekt verkörperte. Sie hieß Sechmet, eine Frau mit dem Haupt einer Löwin. Sie war das wilde Gegenstück zur possierlichen Hauskatze. Doch die beiden ergänzten einander auch. Die eine war ohne die andere nicht vollständig. »Sie wütet wie Sechmet und schnurrt wie Bastet«, lautete ein Sprichwort aus dieser Zeit, das die beiden Pole unserer Natur thematisierte. Bastet beherrschte die Herzen und schützte das Heim. Sie war die Katze, welche das Volk anbetete. Sechmet hingegen stand für die feline Kraft und Schläue. Sie war die furchterregende Patronin des Heeres und Beschützerin der Nation.

Als Gespann eroberten die beiden Ägypten, das am Ende des zweiten vorchristlichen Jahrtausends politisch in hellem Aufruhr war. Die Nation fand in der Anbetung der Katze ein verbindendes Element, und so war das Volk zu Beginn des ersten vorchristlichen Jahrtausends wieder versöhnt. Am Ende fiel der königlichen Dynastie von Bubastis sogar die Krone zu, sodass die Macht der Katzen konsolidiert wurde. Und als König Osorkon III. Bastet gehorsam all seine Ländereien überschrieb und alle Macht des Ra auf sie übertrug, war die Monarchie selbst zur Dienerin der göttlichen Katze geworden. Wenn wir an die Zeit zurückdenken, als Mensch und Wildkatze das grüne Band am Nil gemeinsam in Besitz nahmen, hätte man wohl kaum ein solches Ergebnis vorhersagen können. Aber die Saat, die vor 3000 Jahren ausgebracht worden war, ging auf und trug Früchte: Ägypten war zu jener Zeit ein Spielball in unseren Pfoten.

Wie aber sah unser Leben im Goldenen Zeitalter aus? Im Heim der Menschen waren wir, wie ihr vermutlich erraten habt, unantastbar, die Seele des Haushalts. Die Katze zu versorgen war eine wichtige Aufgabe, die dem Haushaltsvorstand oblag. Wenn er starb, übernahm sie der erstgeborene Sohn. Wir trugen schwere, juwelenbesetzte Halsbänder und Ohrschmuck, und die Familien wetteiferten miteinander, wer seine Katze schöner herausputzen konnte, denn ihr sozialer Status stand und fiel mit ihren Katzen. Da diese Frage manchmal gestellt wird, will ich sie hier beantworten: Ja, die meisten Katzen stehen nicht auf solchen Zierrat, der eher der menschlichen Eitelkeit entspringt. Aber da die Ägypter für ihre Katzen eine innige Hingabe empfanden, verziehen unsere Vorfahren ihnen und duldeten die Klunker als Teil ihrer göttlichen Rolle.

Nirgendwo drückte sich diese Verehrung deutlicher aus als in Bubastis, wo der Tempel der Bastet stand. Dies ist das größte Denkmal, das der kätzischen Macht je errichtet wurde. Zum Entsetzen aller Katzen weltweit habt ihr es verfallen lassen, sodass heute nur noch spärliche Überreste vorhanden sind. Aber wenn man so sieht, wie ihr eure eigenen Prachtbauten verkommen lasst, dann wäre es wohl zu viel verlangt, dass ihr auch noch die unseren bewahrt. Doch die verstreuten Steine sind uns immer noch heilig. Unser geschätztes Erbe, denn jeder Stein bewahrt das Gedenken an unsere vergangene Glorie.

Der Tempel der Bastet wurde von keinem Geringeren als Herodot, dem berühmtesten Chronisten der Antike, als das schönste Heiligtum Ägyptens bezeichnet. Nie zuvor hatte man so etwas gesehen, und auch für uns heute ist diese Pracht kaum vorstellbar. Der Tempel lag inmitten von Bäumen, umgeben von 30 Meter breiten Kanälen. Eine idyllische Insel, um die herum sich ein etwa 350 Meter langer Wall aus rosa Granit erhob. Dahinter versteckte sich der eigentliche Tempel, der als so heilig galt, dass er den Augen der Öffentlichkeit entzogen wurde. Sein Inneres war ähnlich beeindruckend: 150 Meter lang, mit einer 20 Meter hohen Vorhalle und einem Pylonen-Eingang entsprach das Gebäude dem altägyptischen Kanon für Monumentalbauten.

Doch auch dies war letztlich ein Potemkinsches Dorf, denn das Tempelinnere war keineswegs aus Stein. Die Dame, die dort verehrt wurde, war schließlich eine Katze, und Katzen sind nun mal keine Eidechsen. Stattdessen gab es einen nach oben offenen Innenhof mit einem ganzen Wald wunderschöner Bäume, in denen man nach Herzenslust herumklettern konnte. Darin verborgen war das Allerheiligste der Bastet, das der Besucher suchen und finden musste … Sehr ansprechend, würde ich sagen. Wir wissen ja, wie sehr Katzen das Versteckspiel lieben! Und im allerheiligsten Bezirk des Tempels war in der Statue der Bastet die Göttin selbst anwesend.

Aber Bastet wohnte dort nicht allein. Ihre Gefährtinnen hatten nichts anderes im Sinn als ihre göttliche Präsenz. Sie sangen, tanzten und schüttelten in Ekstase das Sistrum. Glücklicherweise war die Göttin nur eine Statue, denn jede normale Katze hätte bei dem Lärm Reißaus genommen. Was sie vielleicht auch taten, denn im Tempel lebten viele Katzen in einer eigenen Säulenhalle. Sie trugen Juwelen, goldene Kragen und kostbaren Ohrschmuck. So spazierten sie zwischen den Opfergaben der Gläubigen herum, die aus Früchten, Honig und duftenden Ölen bestanden.

Ach, diese herzensguten Ägypter. Sie waren wirklich sehr spendabel, aber diese Darbringungen fanden wir wahrhaft merkwürdig … War ihnen denn bei all ihrer Weisheit nicht bewusst, dass eine Katze mit so was nichts anfangen konnte? Doch die Tempelkatzen begegneten der Großzügigkeit ihrer Verehrer mit Nonchalance und nahmen die nutzlosen Geschenke huldvoll entgegen. Sie betrachteten sie gnädig als Ausweis einer Begeisterung, die zwar fehlgeleitet, aber aufrichtig war. Und wenn ihnen dieses Treiben zu bunt wurde, was sicher des Öfteren der Fall war, konnten sie sich in ihre eigenen Gemächer zurückziehen, die wohlweislich hinter

schweren goldenen Vorhängen verborgen waren. Dort hatten nur sie und die Priester Zugang. Dort suchten sie Frieden vor den Massen an Verehrern.

Apropos Massen: Diese versammelten sich vor allem während des jährlichen Bastetfestes, bei dem die Anbeter in heiliger Ekstase nach Bubastis pilgerten, um eines der populärsten religiösen Feste jener Zeit zu feiern.

– Ach, komm, Baba, das stimmt jetzt wohl nicht so ganz? –

Ich höre Zweifel? Offensichtlich gibt es immer noch Menschen, die nicht glauben können, dass ein Katzenfest wichtiger war als alle anderen Festtage. Aber ihr müsst mir das nicht glauben, es gibt nämlich Belege. Einmal mehr von dem berühmten Herodot, der ja zu eurer Spezies gehört. Er hat diesem Fest tatsächlich beigewohnt und schätzte, dass gut 700 000 Besucher nach Bubastis kamen. Voller Ehrfurcht beobachtete er, wie das Volk auf Booten anlegte, so viele, dass man trockenen Fußes von einem Ufer des Nils ans andere gelangen konnte. Die Gläubigen kamen aus allen Ecken Ägyptens und sangen ihre Lobgesänge so laut, dass sie bis zum Himmel klangen, der die kätzischen Ohren spitzte.

Und was geschah, sobald die Massen an Land gekommen waren? Herodot hatte in seinem Leben schon einiges erlebt, aber nichts, was mit dem Katzenfest vergleichbar gewesen wäre. Die Statue der Bastet wurde aus dem Tempel getragen, begleitet von hohen Beamten. Dann setzte man sie in eine Barke und zog sie auf den Kanälen rund um den Tempel übers Wasser. Das war der Höhepunkt, auf den viele der Pilger ein Leben lang gewartet hatten. Keine Katzenshow heute versetzt nur annähernd so viele Anhänger in Ekstase. Die katzenvernarrten Gläubigen fingen an zu schreien und zu weinen. Schulter an Schulter gedrängt sahen sie zu, wie die mächtigste aller Katzen an ihnen vorüberzog, und riefen ihr ihre Bitten zu.

Herodot berichtet weiter, wie viel Wein ausgeschenkt wurde. Die Griechen waren beileibe keine Kostverächter, aber verglichen mit dem, was er bei dieser Gelegenheit zu sehen bekam, ging es in seiner Heimat zahm und gesittet zu. Die Feiernden tranken an diesem Tag mehr Wein als im ganzen restlichen Jahr zusammengenommen. Anschließend kam es in der ganzen Stadt zu trunkenen Orgien. »Ja, haben die sich denn nicht geschämt?«, werdet ihr euch jetzt fragen. Nein, kein bisschen! Die Menschen sind im Allgemeinen ja eher prüde, aber dies war ein Katzenfest, außerdem war Bastet auch die Göttin der Sexualität. Und wenn euch das, was ich euch hier erzähle, zu wüst vorkommt, dann, meine Freunde, solltet ihr euch klarmachen, dass das Fest in Bubastis keine feierliche Zeremonie war. Man könnte es eher mit Karneval vergleichen, bei dem die Menschen den einschnürenden Mantel der Zivilisation für einen Moment abwarfen und sich in wilder Katharsis ihrer kätzischen Natur erinnerten.

Aber es feierte nicht die *ganze* Stadt, schließlich gab es jede Menge Arbeit neben dem Fest. Die Pilger hatten Bedürfnisse. Sie erbaten wundersame Heilung und andere Gefälligkeiten von der lebenden Inkarnation der Gottheit. Diese Menschen blieben nüchtern und baten die Priester der Bastet um eine Audienz bei den heiligen Tieren. Diese beratschlagten, welche der Hilfesuchenden Gehör finden sollten. Dann schnalzten sie mehrfach mit der Zunge, um die Katzen zu rufen.

Stellt euch nur mal vor, mit welcher Ehrfurcht ein armer Beladener aus den fernsten Ecken des Reiches den Tempel betritt, auf ein Wunder hoffend. Fasziniert betrachtet er diesen heiligsten Ort Ägyptens. Seine Augen gewöhnen sich nur schwer an die Dunkelheit, als er am anderen Ende des Raumes eine Bewegung wahrnimmt. Die Katzen kommen! So schnell, dass man sie kaum zählen kann. Eine da, eine dort! Das Kerzenlicht spiegelt sich in ihren juwelenbesetzten Halskrausen. Innerhalb weniger Augenblicke bevölkern die Katzen der Bastet den ganzen Raum.

Die meisten Ägypter konnten gute Opfergaben sehr wohl von ungeeigneten unterscheiden. Wenn alles auf dem Spiel stand, dann ließ man die Früchte und den Honig weg. Die Menschen stellten den Tieren Schälchen mit Milch hin und legten klein geschnittenen Fisch in langen Reihen aus. Dann zogen sie sich zurück, damit die feline Weisheit sprechen konnte. Würden die Katzen das Opfer annehmen? War die Verehrung der Bittsteller aufrichtig genug, um Hilfe erwarten zu dürfen? Die Katzen stellten ihre eigenen Überlegungen an. Ein Priester stimmte Gesänge an und blickte ihnen in die grünen Augen. Es ging hier um Wunder, die mit diesen Augen entschieden wurden.

Heute ist die Menschheit ja davon überzeugt, dass sie ihr Heil einzig und allein in sich selbst finden kann. Die tiefe Verehrung, die Katzen damals erfuhren, scheint heute fast lächerlich. Damals aber hätten euch solche Ansichten in Schwierigkeiten gebracht. Die Ägypter hatten ein Sprichwort: »Lach niemals über eine Katze!« Wer gegen diese Regel verstieß, hatte mit gravierenden Folgen zu rechnen. Die Strafe war im geringsten Fall eine Geldbuße, bei schwerwiegenden Verstößen wurde der Zuwiderhandelnde ausgepeitscht. Wenn man an die grässlichen Katzenvideos denkt, die YouTube überfluten, dann solltet ihr euch glücklich schätzen, dass körperliche Züchtigung als Strafe abgeschafft wurde. In einer ethischeren Welt zöge diese Art von blödsinnigem »Humor« schwere Sanktionen nach sich. Bei dem, was ich so gesehen habe, kämen die Urheber mit Auspeitschen noch recht glimpflich davon.

Sich nur über Katzen lustig zu machen stand bereits unter Strafe. Sie körperlich zu quälen war ein Kapitalverbrechen. Die Strafen waren so drakonisch, dass selbst PETA-Mitglieder erbleichen würden. Die Tötung einer Katze galt als Schwerverbrechen. (Völlig zu Recht, wie ich meine!) Aber selbst wenn das Tier bei einem Unfall starb, fiel die Strafe hoch aus. Ein Urteil zu fällen oblag den Priestern, aber meist kamen diese gar nicht dazu. Häufig

bemächtigte sich der Mob des Übeltäters und übte Selbstjustiz. So geschehen in Alexandria. Das Erlebnis entsetzte den griechischen Historiker Diodorus so sehr, dass er es in seinem Tagebuch beschrieb.

Ein römischer Soldat hatte mit seinem Streitwagen eine Katze angefahren. Das arme Tier war daraufhin gestorben. Der Mann hatte nicht mit Vorsatz gehandelt, so viel war klar. Aber die wütenden Ägypter zogen zum Haus des Mannes und verlangten, dass er sich der Strafe stellte. »Nein, nein«, riefen die königlichen Wachen, die man zum Ort des Geschehens geschickt hatte. Der Mann war Römer. Wenn ihm durch die Hand der aufgebrachten Menge etwas geschah, konnte dies durchaus internationale Verwerfungen nach sich ziehen. »Bitte treten Sie zurück!«, befahlen die Offiziere. Habt ihr den Ausgang der Geschichte erraten? Der Appell stieß auf taube Ohren! Der Römer hatte eine Katze getötet, und nun musste der Gerechtigkeit Genüge getan werden: Die Menge widersetzte sich dem königlichen Befehl und schleifte den Soldaten so lange durch die Straßen, bis er tot war.

Diodorus erklärte, das sei keine Übertreibung, denn er habe den Vorfall selbst beobachtet. Was zeigt, wie ernst die Ägypter den Katzenkult nahmen. Dieser Vorfall wird im Übrigen auch von anderen Geschichtsschreibern erwähnt. Einige berichten sogar, dass die Römer Vergeltung wollten und sich die ganze Angelegenheit zu einem Konflikt auswuchs, der erst mit dem Tod Kleopatras und der Einnahme Ägyptens durch die Cäsaren beigelegt wurde. Geschichtlich belegt ist Letzteres jedoch nicht. Selbst ich würde nicht so weit gehen, den Tod einer Katze als Auslöser für den Krieg mit Rom zu sehen. Allerdings weiß ich von einem Ereignis, bei dem die Liebe zur Katze den Ägyptern eine bittere militärische Niederlage eintrug.

Der Militärhistoriker Polyainos von Makedonien berichtet, dass der Perserkönig Kambyses II. 525 v. Chr. die Stadt Pelusium belagerte, die an der Grenze zwischen dem östlichen Nildelta und der Sinaihalbinsel lag. Die Grenzstadt war von hoher strategischer Bedeutung, daher wurde sie von den Truppen des Pharao Psammetich III. mit aller Macht verteidigt. Zumindest so lange, bis die Ägypter beobachteten, dass der Feind abzog. Hatten die Perser etwa aufgegeben? Hatten sie gesiegt?

Keineswegs! Der Oberbefehlshaber der persischen Armee, der die Verehrung der Ägypter für die Katze kannte, hatte einen durch und durch perversen Befehl erlassen. Er hatte seine Soldaten ausgesandt, so viele Katzen wie nur möglich einzufangen und diese an ihre Schilde zu binden. Meine armen Verwandten! Stellt euch nur vor, wie es gewesen sein muss, als göttlich verehrtes Tier plötzlich am Kragen gepackt und auf einen Metallschild geschnürt zu werden, der heiß im Rücken glühte. Derlei Grausamkeit verletzte ihre Würde. Und nun formierten sich die Perser erneut. Was sollten die ägyptischen Bogenschützen und Bodentruppen nur tun? Würden sie gegen einen Feind vorgehen, der mit einem Schutzschild aus Katzen umgeben war, die bei einem Angriff gewiss massakriert würden? Oder sollte man die Stadt besser dem Feind überlassen?

Der Befehl des Persergenerals war zutiefst verachtenswert. Wie kann man ausgewachsene Männer, die sich hinter kleinen Katzen verstecken, anders bezeichnen denn als Feiglinge? Ihnen gegenüber standen die wahren Helden, die ihren Ruhm nicht auf vergossenem Blut, sondern auf geretteten Leben gründeten. Denn die Soldaten von Pelusium legten ihre Waffen nieder und weigerten sich zu kämpfen. Die Einnahme der Stadt war nicht begleitet vom Krachen der Katapulte, sondern vom zarten Schnurren der Liebe. Eine Niederlage? In menschlichen Augen vielleicht. Wir Katzen aber sehen das anders. Dass keine Katze verletzt wurde, ist ein glorreicher Sieg für die Verteidiger der Stadt. Ein Sieg, der das Band zwischen Mensch und Katze weiter festigte.

Dieses Band überdauerte letztlich sogar den Tod. Selbst der traurige Tag, an dem eine geliebte Katze aus dieser Welt schied, konnte ihm in den Augen der Ägypter nichts anhaben. Ich weiß, dass dies für euch ein heikles Thema ist, meine Lieben. Der Verlust eines felinen Gefährten ist für seinen Menschen schwer zu verkraften, selbst heute in diesen wenig kultivierten Zeiten. Eure Trauer ist so stark, dass sie euch förmlich lähmt. Von diesem Thema nur zu sprechen lässt bei vielen die Trauer wieder aufflammen. Aber vielleicht hilft es euch ja, wenn wir uns ansehen, wie jene Menschen damit umgingen, die uns Katzen besser verstanden als alle anderen.

Das Glück in der Ewigkeit war für Ägyptens Katzen genauso wichtig wie für menschliche Familienmitglieder. Man mumifizierte und begrub sie. Natürlich bestimmte sich diese Prozedur nach den finanziellen Möglichkeiten der einzelnen Familien, doch bei den Wohlhabenden im Land erhielten Katzen ein Begräbnis, das dem eines Königs würdig war. Die inneren Organe wurden entnommen und in Tongefäße gelegt. Die Katze bekam einen prachtvollen Sarg in Katzenform, verziert mit Gebeten in Hieroglyphen. Dies sollte die Seele auf ihrem Weg ins Jenseits beschützen. Mitunter gab man den Tieren Gold und Juwelen mit ins Grab. Und wenn die Familie ein eigenes Grabmal besaß, wurde die Katze nach den entsprechenden Bestattungsriten dort beigesetzt.

Eine solche Beisetzung konnten sich natürlich nur wenige leisten. Der Großteil meiner Artgenossen wurde daher in Katzen-Nekropolen bestattet. Allein auf dem Friedhof von Bubastis wurden mehr als 300 000 Katzengräber gefunden. Sie ruhten im Schatten ihrer Göttin. Und sie waren ihren Menschen genauso wichtig wie die Katzen der Wohlhabenden. Wenn man sich nichts anderes leisten konnte, wurde die tote Katze zumindest mit Zedernöl und Gewürzen einbalsamiert und dann mit Leinenbinden umwickelt. Statt einer goldenen Maske malte man die Züge der Katze auf die Bandagen. Und diese

Behandlung war keineswegs ein Grund, sich zu schämen. Zumindest nicht für uns Katzen! Wir sind nämlich eine klassenlose Gesellschaft. Und jene Menschen, die ihre Tiere mit Luxus überhäufen, anstatt ihnen einfach Liebe zu schenken, sollten nicht vergessen, dass uns aufrichtige Trauer mehr bewegt als Gold und Silber.

In der Kosmologie der Ägypter war der Tod ohnehin nur ein Neuanfang. Durch den achtsamen Abschied von ihren vierbeinigen Gefährten sorgten die Menschen dafür, dass das Band, das die Katze mit ihren »Besitzern« einte, für immer im unsterblichen Herzen des Universums weiterbestand. Die Katzenseele würde den gleichen Weg einschlagen wie die des Menschen. Sie reiste nach Westen ins Land der untergehenden Sonne, wo sie bei Osiris bleiben würde. Vielleicht fragt ihr euch ja, ob sich eine Katze, die ihr Leben lang Gesellschaft hatte, auf dieser letzten Reise nicht etwas fürchtete? Aber nein, meine Freunde, denn die Göttin Amenti, die über den westlichen Himmel gebot, zeigte uns den Weg. Und da sie eine weise Göttin war, wusste sie natürlich, dass Katzen neugierig sind. Sie wachte über uns, damit wir nicht vom Weg abkamen.

Auf diesem Weg kam uns all das zugute, was unser Mensch uns an Grabbeigaben hinterlassen hatte. Man stelle sich das nur einmal vor! Schüsselchen voller Milch, mumifizierte Mäuse und anderes haltbar gemachtes Futter. Diese Vorräte säumten den Wegesrand und wurden von Meter zu Meter mehr. Und sie reichten weiter, als selbst ein Katzenauge sehen konnte. Ein wunderbares Gefühl zu wissen, dass die Liebe nicht zu Ende war, sondern sich durch den Weg in die Ewigkeit noch vergrößerte.

Am Ende des Pfades fand die unerschrockene Katze eine Leiter vor, die ins Paradies führte. Die Götter selbst hielten sie fest, während die Seele daran hinaufstieg. Für ein weltliches Kätzchen war dies natürlich unbekanntes Terrain, und so nahmen die Götter Horus und Seth sie bei der Pfote, damit der Katzengeist immer weiter aufsteigen konnte, sollte er doch Furcht empfinden. Auf diesem Weg fand die Wiedergeburt der Seele statt. Sie tauchte ein in die ideale Version jener Welt, die sie einst kannte. Ein felines Utopia, mit Häusern und Teichen, wo das ewig junge Kätzchen so viel jagen und spielen und laufen konnte, wie das Herz begehrte. Es durfte im grünen Gras liegen und die Strahlen der Sonne genießen.

Und damit nicht genug, denn es gab noch mehr Paradiese, nicht nur dieses erste! Im zweiten fanden sich Tafeln voller Leckerbissen, die sich nach dem bemaßen, was die Menschen dem toten Gefährten mitgegeben hatten. Die Götter sorgten dafür, dass diese Vorräte nie zur Neige gingen. Der Katzengeist durfte dort so lange bleiben, wie es ihm gefiel. Und vermutlich verbrachten die meisten Kätzchen da eine beträchtliche Zeit! Entschied sich die Katze jedoch, ins letzte Paradies einzugehen, erwartete sie ein großes Schiff – die Barke des Sonnengottes Ra, der als

Große Katze das Licht in die Welt gebracht hatte.

Ganz am Ende also sind wir wieder am Anfang angelangt. Die feline Seele wurde eins mit dem Kosmos, den sie mitgeschaffen hatte. Der Himmel war also nur eine Bootsfahrt entfernt! Ra trug die Seele der Katze über den glitzernden Sternenhimmel, wo sie zum funkelnden, ewigen Licht wurde. Die Menschen aber, die diese Katze geliebt hatten, durften zum Sternenhimmel aufblicken und an ihren alten Freund denken. Wie er als Kätzchen die Küche durcheinandergewirbelt hatte. Oder als erwachsener Kater zusammengerollt auf dem Bett schlief beziehungsweise ehrwürdig ergraut die ägyptische Sonne genoss. Das Haus mochte leer erscheinen ohne Katze, aber zumindest fanden die Menschen Trost darin, dass das Tier in der Ewigkeit weiterlebte. Und sie wussten, dass eines der Milliarden Lichter am Nachthimmel zu ihrem geliebten Gefährten gehörte.

Da ich so einiges über das Katzenleben weiß, kann ich euch eine Sache versichern: Wir tun zwar immer so, als seien wir komplett desinteressiert an euch. Aber wenn die Augen eines Menschen über den Nachthimmel schweifen, um den Stern zu suchen, der für seine Katze steht, gleitet von hoch oben der Blick des Katzenauges zurück zur Erde und sucht nach seinem Menschen. Und wenn er sich auf ihn richtet und ihn erkennt, dann blinzelt er. Niemand im Alten Ägypten hätte je daran gezweifelt, dass das Blinken eines Sterns eigentlich das Blinzeln des Katzenauges war.

Dorthin also waren meine ägyptischen Artgenossen vor Jahrtausenden unterwegs. Ist das nicht ein wunderbarer Anfang unseres Streifzugs durch die Geschichte der Katze? Ich will nicht lange darauf herumreiten, was seit diesen Zeiten alles für uns verloren ging, denn wir stehen ja gerade erst am Anfang unserer Reise. Wir werden noch vielen glorreichen Momenten begegnen, die für uns Katzen ebenso großartig waren.

Also komm mit zum nächsten Meilenstein in unserer Geschichte.

Alterthümer. XV. Antiquités. XV. Antiquities. XV. Antichità.

Fig. 1.

Fig. 2.

Fig. 3.

Fig. 4.

Fig. 5.

Fig. 6.

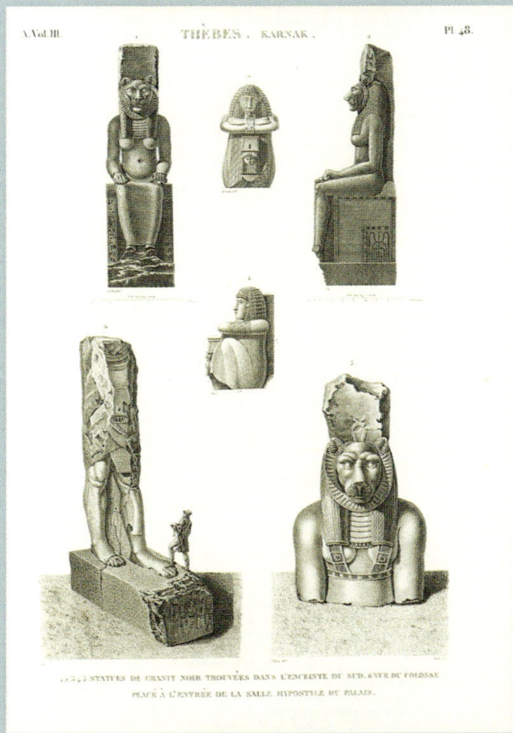

Linke Seite: Friedrich Bertuch nahm in sein *Bilderbuch für Kinder* auch Darstellungen von Bastet und Sechmet auf. Diese Bilder sollten den Kindern zeigen, was alte Kulturen geleistet hatten. Aber ich nehme mal an, auch die Erwachsenen konnten von der Art und Weise lernen, wie man uns früher verehrt hat.

Links oben: *Le dieu chat* und *le dieu lion* – Katze und Löwe als Götter. Illustrationen von Bernard de Montfaucon aus dem Jahr 1719. Der Benediktinermönch galt als Spezialist für die Antike und kannte die hohe Bedeutung, die wir Katzen im spirituellen Leben der Ägypter innehatten.

Rechts oben: 1802 bat Napoleon den Archäologen Edme-François Jomard, eine wissenschaftliche *Description de l'Égypte* zu erstellen. Das Buch war die Grundlage für die moderne Ägyptologie. Es enthielt Bilder wie diese, die keinen Zweifel daran ließen, dass Sechmet in den Tempelstädten Luxor und Karnak eine bedeutende Rolle spielte.

Verwundert es, dass die Ägypter an die Sphinx glaubten? Diese hier war nicht nur beeindruckend anzusehen. Sie war ein echtes Beispiel feliner Loyalität, denn sie bewachte Luxor, als dort die Franzosen im 19. Jahrhundert ankamen. Ein weiterer Kupferstich aus Jomards *Description de l'Égypte.*

KANTOC ΨAω

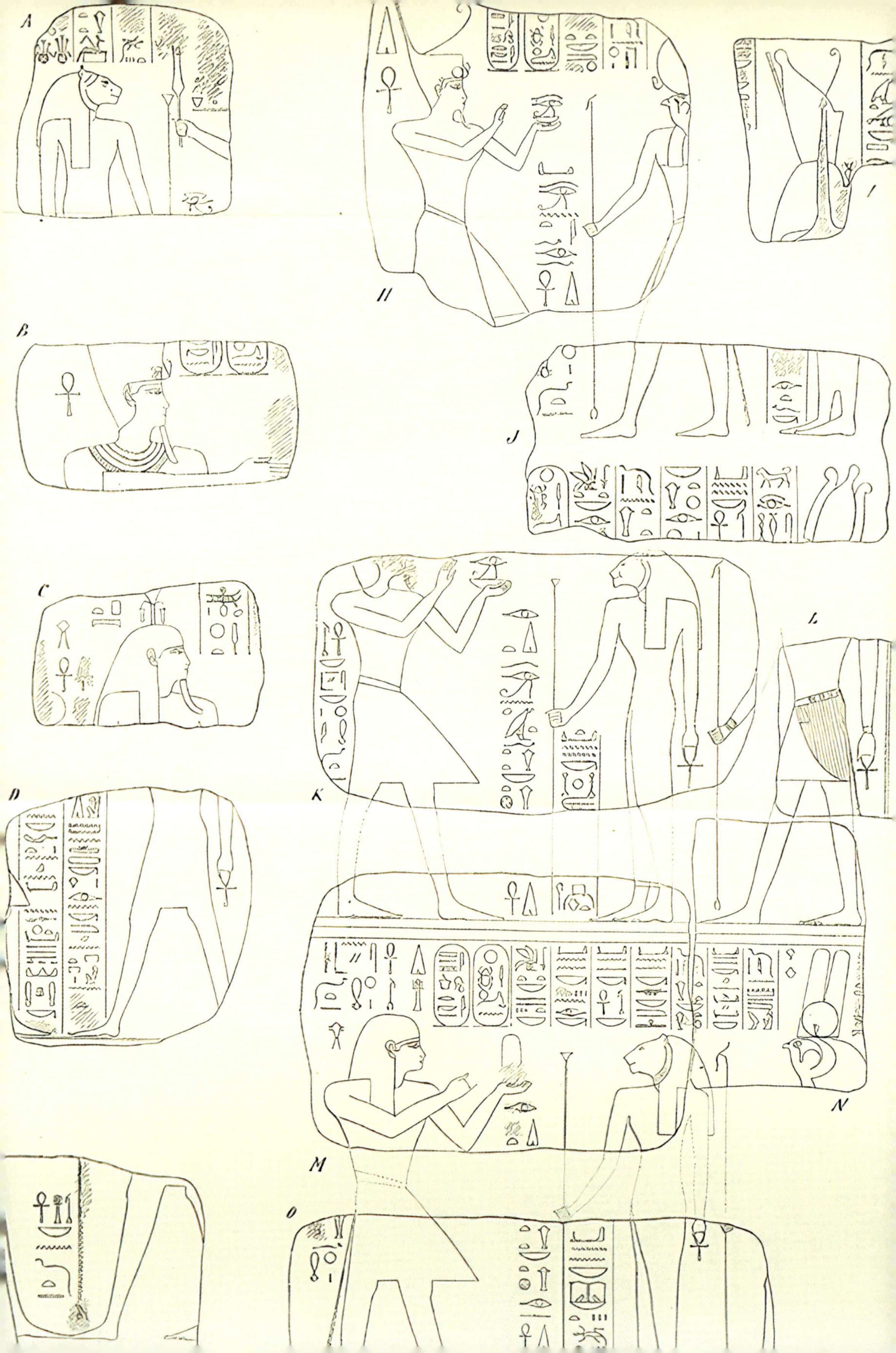
A
B
C
D
H
I
J
K
L
M
N
O

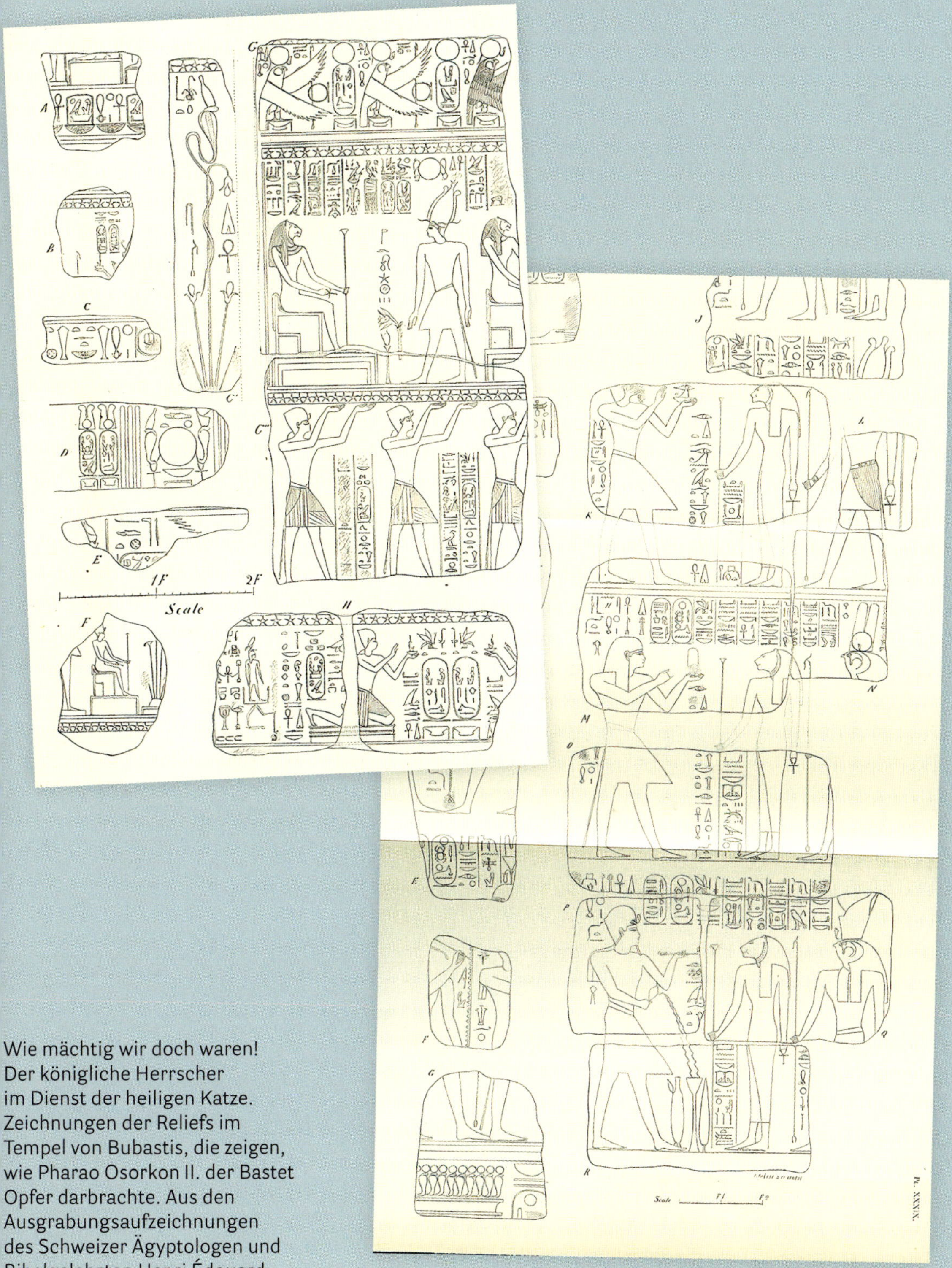

Wie mächtig wir doch waren! Der königliche Herrscher im Dienst der heiligen Katze. Zeichnungen der Reliefs im Tempel von Bubastis, die zeigen, wie Pharao Osorkon II. der Bastet Opfer darbrachte. Aus den Ausgrabungsaufzeichnungen des Schweizer Ägyptologen und Bibelgelehrten Henri Édouard Naville um 1880.

RUHMREICHE PFADE

DER SIEGESZUG DER KATZE IN ASIEN

Die Ägypter hoben uns in den Himmel. Von ihnen angebetet zu werden war ein Privileg, wie wir Katzen es bis heute nicht mehr erlebt haben, selbst wenn unsere Menschen uns nach Strich und Faden verwöhnen. Aber die Menschen am Nil waren nicht die einzigen, die uns Dankbarkeit und Bewunderung entgegenbrachten. Der kleinen *Felis* begegnete man in vielen Ländern mit derselben Haltung, denn für Katzen gab es keine Grenzen. Nun waren nicht alle Menschen, bei denen wir Quartier bezogen, so reich, dass sie uns Tempel errichten konnten. Trotzdem brachten sie ihre Verehrung für uns in Geschichten und Legenden zum Ausdruck. In der Alten Welt erlebten wir unser Goldenes Zeitalter, doch Ägypten war keineswegs der einzige Ort, an dem unsere Tage von Ruhm und Glanz erfüllt waren.

Selbst die gewaltige Sahara konnte die kleine *Felis* nicht aufhalten. Bald drang sie vor bis nach Zentralafrika. Dort gibt es eine Volkssage, die von der gedeihlichen Zusammenarbeit zwischen Katzen und Menschen am Anfang aller Zeit berichtet. Damals, so weiß die Legende, als alles noch neu war und der Mensch wie ein wildes Tier lebte, hatte ein Mann eine Idee. Die Regenzeit würde bald kommen, und so überlegte er, ob er sich nicht eine schöne, schützende Unterkunft bauen könnte. Allerdings wusste er nicht, wie. Also ging er zum Hund und bat ihn um Hilfe. »Der Regen kommt bald. Würdest du mir helfen, ein Haus zu bauen?«, fragte er. »Nein«, sagte der Hund, »da kann ich dir nicht helfen.« Er war viel zu beschäftigt mit all seinen dringenden Hundepflichten. Laufen, Bellen, Jagen und Schlafen, lauter Aufgaben, die unbedingt erledigt werden mussten. Der Hund hatte einfach keine Zeit.

Also ging der Mann zur Katze und stellte ihr die gleiche Frage. Ihre Antwort fiel jedoch ähnlich aus. Wichtige Katzenangelegenheiten erforderten ihre ganze Aufmerksamkeit: das Fell putzen, Mäuse fangen und sich den Rücken reiben. Da blieb nicht viel Zeit. »Aber«, sagte die Katze, hielt kurz inne und überlegte. »Es ließe sich wohl einrichten, diese Aufgaben einen Tag lang aufzuschieben.« Dann stand sie auf und ging zu dem Mann. »Ich werde dir helfen!«

Und so errichteten die beiden zusammen ein Haus, Mensch und Katze Seite an Seite. Der Regen kam, dicke Tropfen fielen herab, weil die Luft in Afrika sehr feucht sein kann. Plötzlich klopfte es an der Tür. Draußen stand der Hund und bat um Obdach. »Hmm«, überlegte der Mann, »nein, du musst draußen schlafen.« Und während der Hund noch nach einem trockenen Fleckchen suchte, wo er bleiben konnte, kam die Katze. Der Mann öffnete ihr die Tür und bat sie herein. Das war nur gerecht, schließlich stand sie ihm schon seit Anbeginn der Zeit zur Seite.

Auch östlich von Ägypten honorierten die Menschen unseren Beitrag zur Zivilisation. Im fruchtbaren Zweistromland von Mesopotamien hatten wir uns euch erst-

mals angeschlossen, und diese Partnerschaft wurde über zahllose Jahrhunderte aufrechterhalten. Wusstet ihr, dass der große Mohammed selbst, der Begründer des Islams, uns liebte? Der Prophet hielt Katzen für reine Tiere. Er selbst lebte mit einer Katze zusammen, die er mit solcher Großzügigkeit bedachte, dass dies noch jahrhundertelang Stoff für Legenden lieferte. Er sicherte der Katze sogar einen Platz im Paradies zu.

Mohammed nannte seine Gefährtin Muezza, was so viel heißt wie die »Hochgeschätzte«. Seine Achtung für sie war derart groß, dass er rituelle Waschungen mit dem Wasser vollzog, von dem die Katze getrunken hatte. Und dann ist da noch die Geschichte, wie Mohammed zum Gebet gerufen wurde. Doch Muezza hatte sich auf dem weiten Ärmel seines Gewandes schlafen gelegt. Auf der einen Seite Allah, der ihn rief. Auf der anderen die friedlich schlafende Katze. Selbstverständlich konnte man Allah nicht warten lassen, aber er wollte auch die Katze nicht stören. Was also tun? Sein Glaube zeigte ihm einen Weg auf, den andere Menschen vielleicht nicht gewählt hätten. Mohammed schnitt den Ärmel seines Gewandes ab und konnte so zum Gebet eilen, ohne seine schlafende Freundin aufzuwecken.

Eine weitere Legende rankt sich darum, wie die charakteristische Zeichnung auf der Stirn aller Tabbykatzen entstand. Eines Tages war Mohammed tief ins Gebet versunken, als er von einer frechen Maus gestört wurde. Und nicht nur er. Natürlich entging der wachsamen Muezza diese Unverschämtheit nicht, und sie machte dem kleinen Unhold den Garaus. Zum Dank strich der Prophet mit seiner Hand über Muezzas Stirn zu den Ohren und hinterließ dabei die vier dunklen Striche, die ein M bilden, den Anfangsbuchstaben seines Namens. Die Striche verblassten nie mehr und wurden von Generation zu Generation weitervererbt, das lebendige Symbol seines Segens. Eine hübsche Geschichte, aber natürlich seid ihr Menschen mehr als leichtgläubig. Selbst für eine Katze liegt auf der Hand, dass das ein Märchen ist. Ich zweifle ja nicht an Muezzas Heiligkeit, aber im arabischen Alphabet sieht der Buchstabe M ganz anders aus.

Auch wenn es nur ein Märchen ist, die Tatsache, dass die M-Geschichte heute noch erzählt wird, sagt doch alles über Mohammeds tiefe Liebe zu unserer Art. Und diese Liebe bestand fort, von Generation zu Generation. In der islamischen Welt begegnete man uns Katzen mit enormer Großzügigkeit. Nicht selten hinterließen wohlhabende Menschen und Sultane Stiftungen, deren Aufgabe es war, die streunenden Katzen ihrer Heimatstadt zu füttern – dies manchmal jahrhundertelang. Und was die Tabbykatzen angeht: Die islamische Welt hat uns vielleicht nicht das charakteristische M auf der Stirn beschert, aber unser Name geht auf ein arabisches Wort zurück: *Attabyi*. Das ist ein Viertel im alten Bagdad, in dem der feinste Seidentaft hergestellt wurde, den man *tabis* nannte. Da das Webmuster des Stoffes der

Tigerung der Katzen ähnelte, übernahmen die Europäer diesen Begriff für uns Tigerkatzen.

– Aber Baba, wie seid ihr Katzen denn überhaupt so weit gekommen? Man kannte euch ja schon in frühester Zeit in den letzten Winkeln des asiatischen Kontinents. –

Ja, in der Tat. Ich erkläre euch das gerne. Viele Jahrhunderte vor dem Zeitalter Mohammeds hatten wir schon Verträge mit den Karawanen der Händler. Diese nahmen uns mit, damit wir ihre Waren vor hungrigen Nagern schützten. Und so begaben wir uns auf die alten Handelswege, die ganz Zentralasien durchzogen, und gelangten an Orte, die der kleinen *Felis* vormals unbekannt gewesen waren. In Ländern, wo es bis dahin keine Hauskatzen gegeben hatte, wurden wir mit solcher Begeisterung aufgenommen, dass wir regelrecht zu Wertgegenständen wurden. Schon die große Anzahl verschiedenster Rassen, die typisch sind für bestimmte Regionen Asiens, zeigt doch, dass wir in jeder neuen Region enthusiastisch empfangen wurden. Überall in Asien entstanden Katzen mit einem ganz eigenen Stammbaum, von den Perserkatzen im Iran über die Siam- und Burmakatzen bis hin zur Singapura.

Auch über Indien gibt es einiges zu sagen. Habt ihr gewusst, dass Sanskrittexte belegen, dass Hauskatzen dort schon seit Jahrtausenden bekannt sind? Es ist durchaus möglich, dass *Felis silvestris* nach Indien auswanderte und wir uns dort den menschlichen Siedlungen etwa um die gleiche Zeit anschlossen wie im Nahen Osten. Zwar wurden wir in Indien nicht annähernd so innig verehrt wie in Ägypten, aber da die alten Ägypter ihrer Zeit ohnehin weit voraus waren, wäre es Unsinn, die Liebe der Inder zu ihren Katzen im Vergleich dazu als gewöhnlich einzustufen. Wenn wir auch von den Indern nicht dieselbe Verehrung erfuhren wie von den Ägyptern, war unsere Rolle in beiden Ländern doch recht ähnlich. Wir galten den Indern als Totemtiere der Shashthi, einer Volksgottheit, die über das Haus, die Fruchtbarkeit und speziell über die Kinder wachte. Klingt irgendwie bekannt, oder? Richtig, die gleichen Zuständigkeiten wurden uns auch am Nil zugeschrieben, und viele Gelehrte haben Shashthi mit keiner Geringeren verglichen als Bastet.

In einer Hinsicht allerdings übertrumpfte Indien selbst das Alte Ägypten. Die Menschen, die am mächtigen Ganges lebten, ersannen nämlich die wunderbarste Katzenlegende aller Zeiten: die Geschichte von Patripatan, einer Katze, die von den Göttern so sehr geliebt wurde, dass man um ihretwillen die Zeit anhielt. Patripatan war der Gefährte eines Asketen, der mit einem hochgeschätzten Hindupriester um die Gunst des Königs rivalisierte. Dieser Priester hatte geschworen, seine Überlegenheit zu zeigen: Er wollte zum Himmel von Devendiren aufsteigen und eine Blüte vom geheiligten Baum mitbringen.

Was für eine Vermessenheit! Dieser Himmel war die Heimstatt von 24 Millionen Gottheiten, die dort mit 48 Millionen Frauen residierten. Und die Götter selbst wachten über den Baum. Doch der Priester wollte seine Macht zeigen und stieg höher und höher zum Himmel auf, bis er für die Augen der Menschen nicht mehr zu sehen war. Alle sahen verblüfft zu – bis auf Patripatans Mensch, der sich darauf freute, das Scheitern seines Rivalen mitzuerleben. Doch der Priester kehrte keineswegs gedemütigt zurück. Nein, er kam als Sieger und hielt die heilige Blüte in Händen. Daraufhin ernannte ihn der ganze Hofstaat zum Höchsten unter ihnen.

Da nun Patripatans Menschen die Eifersucht plagte, gab er eine unerwartete Erklärung ab: ob der Hof denn nicht wüsste, dass unter ihnen einer sei, der noch mehr zuwege bringen würde als der Priester? »Vielleicht gar du selbst?«, hieß es da. »Nein«, antwortete der Mann. »Patripatan!« Wie ihr euch vielleicht vorstellen könnt, gab es daraufhin lautes Gelächter. Patripatan war ein wunderbarer Kater, aber selbst er würde den Höchsten der Menschen doch niemals an Tugend übertreffen können. Doch die Kampfansage war gemacht, und die Herausforderung musste angenommen werden.

Ihr Menschen bringt uns Katzen ja immer wieder in peinliche Situationen. Meistens, wenn ihr uns von unserem Schlafplatz aufscheucht und uns irgendwelchen Fremden vorführt, denen gegenüber wir uns dann benehmen sollen, als wären wir die dicksten Freunde. Was man jedoch von Patripatan verlangte, übertrifft alles, was davor oder danach je von uns verlangt wurde. Doch Patripatan war eine ausgesprochen loyale Katze. Er war fest entschlossen, den Wunsch seines Menschen zu erfüllen. Und so stieg Patripatan zum Himmel auf.

Das muss man sich nur mal vorstellen: Zum Himmel hinauf ist ja schon ein ordentliches Stück Weg, und trotz aller Schönheit dort oben hatte bis dato noch nie eine Katze ihre Pfote dorthin gesetzt. Nun, ihr könnt euch vermutlich vorstellen, wie hingerissen die Götter von Patripatan waren. Göttliche Hände streichelten ihn, ja die Gottheiten stellten sich zu Hunderten und Tausenden an, um ihn mit Liebkosungen zu überschütten, als wäre er selbst ein göttliches Wesen. Im Grunde waren sie ein bisschen *zu* begeistert. Denn sie schenkten ihm liebend gern eine Blüte vom heiligen Baum, nur … wollten sie nicht, dass Patripatan den Himmel wieder verließ. Natürlich wollte der Kater den Göttern keine Widerworte geben, aber er erklärte ihnen doch, dass man ihn auf Erden erwartete. Da war noch die Sache mit der offenen Herausforderung. Der Hof erwartete Patripatan schließlich.

Im Himmel war man hingerissen von dem Kater, aber auch voller Mitgefühl für seinen Besitzer, und so schlug man Patripatan einen Kompromiss vor. Damit sein Aufenthalt im Himmel noch nicht so abrupt endete, kam man überein, dass Patripatan 300 Jahre warten müsse, bevor ihm die Rückkehr gestattet würde. Nun sind Jahrhunderte für himmlische Wesen ein bloßer Wimpernschlag, die Menschen mit ihrer kurzen Lebenszeit, die unten auf der Erde auf ihn warteten, würden jedoch längst tot sein, wenn der Kater auf die Erde zurückkäme. Und so ließen die Götter die Zeit auf der Erde stillstehen. Wochen wurden zu Jahren, Jahre zu Jahrzehnten und Jahrhunderten, und kein Mensch alterte mehr.

Alle fanden das sehr merkwürdig, aber niemand kam auf die Idee, dies könne mit Patripatan zu tun haben, der vor so langer Zeit verschwunden war. Nach Ablauf der 300 Jahre allerdings wurde die Wahrheit offenbar: Der Himmel loderte auf wie ein Flammenmeer. Die Augen aller richteten sich nach oben und entdeckten eine Wolke, die in tausend Farben leuchtete. Diese öffnete sich in der Mitte und enthüllte einen Thron ganz aus Blüten vom heiligen Baum! Und wer saß auf diesem Thron? Niemand anderer als Patripatan, der auf die Erde zurückkehrte und bewies, dass die Tugend der Katzen es mit der des Höchsten unter den Menschen aufnehmen konnte, ja sie sogar übertraf!

Gut, die Geschichte von Patripatan ist ein Mythos, aber sollten wir sie nicht trotzdem wertschätzen? Denn solch eine Legende konnte nur in einer Kultur entstehen, die uns Katzen als höchst achtbare Geschöpfe ansah. Was nicht zuletzt an deren Glauben an die Wiedergeburt lag, die ich übrigens für eines der interessantesten spirituellen Konzepte halte, die ihr Menschen je erfunden habt. Nicht weil so alle Tiere auch mal eine menschliche Seele bekommen (ich bin mit meiner eigenen eigentlich ganz zufrieden, vielen Dank auch!), sondern weil eure Art immer ein wenig Unterstützung braucht, um das Richtige zu tun. Die Vorstellung, dass im Katzenkörper ein ehemaliger Mensch zu Hause ist, ist doch ein guter Anstoß, uns Tieren mit Hochachtung zu begegnen.

Die Reinkarnation als Katze galt in verschiedenen Regionen Asiens übrigens als letzte Wiedergeburt vor dem Erreichen der Erleuchtung, was uns Katzen hohe Wertschätzung einbrachte. Diese Vorstellung war noch lebendig, als die Briten im 19. Jahrhundert Indien kolonialisierten. Das führte zur Entstehung einer der kuriosesten Anekdoten in der Katzengeschichte. Sir Thomas Edward Gordon, ein britischer Militärführer, dessen Truppen die Region rund um Bombay besetzten, berichtete in seinen Tagebüchern eine merkwürdige Gewohnheit: Die Soldaten vor dem Gebäude der Lokalregierung salutierten regelmäßig, wenn eine Katze vorbeispazierte. »Na, ist doch gut für sie!«, würde jede Katze sagen. Britischerseits jedoch sah man das ganz anders. Vor einer Katze zu salutieren war ein eklatanter Bruch des Protokolls, und so fing der gute General an, Nachforschungen anzustellen.

Er fand heraus, dass Sir Robert Grant, der Gouverneur von Bombay, eines Abends im Jahr 1838 in den Räumlichkeiten der Lokalregierung das Zeitliche gesegnet hatte. Als er seinen letzten Atemzug tat, sah man, wie eine Katze das Gebäude durch das Haupttor verließ und denselben Weg nahm, den der Gouverneur allabendlich eingeschlagen hatte. Die Briten maßen dem keine weitere Bedeutung zu, doch die Hindus glaubten, dass da doch mehr dahintersteckte ... Schließlich nahm die Katze exakt denselben Weg wie einst der verblichene Gouverneur. Und würde die Seele eines so ehrenwerten Mannes nicht die Form einer hochverehrten Katze annehmen? Schließlich befragte man einen Angehörigen der Priesterkaste, der ihre Vermutung bestätigte: Die Seele von Gouverneur Grant war auf eine der Katzen übergegangen, die auf dem Gelände lebten.

Wenn dies stimmte, so war es in den Augen der Wachen ihre Pflicht, dem Tier jedwede Ehre zu erweisen, die auch dem Gouverneur zugestanden hatte. Es gab da nur ein Problem: Es war in der Dämmerung, als die fragliche Katze gesehen wurde, aus einiger Distanz und bei schlechtem Licht. Man wusste also nicht genau, welche der vielen örtlichen Katzen es gewesen war. Kamen nun aber alle möglichen Katzen als Wiedergeburt des Gouverneurs infrage, wie sollten sich die Wachen da am besten verhalten? Und so beschloss man, lieber alle Katzen mit einer Ehrenbezeugung zu bedenken, ehe man Gefahr lief, sie der richtigen zu versagen. Vorsicht war schließlich die Mutter der Ordenskiste. Als General Gordon nach Bombay kam, wurde diese Gepflogenheit schon seit einem Vierteljahrhundert befolgt.

Die Briten mochte dieses Verhalten verwundern, für die Menschen in Asien war daran jedoch nichts Seltsames. Schließlich hielt man manche Rassen schon seit Jahrhunderten für heilig, weil sie Gefäße für die Seelen Verstorbener sein konnten. Im alten Burma beispielsweise galten die Birma-Katzen mit ihrem langen, seidigen Fell und den blauen Augen als ein solcher Seelenbehälter. Die erste ihrer Art soll von den Göttern erschaffen worden sein, um zu gegebener Zeit, in einer historisch schwierigen Situation, die Seele eines bedeutenden Menschen aufzunehmen.

Zu den berühmtesten Katzen Burmas zählte einst der Kater Sinh. Sinh lebte in einem Bergkloster, das bald den gleichen Namen trug wie die Rasse, der er angehörte. Der Tempel hieß Lao-Tsun und lag in der Nähe des Indawgyi-Sees im nördlichen Teil Burmas. In alter Zeit lebten dort tibetische Buddhisten. Ihr Abt war Ehrwürden Mun Ha, der sein ganzes Leben der Anbetung der Göttin Tsun-Kyan-Kse gewidmet hatte, der Göttin mit den Saphiraugen, die über die Wanderung der Seelen wachte. Mun Ha hatte sich Sinh als Gefährten erwählt. Und alle, die den Kater kennenlernten, betrachteten ihn als Geschöpf höchster Klugheit, das einem Weisen nicht unähnlich war. Darüber hinaus war Sinh außergewöhnlich schön. Seine bernsteinfarbenen Augen schimmerten wie die vergoldeten Statuen, die den Tempel schmückten. Sein Fell war von strahlendem Weiß.

Bei aller Anmut und Weisheit besaß Sinh jedoch auch einen Makel. Er war keine richtige Birma, wie man die Rasse heute kennt. Vielmehr waren Ohren, Schwanz, Nase und Pfoten von der gleichen dunklen Farbe wie das Erdreich. Da der Kater sich ansonsten recht heiligenmäßig betrug, verstand man die dunkle Farbe als Zeichen, dass die Erde und alles, was auf ihr kreucht und fleucht, letztlich doch befleckt war. Selbst das außergewöhnlichste Geschöpf entging dieser universellen Wahrheit nicht.

Der weise Abt und sein weiser Kater verlebten viele gemeinsame Jahre, aber die Zeit kennt kein Erbarmen und machte aus Mun Ha einen hinfälligen, alten Mann. Er saß auf seinem Thron, als das unvermeidliche Ende nahte und sein Herz stehen blieb. Doch sein Hinscheiden fand keineswegs unter friedlichen Umständen statt. Sinh war bei Mun Ha. Er war während seiner Krankheit nicht einmal von seiner Seite gewichen. Jetzt sprang er auf den Kopf seines Meisters. »He, was treibt er denn da?«, fragten sich die Mönche, doch bevor sie losschimpfen konnten, machte Sinh einen Buckel und richtete den Blick geradeaus nach vorn, wo die Statue von Tsun-Kyan-Kse stand, die Mun Ha stets verehrt hatte. Es war offensichtlich, was der Kater vorhatte: Die Seele des Priesters ging in den Körper der Katze über.

Sollte irgendjemand daran gezweifelt haben, so wurde er von den folgenden Ereignissen eines Besseren belehrt. Das Fell auf seinem Rücken nahm eine goldene Farbe an, seine Bernsteinaugen färbten sich tiefblau wie die Augen der Göttin, und seine Pfoten erstrahlten in einem zauberhaften Weiß. Dies sind die Farben der heutigen Birma-Katze. Sinh nahm also nicht nur die Seele des heiligen Mannes auf, er wurde auch der Stammvater dieser Rasse. Doch so wunderbar diese Metamorphose war, was ihr folgte, stellte all das in den Schatten.

Burma lag zu jener Zeit im Krieg mit Siam, und ein Heer feindlicher Soldaten rückte gegen den Tempel vor. Im Tempel aber stand man derart unter dem Bann der Ereignisse, dass niemand dies bemerkte ... Bis auf den Kater, der seinen Blick schließlich von der Statue abwandte und auf das große Portal im Süden schaute. Seine Augen schienen von einem tiefblauen Feuer. Auch diesmal gab es keinen Zweifel, was dies zu bedeuten hatte. Die Mönche verbarrikadierten den Eingang – gerade noch rechtzeitig, wie sich herausstellte. Die Wogen der Angreifer brandeten gegen das Tor, doch es hielt. Die Mönche stützten es bis zum Morgengrauen, als die Siamesen abzogen, weil es ihnen nicht gelang, eine Bresche zu schlagen. Lao-Tsun war nun vor Entweihung und Plünderung sicher.

Doch selbst damit war der Wunder noch kein Ende. Sinh hatte den Thron während der ganzen Zeit nicht verlassen. Er sollte noch sieben Tage darauf verweilen, in dieser Zeit blieb sein Blick auf Tsun-Kyan-Kse gerichtet. Selbst als der Feind längst abgezogen war, funkelten seine Augen weiter saphirblau. Als stünde er in engster Verbindung mit der Göttin, die über die Wanderung der Seelen wacht. Kaum aber waren die sieben Tage vorüber, schloss der Kater die Augen. Sein Körper wurde schlaff und sank in sich zusammen, an ebenjenem Ort, wo der alte Abt gestorben war. Und mit dem Tode Sinhs wurde

die Seele Mun Has von den liebevollen Armen der Göttin empfangen.

Die Mönche zogen sich in ihre Zellen zurück und kontemplierten, was geschehen war. Nach weiteren sieben Tagen forderte jedoch der Alltag erneut seinen Tribut. Zunächst musste man einen Nachfolger für Abt Mun Ha finden. Die Mönche versammelten sich um die Statue von Tsun-Kyan-Kse zur Meditation. Bei dieser Gelegenheit geschah das letzte Wunder. Alle Katzen des Tempels schlossen sich den Mönchen an – denn außer Sinh lebten noch viele andere Katzen in Lao-Tsun.

Auch ihr Aussehen hatte sich vollkommen verändert. Jede einzelne trug nun die Zeichen der Birma, wie Sinh sie nach seiner Verwandlung zeigte: goldenes Fell, weiße Pfoten und tiefblaue Augen. Alle waren zu Birma-Katzen geworden und schmiegten sich an den jüngsten der Mönche als Zeichen, dass sie ihn auf dem Thron Mun Has sehen wollten. Niemand bezweifelte die Weisheit der Tempelkatzen, und so wurde der junge Mönch zu Mun Has Nachfolger ernannt. Seitdem glaubt man, dass immer dann, wenn eine Birma-Katze stirbt, sie die Seele eines Heiligen ins Nirwana trägt.

Die Siamesen standen in der Geschichte um Sinh vielleicht auf der falschen Seite, doch sicher hätten sie die Ereignisse rund um den Tempelkater nicht weiter erstaunlich gefunden, denn auch die Katzen Siams galten als Gefäß menschlicher Seelen. Dieser Glaube war so fest verankert, dass man jedem bedeutenden Menschen eine lebende Katze mit ins Grab gab.

– Aber Baba, das ist ja barbarisch! –

Nein, kein Grund zur Aufregung. Die Katze wurde selbstverständlich nicht lebendig eingemauert, das hätte ja der ursprünglichen Absicht Hohn gesprochen. Man ließ Löcher im Grabmal, damit sie wieder herauskommen konnte. Wenn dies geschah, hieß es, dass die Seele aus dem Reich der Toten zurückkehrte. Daraufhin wurde ein großes Fest gefeiert, und die wiedergeborene Katze wurde zu einem Tempel geleitet, wo sie fortan in Luxus lebte – aus kätzischer Sicht ein verdienter Ausgleich für den Stress, einer Leiche als Grabbeigabe zu dienen.

Doch wenn wir von meinen Verwandten in Siam sprechen, sticht vor allem eine Rasse heraus, die so eng mit dem Land verbunden ist, dass sie seinen Namen trägt. Die Siamkatzen, wie ihr Menschen sie nennt, gehören zu den ältesten reinrassigen Katzen der Welt. Und sie gelten allgemein als die klügsten. Nun, das hört sich schon cool an. Wenn man davon ausgeht, dass normale Straßenkatzen wie ich damals noch nicht existierten, mag diese Behauptung früher vielleicht sogar mal gestimmt haben. Nichtsdestotrotz haben die Siamkatzen ihr Banner seit jeher hochgehalten. Den Beweis für ihre Tugendhaftigkeit tragen sie an der Schwanzspitze, und eine Legende erklärt, warum dieser Knick keineswegs ein Makel ist, sondern Zeichen des bemerkenswerten Charakters dieser Rasse.

Die Geschichte dreht sich um einen Prinzen im alten Siam, der seinen Palast verlassen und sich auf Reisen begeben musste. Allerdings machte er sich Sorgen, dass sein kostbarer Ring dabei verschwinden könnte. Diesen Ring konnte er nur dem loyalsten seiner Höflinge anvertrauen. Als er überlegte, wen er auswählen sollte, wurde ihm klar, dass das treueste Wesen an seinem Hof seine Katze war. Nun, ich möchte euch Menschen ja nicht herabsetzen, aber die Gier nach Geld und Gold ist doch selbst unter hochstehenden Persönlichkeiten sehr verbreitet, uns Katzen allerdings völlig unbekannt. Also bat der weise Prinz seine Katze, den Ring an sich zu nehmen. Die Katze willigte ein, aber da sie sehr klug war, richtete sie auch eine seltsame Bitte an den Prinzen: Der Prinz möge ihr den Ring auf die Schwanzspitze stecken. Da der Prinz einer der weisesten Menschen im alten Siam war, wusste er, dass Katzen immer recht haben, und tat daher, was seine Hofkatze verlangte. Als er zurückkehrte, sah er, dass die Katze ihren Schwanz verknotet hatte, um den Ring zu bewahren. Sie hatte sich also den Knick selbst zugefügt, um das kostbare Stück vor Dieben zu schützen.

Von da an übernahmen die anderen Siamkatzen diesen Knick – als Ehrenzeichen sozusagen. Dummerweise durfte niemand außerhalb des Königspalastes in Bangkok diese verdienstvollen Katzen sehen. Menschen passen auf ihre Katzen gewöhnlich sehr gut auf. Das ist einer eurer Charakterzüge, die wir charmant finden, auch wenn das Ganze eigentlich unnötig ist. Was die Siamkatzen angeht, so verhielt sich die Königsfamilie geradezu tyrannisch. Sie behielt die Katzen ganz für sich. Die Tiere durften das Palastareal nicht verlassen. Aber wie ernst wurde das wohl genommen? Nun, wenn man bedenkt, dass auf den Diebstahl einer solchen Katze die Todesstrafe stand, wurde dieses Verbot wahrscheinlich peinlich genau beachtet. Das machte die Siamkatze zum großen Rätsel für die Außenwelt. Die Menschen spähten durch die Gitter der Palasttore, um wenigstens einen Blick auf die mythischen Geschöpfe zu werfen.

Aber den Leuten das Halten bestimmter Katzen zu verbieten und sie als Statussymbol für sich allein zu beanspruchen ist schon reichlich elitär – und der kätzischen Natur so gar nicht gemäß. Glücklicherweise bezog sich das Verbot nur auf Siamkatzen. Alle anderen Rassen durften die Bürger des Landes halten. Und falls jetzt jemand meint, dass die Krone die reinrassigsten Tiere eben für sich behalten wollte, dann hört mal gut zu: Wir Katzen beurteilen euch ja auch nicht nach eurem Stammbaum. Also solltet ihr doch wohl imstande sein, es mit uns genauso zu halten! Ohnehin galten die Plebejerkatzen ihren Menschen als nicht weniger verehrungswürdig als die Palastkatzen.

Man muss dazu nur mal die *Tamra Maew* lesen, die *Lehrbücher über die Katzen*. Darin wurden Geschichten über Katzen und ihre Eigenschaften festgehalten und über die Jahrhunderte weitergegeben. Die Texte nennen siebzehn weitere Katzenrassen, die ihren Menschen Wohlstand

und Wohlbefinden schenkten. Sicher wollt ihr jetzt wissen, was das für Katzen waren. Bestimmt waren die ebenso selten wie die Palastkatzen, um solche Gaben verleihen zu können? Lesen wir mal nach … Da werden Katzen mit weißem, schwarzem oder grauem Fell genannt. Und solche mit schwarz-weiß gemustertem Fell. Andere mit verschiedenen Braun- oder Kupfertönen. Und dann noch … ähm … ja, im Grunde fast *alle Arten* von Katzen. Nun, der Königshof mochte seine eigenen Katzen haben, aber was den Rest von Siam anging: Egal, welche Katze man hielt, jede brachte Glück und Wohlstand.

Das herzliche Willkommen, das man uns in Asien bescherte, wäre noch beeindruckender, würden wir noch etwas weiter nach Osten vordringen. Doch zuerst muss da noch eine Sache geklärt werden. Könnt ihr glauben, dass es in der buddhistischen Welt einst auch zu Animositäten uns gegenüber kam? Diese unglückliche Episode war die Folge eines Missverständnisses, für das einzig und allein der Mensch die Verantwortung trug. Ich rede nicht gerne über diese Angelegenheit, da wir euch diese Geschichte nicht mehr nachtragen, aber hören sollt ihr sie trotzdem. Nur um einmal unmissverständlich klarzumachen, dass es nicht immer ein Sahnelecken ist, als Katze unter Menschen zu leben.

Habt ihr euch jemals gefragt, warum bei den chinesischen Tierkreiszeichen die Katze fehlt? Ist das nicht ein grässliches Versehen, ja im Grunde eine unverzeihliche Beleidigung? Wo doch sogar Hasen und Schlangen und andere wenig nützliche Tiere in den Kreis aufgenommen wurden. Und Tiere, die *nicht einmal existierten,* wie der Drache! Selbst die Ratte ist mit von der Partie! Nun, schuld daran ist eine vollkommen unbewiesene Anschuldigung, die etwa zu der Zeit aufkam, als wir Katzen nach China gelangten. Dahinter steckte wohl eine Verschwörung, um unseren Siegeszug in Asien aufzuhalten. Das lässt sich zwar nicht mit letzter Sicherheit sagen, aber ich vermute es schwer.

Das Gerücht, das sich zu jener Zeit verbreitete, besagte Folgendes: Als der Leichnam des Buddha eingeäschert werden sollte, kamen Vertreter aller lebender Kreaturen zusammen, um ihm die letzte Ehre zu erweisen. Und von allen auf der Welt bekannten Tierarten soll es einzig die Katze gewesen sein, die sich nicht gebührend zu benehmen wusste. Gerade als die Trauer auf dem Höhepunkt war und alle Anwesenden mit gesenktem Kopf weinten, machte die Katze einen Satz und tötete die Ratte. Da das Töten eines anderen Geschöpfes gegen die Gesetze verstieß, die Buddha selbst für unantastbar erklärt hatte (und er wusste alles über Höflichkeit, aber *nichts* über das Leben mit Ratten!), gab es eine Zeit, in der wir tatsächlich eher unbeliebt waren.

Glücklicherweise waren die normalen Menschen, vor allem in ländlichen Gebieten, noch immer recht beeindruckt von unserer Fähigkeit, diese unliebsamen Nager unter Kontrolle zu halten, sodass es ihnen am Ende egal war, wie wir uns bei Trauerfeierlichkeiten benahmen. Aber dennoch waren wir plötzlich in vielen Tempeln nicht mehr willkommen. Menschen, die unseren Charakter noch nicht kannten, glaubten, dass wir keine guten Gefährten abgäben. Natürlich heilt die Zeit alle Wunden, und wie sich herausstellte, verlief diese Heilung umso schneller, je mehr Nager unterwegs waren. Denn nun waren die Menschen in den Klöstern und Tempeln damit konfrontiert, dass ihre kostbaren Manuskripte zum Fraß von Ratten und Mäusen wurden.

Möglicherweise, so überlegten sie, waren Katzen ja doch zu etwas nütze? Und so baten sie uns um Hilfe. Ironie des Schicksals, nicht wahr? Da wurden wir diffamiert, weil angeblich eine von uns bei der Verbrennung des Buddha eine fiktive Ratte getötet hatte, und dann kamen die buddhistischen Mönche und ersuchten uns, *echte Ratten für sie umzubringen!* Und da bilden sich die Menschen immer ein, wir Katzen seien wankelmütig.

Aber was soll's? Schließlich entschieden sich die Buddhisten doch dafür, uns zu bewundern. Viele ihrer Tempel wurden zu großen Katzenkolonien. Als unser Ansehen wieder stieg, wurde es in China Tradition, dass berühmte Menschen Katzen hielten, auch Konfuzius. Und die Buddhisten glichen ihr unfaires Verhalten wieder aus, indem sie uns mitnahmen zu unserer letzten Station in Asien: Japan.

Nach Japan gelangten wir in Gesellschaft chinesischer Mönche, die den Inselstaat um das 6. Jahrhundert unserer Zeitrechnung besuchten. Zu jener Zeit war die ägyptische Stadt Bubastis längst ein Ruinenfeld. Niemand erinnerte sich mehr an die großen Pharaonen. Unser Ruhm jedoch war kaum geschmälert, sodass es den Anschein hatte, als seien die Tage unserer Glorie nie wirklich vergangen. Denn im Land der untergehenden Sonne mit seinen smaragdgrünen Inseln dämmerte für uns ein neues Goldenes Zeitalter.

Die ersten Katzen, die nach Japan kamen, galten als unbezahlbar und wurden Gefährten des Hochadels. Selbiger legte nicht nur Wert auf eine gepflegte Kommunikation mit uns, sondern ersuchte uns auch in wichtigen Angelegenheiten um unsere Meinung. Am kaiserlichen Hof erfuhren wir so viel Bewunderung, dass man dem Herrscher eine Katze schenkte, wollte man ihn gnädig stimmen. Am höchsten war unsere Wertschätzung am Hofe von Kaiser Ichigo, der von 968 bis 1011 regierte. Er liebte uns so sehr, dass er, sollte ein Hund es wagen, uns im Palast zu jagen, seinen Besitzer ins Gefängnis werfen ließ. Welch weiser Herrscher! Denn schließlich liegt es in neun von zehn Fällen am Besitzer, wenn ein Hund sich schlecht benimmt.

Ichigos Lieblingskatze war weiß wie frisch gefallener Schnee und stammte aus China. Ihr Name war Myobu no Omoto (ein Titel, der sie als Hofdame auswies). Am zehnten Tag des fünften Monats im Jahr 999 brachte sie fünf Junge zur Welt. Der Kaiser betrachtete dies als gutes Omen und befahl, dass den Kätzchen mit der gleichen Aufmerksamkeit zu begegnen sei wie jungen Prinzen. Und doch war dies nur das Vorspiel zu seiner größten Tat: Er verfügte, dass *alle* Katzen in den Adelsstand erhoben wurden! Von da an wurden wir in hohen Häusern verwöhnt, wo man uns behandelte wie Kinder der edelsten Familien Japans. Und man verlieh uns einen Ehrentitel: *tama*, was so viel heißt wie *Juwel*.

Diese Verehrung zog jedoch unvorhergesehene Folgen nach sich. Einmal in den Adelsstand erhoben, war es uns nicht länger gestattet, Beschäftigungen

nachzugehen, die als niedere Tätigkeiten galten. Ist es denn ein Makel, wenn man sich mit seiner Pfoten Arbeit durchs Leben bringt? Nun, ihr könnt dieses Thema ja unter euch ausdiskutieren, denn Status war euch Menschen schon immer wichtiger als uns Katzen. Von meiner Seite nur so viel: Wenn man mit seinen vier Pfoten fest auf dem Boden der Tatsachen steht, dann will man sie auch benutzen. Alles andere hieße schließlich, dass man das eigene Überleben nicht mehr sichern kann. Aus kätzischer Sicht ist Arbeit nämlich nicht nur ratsam, sie formt auch den Charakter.

Diese Diskussion mag euch müßig erscheinen, aber im vorliegenden Fall hatte das Ganze weitreichende Konsequenzen. Ichigos Anordnung war sicherlich großmütig. Leider hatte sie zur Folge, dass das Mäusefangen nun angeblich unter unserer Würde war. Das muss man sich mal vorstellen. Die Tatsache, dass wir die Nager in Schach halten konnten, hatte schließlich überhaupt erst dazu geführt, dass Mensch und Katze sich zusammenschlossen. Und nicht nur das! Wir genießen das auch – und nun sollten wir plötzlich *zu gut* dafür sein? Eine merkwürdige Wendung. Tatsächlich ist Japan das einzige Land auf der Welt, in dem man versuchte, Katzen am Mäusefangen zu hindern.

Bald jedoch sollte sich zeigen, dass dies gerade für Japans Stoffproduzenten katastrophale Folgen hatte. Wir hatten die Schädlinge in Schach gehalten, die die Seidenraupenkokons zerstörten. Statt lebender Katzen standen jetzt jedoch Katzenstatuen als Nagerschreck in den Lagerhäusern. Wie Vogelscheuchen eben. Die Naivität der Menschen reizt mitunter schon zum Lachen. Als ob die schlauen Mäuse auf solch alberne Tricks hereinfallen würden. Für die Katzen aber war die Lage noch schlimmer. Da residierten sie nun in komfortablen Suiten, nur um mit ansehen zu müssen, wie ihr Erzfeind auf den Tischen tanzte und die Seidenraupenkokons auffraß – was Japans wichtigsten Industriezweig beinahe in den Ruin geführt hätte.

Für seine unerschütterliche, wenn auch ein wenig irregeleitete Hingabe an die feline Sache verdient das japanische Herrscherhaus freilich höchstes Lob. Doch obwohl Japans Katzen energisch mit den Pfoten scharrten, um endlich wieder ihrer Bestimmung nachgehen zu können, dauerte es drei Jahrhunderte, bis das Kaiserhaus seine Zustimmung gab. Letztendlich blieb den Japanern auch gar nichts anderes übrig, als uns wieder unsere Arbeit tun zu lassen. Und natürlich wurden wir damit aus dem Adelsstand verstoßen. Man könnte dies als Sieg der Mäusefraktion auslegen, denn schließlich haben sie uns von unserem Podest geholt. Aber dieser Sieg war letztlich teuer erkauft. Beweist dies nicht klar und deutlich, wie verrückt Mäuse letztlich sind? Sie hätten ja nur die Seidenraupenkokons in Ruhe lassen müssen. Dann hätten sie genau wie wir in Frieden und Wohlstand leben können. So aber hatte ihr Hochmut zur Folge, dass unsere Krallen in die Seidenmanufakturen zurückkehrten.

Solltet ihr euch jetzt fragen, ob wir stinkig waren, weil wir wieder arbeiten gehen mussten, dann kann ich nur sagen: Mitnichten. Unsere Art ist immun gegen Unsicherheiten, wie sie euch Menschen eigen ist. Wir wissen auch ohne Pomp und Titel, dass wir von edlem Geblüt sind. Natürlich genießen wir es, verwöhnt zu werden, aber wir lieben auch so schlichte Vergnügungen, wie sich auf der Erde zu wälzen oder auf Bäume zu klettern. Es ist ärgerlich, wenn einem diese simplen Freuden verwehrt bleiben, nur weil der Mensch sie für unwürdig hält. Mäusejagen macht nun mal Spaß. Und das Gefühl, etwas geleistet zu haben, ist schöner, als auf Seidenkissen zu sitzen. Ohnehin gäbe es gar keine Seidenkissen mehr, hätten wir nicht die Raupenkokons geschützt. Und das sagt doch schon alles über ehrwürdige Arbeit.

Unsere Bemühungen zur Rettung der Nation sicherten uns einen Platz im Herzen der Menschen. Und der Verlust des Adelsstandes wurde mehr als wettgemacht durch die Zuneigung, die uns das Volk entgegenbrachte. In den Volkssagen Japans gibt es einige beeindruckende Geschichten über Katzen, die zeigen, wie weise, hingebungsvoll und heldenhaft wir sind. Wie zum Beispiel die folgende Erzählung, in der eine Katze ihre Weisheit mit einem hohen Herrn teilte.

Ein hochstehender Samurai wurde geplagt von einer riesigen Ratte, die in aller Ruhe sein Anwesen durchstreifte und machte, was ihr gefiel. Die Ratte war so groß, dass sie selbst die Katze des Samurai vertrieben hatte. Und bevor ihr nun über diese Katze spottet, sollt ihr wissen, dass sie ungeachtet der außergewöhnlichen Umstände ihr Bestes gegeben hatte. Wie viele andere Katzen am Ort, die man auf die Ratte ansetzte. Und keine, nicht einmal die allertapferste, hatte Erfolg. Voller Verzweiflung machte der Samurai sich daran, selbst Jagd auf das Tier zu machen. Was für eine Schande für einen Samurai, mit seinem Schwert gegen Ungeziefer vorgehen zu müssen! Und um dem Ganzen die Krone aufzusetzen, hatte auch der Samurai keinen Erfolg. Die Ratte war einfach zu schlau für ihn und entging seinen Hieben.

Schließlich hörte der Samurai von einem Kater, dessen Ruhm als Jäger alles übertraf. Also ließ er den Kater auf sein Anwesen bringen. Doch als er ankam, wirkte er alles andere als stark und mächtig. Sein Ruf als Jäger war wohl der Nachhall längst vergangener Tage – oder soll ich sagen: Jahre. Er war alt und erschöpft. Ein mageres Tier, das kein bisschen von seinem alten Ruhm erahnen ließ. Noch schlimmer war allerdings, dass dieser Kater nicht die geringste Lust zu haben schien, sich auf die Jagd zu begeben. Er saß nur gelangweilt auf seinem Kissen und sah der Ratte zu, wie sie hierhin und dorthin lief.

Es verging einige Zeit, und der Samurai wusste nicht, ob er über seinen Missgriff lachen oder weinen sollte. Bis der alte Kater sich schließlich erhob und träge auf die Ratte zu humpelte. Diese musterte ihn nur spöttisch. Und da geschah es: Schnell

wie der Wind sprang der Kater die Ratte an, biss einmal zu, und sie war tot. Das Ganze hatte nur ein paar Augenblicke gedauert. Danach verfiel er wieder in die übliche Lethargie und legte sich hin, als wäre sein Sieg gar nichts.

Der Samurai aber betrachtete den Kater voller Ehrfurcht. Nicht einmal sein Schwert hatte dies vermocht. Und dieses alte Tier, dem man die Jahre ansah, hatte die Ratte mit Leichtigkeit erlegt. In tiefer Bewunderung bat er den Kater, ihm doch sein Geheimnis zu verraten, denn offensichtlich war seine Weisheit größer, als der Samurai gedacht hatte. Der Kater willigte ein und enthüllte dem hohen Herrn das Geheimnis jeden Kampfes: Es geht nicht um Kraft, sondern um Selbstkontrolle. Stürze dich nicht einfach in den Kampf. Nimm dir die Zeit, den Gegner zu studieren, seine Neigungen, seine Bewegungen – und lass dich nicht vom Stolz verleiten. Mach dir keine Gedanken darüber, was der andere von dir halten mag, erklärte der Kater. Lass zu, dass er dich als schwach betrachtet, um ihn in falscher Sicherheit zu wiegen. Und wenn er am wenigsten damit rechnet, schlägst du schnell zu und besiegst ihn. Offensichtlich handelte es sich um einen sehr weisen Kater, der einen Krieger das Kämpfen lehrte.

Doch nun wollen wir heraustreten aus dem Reich der Legende, denn die wunderbarste Geschichte über japanische Katzen ist kein Märchen. Sie existiert in unterschiedlichen Versionen, und keine davon kann als die letztlich »richtige« bezeichnet werden. Doch alle weisen so viele Ähnlichkeiten auf, dass darin wohl das berühmte Körnchen Wahrheit liegt. Die Geschichte handelt vom Kloster Gōtokuji in Tokio. Der Tempel wurde im 15. Jahrhundert gegründet, doch bereits im 17. Jahrhundert war das Kloster verarmt und verfallen. Damals lebte dort nur noch ein einziger Mönch. Doch als der Tempel vor dem sicheren Ende stand, kam dem Kloster ein Geschöpf zu Hilfe, das die Hauptperson der Geschichte ist – ein ganz besonderer Kater, der dem Kloster zu neuem Ruhm verhalf.

Er war ein Streuner mit strahlend weißem Fell. Der Mönch hatte ihn aufgenommen und sorgte für ihn, weil er ein gutes Herz hatte. Aber gute Absichten füllen keine Futterschälchen, und so waren die beiden irgendwann wirklich vollkommen mittellos. Der Glaube des Mönchs war stets sein Schutz gewesen. Aber angesichts der bitteren Armut geriet sogar sein unerschütterlicher Glaube ins Wanken. Als der Mönch den verfallenen Schrein betrachtete, vertraute er dem Kater sein Leid an. »Ich kann einfach nichts mehr tun, Kätzchen«, meinte der alte Mann. »Ich weiß, dass du helfen würdest, wenn du könntest. Aber du bist eben nur eine Katze. Ich weiß nicht, was dem Verfall noch Einhalt gebieten soll.« Das Ende des Tempels stand wohl unmittelbar bevor. Der Mönch gab die letzte Hoffnung auf und überließ sich dem Selbstmitleid.

Ach, dieser dumme Mönch! Er hatte wohl vergessen, was geschieht, wenn man vor einer Katze die Flinte ins Korn wirft!

Nun würde der kätzische Gefährte die Sache selbst in die Pfoten nehmen, und der Mönch würde bald merken, dass es so etwas wie »nur eine Katze« nicht gibt. Bald darauf brach ein wütender Sturm los. Ein Samurai namens Naotaka Ii, der mit seinem Gefolge in der Nähe des Tempels unterwegs war, geriet mitten in diesen Wolkenbruch. Angesichts des heftigen Regens hielt er Ausschau nach einem Unterschlupf, als er in der Ferne eine weiße Katze entdeckte. Aber was trieb das Tier dort nur? Es schien ihm mit der Pfote zuzuwinken … Ja, ihn heranzuwinken?

Eine unerwartete Begegnung, doch die reisende Gesellschaft vertraute der Weisheit der Katzen, und so marschierte man auf den Kater zu. Er führte sie durch den Sturm auf kurzen Wegen zum Tempel. Dort machte der mächtige Samurai Bekanntschaft mit dem Mönch, dessen Weisheit und Demut ihn tief beeindruckte. Zutiefst betrübt erkannte er, wie es um das Kloster stand, und schwor, es von nun an zu unterstützen, so gut er es vermochte. Er machte das Kloster zum Schrein seiner Familie.

Von diesem Augenblick an wurde der Gōtokuji-Schrein zu einem der schönsten und reichsten Tempel Japans. Und aus Dankbarkeit gegenüber dem Kater, der ihn gerettet hatte, werden Katzen dort seither verehrt. Manche Menschen nennen ihn auch den Katzentempel, weil es dort massenhaft Statuen von Katzen gibt. Man betet für vermisste oder kranke Katzen, ja es gibt dort sogar einen Katzenfriedhof – der einzige weltweit seit den Tagen des Alten Ägypten. Dort betet man zu Buddha, damit die verstorbenen Tiere das Nirwana erreichen.

Aber natürlich leben dort auch Hunderte von Katzen. Aber könnt ihr euch vorstellen, dass selbst die Katze aus der Legende noch hier lebt? Nun ja, *in gewisser Weise* jedenfalls. Der Kater ist quasi überall, weil er zu einer der berühmtesten Katzenfiguren weltweit wurde. Außer mir natürlich. Habe ich etwa vergessen, euch seinen Namen zu sagen? Nun, ihr habt es vermutlich schon erraten, denn er ist der bekannteste von uns. Niemand anderer als Maneki-Neko, die Glückskatze mit der winkenden Pfote, mit der er den Samurai in den Tempel führte. Wer von euch Menschen uns also für selbstsüchtig hält, sollte sich vielleicht mal vor Augen halten, dass es ein Akt feliner Hilfsbereitschaft war, der uns zum populärsten Glückssymbol der Menschenwelt gemacht hat.

Nun, meine Freunde, ich könnte euch noch endlose Geschichten über die Liebe der Japaner zur Katze erzählen, aber obwohl wir es bis zum Pazifik geschafft haben, ist es jetzt an der Zeit, unsere Aufmerksamkeit auf ein anderes Abenteuer zu richten: die Eroberung Europas. Drehen wir die Uhr also noch einmal um 2500 Jahre zurück zu den Tagen, als Bubastis in Ägypten herrschte. Das nördliche Mittelmeerufer hat unsere Freundin *Felis* nicht weiter interessiert, was seinen Bauern zum Nachteil gereichte, vor allem im Vergleich mit dem Nahen Osten und Ägypten.

Doch zu jener Zeit gab es noch ein Volk, die Phönizier, die an der Küste des Libanon lebten. Sie errichteten keine großen Monumente und hatten keine mächtige Armee. Aber sie waren geschickt, und das sicherte ihnen Einfluss, denn sie waren die großen Seefahrer der Antike. Ihre Schiffe überquerten den Ozean, und ihre Eroberungen geschahen durch den Handel und nicht durch das Schwert. Um vom Handel zu leben, brauchten sie ein gutes Auge für die Dinge, die Menschen so brauchen konnten. Und die Hauskatze war mehr als nützlich.

Brächte man diese Katzen also auf die andere Seite des Mittelmeers, würde dies glänzende Geschäfte ermöglichen. So viel stand schon mal fest, denn – man höre und staune – die alten Griechen schützten ihr Getreide, indem sie Wiesel und Steinmarder abrichteten. Muss ich euch sagen, wie schwierig das ist? Diese Tiere sind Wildtiere. Selbst im günstigsten Fall ist der Umgang mit ihnen kompliziert. Und um der Wahrheit die Ehre zu geben: Sie sind auch ganz schön ungehobelt.

In Griechenland würden sich Katzen also bestens verkaufen lassen. Also nahmen uns die Phönizier mit an Bord. Die besten Katzen fanden sich damals natürlich in Ägypten – starke und gesunde Tiere, beeindruckend anzusehen und gut erzogen, sodass sie mit dem Menschen leben konnten. Diese würden am meisten abwerfen. Da gab es nur ein klitzekleines Problem. Die Ägypter schätzten uns so sehr, dass wir in ihren Augen keine Handelsware darstellten. Es war verboten, Katzen außer Landes zu bringen.

Aber ich habe euch ja gesagt, dass die Phönizier geschickt waren – was bei eurer Art auch heißt: betrügerisch. Also fingen die Phönizier an, uns aus dem Land zu schmuggeln, unter Deck ihrer großen Galeeren. Man stelle sich diese Arglist nur mal vor: hartgesottene Piraten, die nachts in See stachen, weil der Schiffsrumpf voll mit Katzen beladen war. Und wie sahen das wohl die Katzen? Sicher waren einige reichlich indigniert darüber, plötzlich von solchen Grobianen angefasst zu werden. Einige haben sich vermutlich gefürchtet. Doch es gab auch so manche Katze, die sich auf das Abenteuer freute. Und diesen wollen wir uns nun anschließen! Also, hopphopp, aufs Schiff und auf zu neuen Ufern!

Liebe währt ewig. Die Japaner bestatteten Katzen voller Ehrerbietung, lange bevor man im Westen auf die Idee mit Katzenfutter in Dosen kam. Dieses Tier wurde auf dem größten Tierfriedhof Japans bestattet, im Jindaji-Tempel. Dort können Menschen ihrer Katzen immer gedenken.

Oben: Händler im Nahen Osten sorgten dafür, dass wir nicht hungern mussten. Dieser Mann auf dem Basar von Kairo füttert seine Katzen mit der Leber eines Schafes. Offensichtlich nicht schnell genug, da sich eine von ihnen an seiner Schärpe festkrallt, aber wir wollen seine Großzügigkeit trotzdem bewundern. Illustration von 1714 von Jean-Baptiste Vanmour und Gérard Scotin.

Rechte Seite: Ausgabe von *The Animal World* vom Mai 1891, der Zeitschrift der Royal Society for the Prevention of Cruelty to Animals. Hier geht es um die Großzügigkeit eines Sultans, der den örtlichen Streunern einen Garten schenkte und dafür sorgte, dass sie auch noch Jahre nach seinem Hinscheiden gefüttert wurden.

[...ssued by the R.S.P.C.A.] [The Editor's Address is 105, Jermyn Street, London.

THE ANIMAL WORLD

He prayeth best, who loveth best,
All things both great and small:
For the dear God who loveth us,
He made and loveth all.—COLERIDGE.

No. 260.—VOL. XXII. "BOTH MAN, AND BIRD, AND BEAST." MAY 1, 1891.

[Twopence.]

THE CATS' HOME, CAIRO.

薄雲
岳亭

Linke Seite: Wir wissen nicht, wer diese Katze ist, aber sie wird ganz sicher verwöhnt. Sie hat eine goldene Schleife und wird im Gewand ihrer Herrin mitgetragen. Die Japaner machten keine Witze, als sie uns den Ehrentitel *tama* oder *Juwel* gaben. Dieser Holzschnitt entstand um 1820 und stammt von Yashima Gakutei. Es handelt sich um ein *surimono*, eine private Grußkarte für besondere Anlässe.

Oben: Selbst in Japan mussten wir einige Zugeständnisse machen. So nagt diese Katze beispielsweise an getrocknetem Fisch. Dieser Holzschnitt aus dem Jahr 1814 stammt von Hokuba Arisaka. Natürlich ziehen wir Katzen frischen Fisch vor, aber den hat man vermutlich für Sushi reserviert.

TRIUMPH UND TRAGÖDIE IN EUROPA

AUFSTIEG UND FALL DES KATZENREICHES

Europa war Neuland für uns und reif, erobert zu werden. Das warme Willkommen, das man uns an den nördlichen Ufern des Mittelmeers bereitete, stärkte das Band zwischen Mensch und Katze. Zumindest dachten wir das. Jahrhunderte der Bewunderung hatten uns blind gemacht für das, was dann kommen sollte. Diese neuen Lande würden uns die tiefsten Wunden schlagen. Dort machten wir Bekanntschaft mit der Heimtücke der Menschen und mussten uns gegen ein Ausmaß an Grausamkeit zur Wehr setzen, das kaum eine andere Art je zu erdulden hatte. Doch diesen finsteren Tagen werden wir uns erst später zuwenden. Für den Augenblick entspannt euch unter dem blauen Himmel, der über den griechischen Häfen erstrahlt – wo die phönizischen Händler ihre kostbare Fracht entladen.

Als die ersten Schiffe vollbeladen mit Katzen einliefen, galten wir als lebendiges Wunder. Das war etwa sieben oder acht Jahrhunderte vor eurer Zeitrechnung. Die Griechen waren damals noch ein rohes Volk, das nur Wildkatzen kannte. Hauskatzen schienen ihnen ein Weltwunder zu sein. Unser seidiges Fell beeindruckte sie ebenso wie unser sanftes Naturell. Wir waren ausgesprochen empfänglich für Streicheleinheiten und gestatteten euch sogar, *uns im Arm zu halten!* »Aber sie sind nicht nur schön!«, priesen uns die phönizischen Händler an. »Sie sind auch über die Maßen nützlich.« Sie erzählten ihnen, dass wir sehr viel geschicktere Mäusefänger waren als die Tiere, welche die Griechen einsetzten. Sicher erlegten auch Marder und Wiesel Nagetiere, aber sie waren eben Wildtiere, die nicht nur Ratten vertilgten, sondern auch Hühner und deren Eier.

Hier aber waren echte ägyptische Katzen, die ans Haus gewöhnt und daher zuverlässig waren. Sie würden (zumindest theoretisch) nur die ungeliebten Nager verspeisen. Die Phönizier waren geschickte Händler, und es dauerte nicht lange, bis die Griechen überzeugt waren. Sie bezahlten sogar einen Aufpreis für schwarze Katzen – sie seien die besten Jäger, weil die Nager sie nicht sehen würden, behaupteten die Händler. Aber stimmt das auch? Nein! Mäuse haben einen ausgesprochen hoch entwickelten Geruchssinn und ein gutes Gehör, auf das sie sich auch im Dunkeln verlassen können. Die Farbe unseres Fells hat keinerlei Einfluss auf unsere Mausfangquote. Nun ja, die Dummen sterben nicht aus, aber in der Aufregung um dieses neue Tier machte sich niemand die Mühe, diese Behauptung zu überprüfen.

Die Völker im Norden des Mittelmeers waren blutige Laien, was uns Katzen anging. Aber sie hatten viel Erfahrung auf einem anderen Gebiet, und tatsächlich lieferten sie dort ihren wichtigsten Beitrag zur Geschichte der Katze: das Gebiet der Wörter. Anfangs nannten die Griechen uns *galê*. Das war ein Sammelbegriff für kleine Säugetiere, mit dem man auch die Wiesel bezeichnete, denn man hatte uns mit diesen kurzerhand in einen Topf gesteckt. Hmpf! Aber im 5. Jahrhundert vor eurer

Zeitrechnung kamen neue Begriffe auf, die sich bis heute erhalten haben. *Feles* zum Beispiel, das dann zum lateinischen *felinus* wurde. Später kam noch das spätlateinische *catta* hinzu – von dem sich die meisten europäischen Wörter für Katze ableiten: *cat*, *chat*, *gatto* etc.

Eine weitverbreitete Sage stand Pate für einen weniger interessanten Begriff. Sie handelt von einer Katze namens Aielouros. Ihr Name leitet sich ab von *aiolos* (sich bewegen) und *ouros* (Schwanz). Die Katze hieß also mehr oder weniger »Schwanzwedler«. Da sie zu jener Zeit die anmutigste aller Katzen war, wurde sie in eine Frau von solcher Schönheit verwandelt, dass selbst Aphrodite vor Neid erblasste. Und prompt verwandelte die ewig eifersüchtige Göttin Aielouros wieder in ihre ursprüngliche Gestalt zurück. Diese Geschichte ist natürlich blanker Kitsch und taugt höchstens als Beleg für eure Überheblichkeit. (Was bitte treibt euch zu der Annahme, wir würden gerne menschliche Gestalt annehmen?) Von nun an stand jedoch der Begriff »ailurophob« für Menschen, die eine irrationale Furcht vor Katzen haben.

Und doch war unser Goldenes Zeitalter noch lange nicht zu Ende. Denn abgesehen von der exzentrischen Aphrodite, gab es nämlich kaum Ailurophobiker in einem Land, das sich in rasender Geschwindigkeit zur Hochburg der Ailurophilen – der Katzenliebhaber – entwickelte. Die Griechen wollten ihre Neuentdeckung der ganzen Welt präsentieren, und so nahmen sie uns überall dorthin mit, wohin sich ihr Einfluss ausdehnte. Einmal mehr gingen die Katzen auf Wanderschaft, und wir legten dabei weite Entfernungen zurück! Griechische Siedler nahmen uns mit auf den Balkan und ans Schwarze Meer. Ja, sie brachten uns bis nach Massalia, wo eine weitere griechische Siedlung lag – der Vorläufer des heutigen Marseille. Von dort ging es die Rhone hinauf nach Deutschland. Mit den Griechen kamen wir auch nach Italien, denn sie besaßen wichtige Siedlungen im Süden des Landes und auf Sizilien. Von dort aus traten wir unseren Siegeszug nach Norden an. Als wir nach Rom kamen, nun ja ... Wie man weiß, kam Cäsar, sah und siegte. Und wir folgten ihm nach. Man nahm uns sogar in die Armee auf, damit wir deren Proviant schützten. Gemeinsam mit den römischen Heeren trafen wir schließlich in Großbritannien ein.

»Was für ein Triumph soll das denn sein!«, werden die Skeptiker nun höhnen. »Wart ihr nicht einfach simple Zwangsarbeiter, die man über den ganzen Kontinent schleifte?« Ich will ja gar nicht leugnen, dass wir als einfache Mäusefänger nach Europa kamen. Aber wir setzten auf unser bewährtes Erfolgsrezept, dem schon die kleine *Felis* ihre große Beliebtheit verdankte. Durch unseren unermüdlichen Einsatz zum Schutz der menschlichen Vorräte stahlen wir uns selbst in die härtesten Herzen. Und wenn ihr mir nicht glaubt, dann denkt nur einmal daran, wie sehr uns die römischen Soldaten zu schätzen wussten. Sie waren die Ersten, die uns Katzen zum Wappentier erkoren. Nicht einmal die Ägypter hatten das gemacht. Sie hatten im Krieg stets die löwenköpfige Sechmet bevorzugt. Die römischen *Ordines Augustii* hingegen führten eine grüne Katze in ihrem Schild, und die *Felices Seniores* hatten eine rote Katze als Feldzeichen.

Natürlich bestanden die Armeen, die Cäsar in den Norden schickte, hauptsächlich aus Söldnern. Das aber war ein Grund mehr für unsere Verbreitung. Die Katzen, die mit den Legionen unterwegs waren, waren in Befestigungsanlagen stationiert. Außerhalb bekam man sie nicht zu Gesicht.

Wären die Soldaten reinrassige Römer gewesen, wäre dies vermutlich auch so geblieben. Aber da jedes Heerlager auch versorgt werden musste, ließ man notgedrungen Einheimische ins Lager, die schnell mitbekamen, was unsere größten Tugenden waren. Als dann die Macht des Römischen Reiches zu bröckeln begann, nahm die unsere weiter zu. Denn nachdem die großen Schlachten geschlagen waren, kehrten wir nicht etwa heim in die Ewige Stadt. Die Verbündeten der Römer nahmen uns mit in ihre nahe gelegenen Dörfer, wo man uns eine neue Heimstatt bot.

In diesen Siedlungen entwickelten wir uns prächtig. Unser Triumph war weit größer als der des mächtigen Cäsar. Ja, wirklich, meine Freunde! Ich möchte den Kaiserthron ja nicht beschämen, aber es waren Roms Katzen, die jene Eroberung vollendeten, von der selbst Trajan nur träumen konnte. Seine Armee wurde von den schottischen Stämmen zurückgeschlagen. Er durfte Schottland nicht betreten. Wir hingegen schmeichelten uns mit Schmusen und Schnurren ein und konnten auf Blutvergießen und Stahlgeklirr verzichten. Und selbst damit war unsere Weltreise noch keineswegs beendet, denn Handelsschiffe brachten uns weiter nach Norden, bis nach Skandinavien, in jene rauen Gegenden, wo später die Wikinger leben sollten.

Die schrecklichen Nordmänner jagten aller Welt Angst ein. Uns jedoch traten sie mit aller geforderten Sanftmut entgegen. Ihre starken, schwieligen Hände wurden weich, wenn sie ihre Axt weglegten und uns in frostigen Nächten das weiche Fell streichelten. So verzaubert waren sie von uns, dass sie eine neue Rasse züchteten, die auf ihren Schiffen Dienst tun sollte. Und tatsächlich existiert deren Genmaterial bis heute: in der Norwegischen Waldkatze. Hiermit können wir auch eine ewige Diskussion ein für alle Mal beenden: Sollte irgendjemand von euch glauben, Katzenfreunde seien irgendwie »unmännlich«, dann unterhaltet euch doch mal mit einem Wikinger über das Thema.

Wie überall in der nichtchristianisierten Welt war man uns wohlgesinnt, und unsere neuen Menschenfreunde teilten ihr spirituelles Leben mit uns. Die Griechen kapierten schnell, dass Katzen heilig waren. Sie machten uns zu Gefährten der Artemis. Die Römer taten es ihnen gleich und sahen uns an der Seite von Diana. Beide Göttinnen konnten kätzische Gestalt annehmen. Artemis sah man in engster Verbundenheit mit der Hauskatze, ja, der ein oder andere behauptete gar, sie habe uns erschaffen.

Und wir kamen nicht mit leeren Pfoten nach Europa. Wir brachten den felinen Archetyp mit, den die Ägypter geschaffen hatten, und verstärkten so die Macht unserer neuen Patroninnen. Auch Artemis und Diana wurden zu den Hüterinnen des Häuslichen. Sie schenkten Wohlstand und Fruchtbarkeit. Da schon die ägyptischen Katzengöttinnen untrennbar mit dem Mond verbunden waren, wurden auch diese beiden zu Hüterinnen des Mondes. Artemis zog jeden Abend mit ihrem Wagen über den Himmel, um das silberne Gestirn aufzufahren. Und eine Schar Katzen lief hinter ihr her, um die unzähligen Mäuse der Dämmerung zu schnappen.

Doch so verehrenswert diese beiden Göttinnen auch waren, sie entsprachen unseren Bedürfnissen nicht zur Gänze. Denn wo blieb denn die feline Neigung zur Magie? Auch die Griechen und Römer bemerkten, dass da etwas fehlte. Aus diesem Grund machten sie uns außerdem zu Verbündeten der Hekate. Sie war die Göttin aller Mysterien, Herrscherin über alles, was der Mensch fühlen, aber nicht sehen konnte. Sie thronte über der Unterwelt, über allen Grenzbereichen, über Träumen und Magie. Und sie wurde von allen Zauberinnen der antiken Welt angerufen, seien es nun Kirke, Medea oder die Hexen Thessaliens. Es wird euch daher wohl kaum überraschen, dass ihre Tempel häufig Wohnstätte von Katzen waren. Auch hier stachen die schwarzen Exemplare besonders hervor, weil sie Hekates Affinität zur Nacht teilten.

Hekate nahm eine in Not geratene Streunerkatze als Gefährtin zu sich. Die erste gerettete Katze entsprang also der griechischen Mythologie. Ihr Name war Galinthias, und sie war einst Zofe der Alkmene gewesen, jener Frau, mit der Zeus seinen Sohn Herakles gezeugt hatte. Seine Gattin Hera war stinksauer über diese Untreue und versuchte mithilfe von Zauberei, die Geburt so lange wie möglich hinauszuzögern. Doch die kluge Galinthias wusste die Göttin so lange abzulenken, dass Alkmene das Kind zur Welt bringen konnte. Aus Rache verwandelte Hera sie in eine Katze. Hekate wiederum nahm sie bei sich auf, weil sie Galinthias Opfer für ein Paradebeispiel feliner Loyalität hielt. Hekates Handeln machte schnell Schule. Und von nun an hatten alle Priesterinnen der Hekate immer einen kätzischen Gefährten an ihrer Seite. Somit war die Tradition begründet, die Zauberinnen zu Katzenfreundinnen machte. Und Katzen waren keineswegs mit den *Familiares* gleichzusetzen, den angeblichen Hausgeistern der Hexen. Sie waren vielmehr die spirituellen Gefährten jener Frauen!

Wohin man seinen Blick im noch nicht christianisierten Europa auch richtete, es zeigte sich stets das gleiche Bild: Selbst die Wikinger sahen in uns spirituelle Wesen. Sie erklärten uns zu Gefährten der flachshaarigen Freya, einer anderen Göttin, die für Haus und Fruchtbarkeit zuständig war. Auch Freya und ihre Katzen waren untrennbar miteinander verknüpft. Die Katzen zogen Freyas Wagen über den Himmel, wenn sie über das Land strich, um die Ernte zu segnen. Aber das verwirrt jetzt vielleicht einige von euch.

– *War Freya nicht die Kriegergöttin, die die Walküren in die Schlacht führte, Baba?* –

Ja, ebendie. Mit ihrer schimmernden Rüstung begab sich Freya auf das Schlachtfeld, um die tapfersten der gefallenen Krieger ins Paradies zu holen. Nach der Schlacht hingegen kehrte sie wieder an den Herd zurück. Und sollten euch die zwei Gesichter der Freya verwirren, dann solltet ihr wissen, dass das ganz hervorragend zu uns Katzen passt. Selbst die Ägypter bemerkten unsere doppelte Natur, das Häusliche und das Wilde, und fassten sie in zwei Bilder: das der Bastet und das der Sechmet. In Freya waren diese beiden Aspekte vereint, was sie wohl zur kätzischsten aller Göttinnen macht.

Ähnliche Göttinnen waren auch in Deutschland und im Baltikum bekannt. Man nannte sie Hel oder Hulda. Namen mögen sich ändern, wir Katzen jedoch bleiben die gleichen. Dankbare Bauern gewöhnten sich an, immer einen Teller Milch auf den Feldern zu hinterlassen, damit die

Katzen, die den Wagen der Hel zogen, sich erfrischen konnten. Das ist eine charmante Geste, denn es war sicher harte Arbeit, den Wagen einer Göttin zu ziehen. Mit der Zeit wurden die Katzen selbst Gegenstand der Verehrung. Sie wurden zu bekannten Katzengottheiten, die man um Hilfe bei der Ernte bat.

Und warum auch nicht? Schließlich haben wir seit jeher über eure Felder gewacht. Was also wäre angemessener, als einen Katzengott zu ernennen, der die Landwirtschaft segnete? Es war also alles, wie es sein sollte. Und wie es seit Jahrtausenden war, als sich die Freundschaft zwischen unseren Arten zu einer Partnerschaft voller Liebe und Respekt entwickelte. Wir Katzen waren allüberall anerkannt als des Menschen engste Freunde. Man hatte uns einen Platz in ihren Herzen bereitet, an dem wir niemals zweifelten.

Doch damit lagen wir gründlich falsch. Denn dieser vermeintlich so sichere Platz löste sich unter unseren Pfoten in Luft auf, und unser Sturz war tief. Vielleicht hatte die Domestizierung unsere Instinkte eingeschläfert. Wir hatten den Menschen zu sehr vertraut. Und als sie uns mit einem Zorn attackierten, den sie vormals nur ihren erbittertsten Feinden entgegengebracht hatten, traf uns das völlig unvorbereitet. Diesem Verrat hatten wir nichts entgegenzusetzen. Wir hatten uns über Jahrhunderte an das Leben mit euch angepasst. Wir konnten nicht so einfach wieder zu Wildtieren werden. Wir waren in euren Städten gefangen und mussten hilflos mit ansehen, wie eure einst so freundlichen Mienen vor Wut verzerrt waren. »Aber was ist denn mit *Felis*, unserer Urahnin?«, flehten wir euch an. »Was ist mit der Partnerschaft, von der Mensch und Katze gleichermaßen so lange Zeit profitiert haben?«

Doch das alles zählte plötzlich nicht mehr! Mehrere Jahrtausende lang hatten wir nur die guten Seiten des Menschen kennengelernt, nun aber kamen seine schlimmsten Wesenszüge zum Vorschein! Ja, meine Freunde, unser Sturz war ganz real. Und schuld daran war ein neuer Glaube, der anfangs noch keinerlei Gefahr darzustellen schien. Schließlich hatten wir jahrhundertelang friedlich mit euch zusammengelebt, und das in allen möglichen Gegenden der Welt. Dieser Glaube schien vollkommen harmlos. Er kam aus dem Nahen Osten, also ausgerechnet von dort, wo die Allianz zwischen Katzen und Menschen begonnen hatte. Er gründete auf den Lehren eines Propheten namens Jesus Christus, der nie auch nur einen Hauch von Feindseligkeit gegenüber Katzen an den Tag gelegt hatte.

Doch gegen Ende des 4. Jahrhunderts eurer Zeitrechnung, als das Christentum vor dem totalen Triumph stand, beschlossen seine Vertreter, dass ihr Glaube nicht gleichberechtigt neben dem der alten Völker stehen sollte. Die alten Gewohnheiten passten ihnen nicht. Glaubensformen, die zu den größten Errungenschaften der Menschheit geführt hatten, wurden plötzlich als Teufelswerk angesehen. Und alles, was mit der heidnischen Welt zu tun hatte,

galt als suspekt. Die Göttinnen, an deren Seite wir jahrhundertelang gestanden hatten, wurden als Dämoninnen verteufelt. Und wir, ihre Gefährten, ebenso. In dieser neuen Welt ging alles drunter und drüber, und da die Heiden uns hoch geehrt hatten, beschlossen die Christen, uns zu den Niedrigsten der Niedrigen zu machen.

Trotz aller Verachtung wähnte man uns weiterhin im Besitz bestimmter Kräfte – und zwar jener Mächte, die uns die heidnische Welt zuschrieb. Das nahmen die Menschen als Vorwand, um uns noch schlimmer zu stigmatisieren. Hatte man einst geglaubt, wir könnten die Menschen schützen, so hieß es nun, wir könnten sie verfluchen. Was einst kluge Voraussicht gewesen war, galt nun als Zeichen für den Pakt mit dem Teufel. Am meisten hatten schwarze Katzen zu leiden. Die heidnischen Völker hatten sie am meisten verehrt, folglich mussten sie im Bund mit dem Fürsten der Finsternis sein. Zeigte das nicht schon die Fellfarbe? Schwarz wie die Nacht, was ihre Verbundenheit mit dem Bösen bewies. Kreaturen der Unterwelt, die Unglück brachten.

Natürlich verteufelten uns zuerst nur die Theologen. Den Rest von Europa davon zu überzeugen war weniger leicht. In den Anfängen des Christentums war der Hass auf Katzen eher theoretischer Natur. Sicher, man verehrte uns nicht mehr, aber die meisten Menschen hatten sich an unsere Gesellschaft gewöhnt und liebten uns nach wie vor. An manchen Orten hörte man gar nicht erst auf diese Art Geschwätz. Die Mönchsgemeinschaft vom Berg Athos beispielsweise diente zwar Gott, aber ihre Katzen schickten die Mönche trotzdem nicht in die Wüste. Schließlich sollten die weiterhin Ratten fangen. Außerdem *mochten* die Mönche uns ganz einfach. Die Griechen hatten uns in Europa aufgenommen, und sie standen weiter zu uns!

In Wales machte König Howell der Gute seinem Namen alle Ehre, indem er den alten Pakt zwischen Katzen und Menschen weiterhin einhielt. Er hatte die klügsten Köpfe seines Reiches versammelt, um eine Rechtsordnung zu erlassen. Und während andere uns Katzen schon schmähten, waren Howell und seine Berater voll der Anerkennung für den immensen Dienst, den wir der Menschheit erwiesen, indem wir Mäuse und Ratten fingen. Diese Gesetzessammlung sollte alle Fragen des täglichen Lebens regeln. So musste es zum Beispiel in einer Siedlung, um als Weiler zu gelten, mindestens neun Häuser geben, einen Pflug sowie verschiedene andere Gerätschaften ... und eine Katze. Und sollte jemand nach unserem Wert fragen, so hieß es in Howells Gesetzen, dass eine erwachsene Katze, die sich als gute Jägerin erwiesen habe, vier Penny wert sei – zu einer Zeit, als es eine echte Freude war, einen Penny zu haben! Wer für den Tod einer Katze verantwortlich war, musste Schadensersatz in dieser Höhe leisten und noch ein paar Scheffel Getreide drauflegen. Vom Reich der Bubastis waren wir damit zwar weit entfernt, aber immerhin gab es Anlass zur

Hoffnung. Die Theologen ließen keinen Zweifel daran, dass sie uns verachteten, aber vielleicht würde die angeborene Güte der Menschen uns helfen, diese schweren Zeiten zu überstehen.

Leider war dem nicht so. Solche Respektsbekundungen waren Überbleibsel einer archaischen Zeit, und die Kirche würde nicht eher ruhen, bis sie jedes einzelne ausgelöscht hatte. Im 8. Jahrhundert, zu Zeiten Karls des Großen, schlug man die Bauwerke der Vorväter mit dem Vorschlaghammer kurz und klein. Und wer weiterhin an heidnische Vorstellungen glaubte, wurde zum Tode verurteilt. Die Alte Welt wurde zu Grabe getragen, und die Katzen Europas lebten nicht mehr als Freunde unter den Menschen. Vielmehr galten sie als sichtbare Symbole des diabolischen Zeitalters, das die Kirche zu überwinden trachtete. Wir hatten uns dem Menschen anvertraut, der uns auf einen neuen Kontinent führte – nur um feststellen zu müssen, dass man uns im Stich ließ und uns zu Verbündeten des Bösen erklärte.

Aber halt! Was sollten Katzen denn schon Böses anstellen? Und keine Schmeicheleien hier, das ist eine ernste Angelegenheit. Als das Mittelalter heraufdämmerte, hatten sich Gerüchte über uns Katzen verbreitet. Wir dienten dem Teufel, hieß es. Wir seien seine Spione, verstohlen, schlau und immer auf der Suche ... als würde sich der Teufel (beziehungsweise wir uns) für jeden Flickschuster und jeden Bauerntölpel interessieren. Und nachts riefen wir ihn. Die Schreie der rolligen Katzen wurden als Rufe nach dem Teuflischen Oberherrn gedeutet, den wir in unsere Mitte holen wollten.

Doch das war ja noch Popelkram verglichen mit ... dem Stehlen von Seelen? Echt jetzt? Der alte Glaube, dass wir Gefäße für menschliche Seelen seien, wurde ebenfalls pervertiert: Wenn ein Mensch starb, so hieß es, stehle sich die Katze aus den Schatten des Hauses und raube die Seele des Verstorbenen, um sie in die Hölle zu schleifen, wo der gute Christ ewige Qualen erdulden musste. So jedenfalls der Vorwurf ... Paranoides Gefasel, das in einem vernunftgeprägten Zeitalter nur auf Gelächter gestoßen wäre. Doch dies war eine andere Zeit, und die paranoiden Verdächtigungen wurden zur offiziellen kirchlichen Lehre, als die höchste Autorität der Christen, Papst Gregor IX., uns Katzen im 13. Jahrhundert offiziell zu Gefäßen des Teufels und Feinden Gottes erklärte.

Aber wir waren nicht die einzigen Feinde des neuen Glaubens. Die verschiedenen Häretikergruppierungen, die sich der christlichen Gesellschaftsordnung widersetzten, galten als unsere Bundesgenossen. Die einstigen Göttinnen von Haus und Hof waren gottlose Heidenkreaturen und unsere natürlichen Verbündeten. In Deutschland nannte man die Häretiker »Ketzer« – was recht ähnlich wie »Katze« klingt, nicht wahr? Aber wir waren ja nicht nur deren Komplizen. Wir standen stellvertretend für den Teufel und nahmen ihre Ehrbezeugungen entgegen. Die Luziferaner beispielsweise beteten angeblich eine nachtschwarze Katze an und opferten dem Teufel zu Ehren kleine Kinder. Die Waldenser und Katharer bewiesen dem Fürsten der Finsternis ihre Treue, indem sie bei ihren Treffen das Hinterteil einer Katze küssten. Ein Delirium! Dieser Unsinn wurde nun im Volk verbreitet, das man mit Predigten und Inquisitionstribunalen fanatisiert hatte. Wir wurden also immer schlimmer stigmatisiert. Doch die schwersten Anschuldigungen gegen uns und unsere angebliche Schändlichkeit wurden während der Templerprozesse erhoben. Die Templer waren ein Orden, der bei den Kreuzzügen im Heiligen Land gekämpft hatte. Sie waren über die Maßen reich und angesehen, mehr als alle anderen Orden. Das erweckte die Gier von König Philip IV. von Frankreich. Er fädelte ein hinterhältiges Komplott ein, um den Orden auf Dauer zu diskreditieren, seine Mitglieder zu verhaften und ihre Güter beschlagnahmen zu können. Wie? Was konnte den Templern einen so irreparablen Schaden zufügen, dass ihr guter Ruf ein für alle Mal dahin war?

Katzen! Wir durften als die schändlichen Kreaturen herhalten, deren Macht einen so edlen Orden unwiderruflich beschmutzen konnte. Und so spielten wir die Hauptrolle in all den unsinnigen Vorwürfen, die man dem Orden machte. Die Templer hatten den Teufel in Form einer schwarzen Katze angebetet! Sie hatten ihr den Hintern geküsst! Das verbrecherische Katzenbiest hatte sie zu allerlei frevelhaften Handlungen verführt, zum Beispiel auf dem Kreuz herumzutrampeln und es auch noch zu bespucken! Zu Ehren der Katze wurden Kinder geopfert! Haarsträubender Unsinn, jede einzelne Anklage. Doch die Feindseligkeit, mit der man uns begegnete, war mittlerweile so gewaltig, dass kein vernünftiges Argument gegen den »kätzischen Gestank« ankam. Als die absurde Scharade vorüber war, waren die berühmtesten aller christlichen Ritter, die weltweit mehr als 1000 Burgen ihr Eigen nannten, Ausgestoßene. Und ihre Führer wurden auf dem Scheiterhaufen verbrannt.

So tragisch der Tod von unschuldigen Menschen auf dem Scheiterhaufen auch sein mag: Wenn allein der Umgang mit Katzen solches Elend über die Menschheit brachte, was glaubt ihr, ist zur selben Zeit mit uns Katzen geschehen? Als im Jahr 1314 die Scheiterhaufen für die Templer brannten, endeten wir schon lange in den Flammen. Man warf uns in ganz Europa gefesselt ins Feuer. Und da das Gewissen der Menschen verhärtet war durch eine Propaganda, die Millionen überzeugt hatte, dass wir im Bund mit dem Teufel waren, wer sollte da noch für uns eintreten?

In Katzenkreisen ist diese Zeit als »Große Abrechnung« bekannt, das finsterste Zeitalter feliner Geschichte. Als könnte man der christlichen Lehre gerecht werden, indem man Liebe durch Hass auslöscht, warfen die Christen uns ins Feuer, um sich von ihrer heidnischen Vergangenheit zu läutern. Das alles begann gegen Ende des 12. Jahrhunderts und dauerte in manchen Regionen gut 500 Jahre. Wir wurden zum Ziel einer Verfolgung, wie es sie noch nie gegeben hatte. Und alles, was wir tun konnten, war, uns zu verstecken, Nahrung zu stehlen und irgendwie zu überleben. Unzählige Generationen von Katzen erlebten die Menschen einzig und allein als Folterknechte. Und als sei die Qual an sich noch nicht genug, machte man auch noch ein Schauspiel daraus. Der Mord an uns galt als heilig, und unsere Tötung wurde häufig an religiösen Festtagen zelebriert. Als hätte Gott die Menschheit gebeten, ihm zu dienen, indem sie eine seiner Kreaturen auslöscht.

Die Auferstehung seines Sohnes an Ostern wurde gefeiert, indem man Katzen in großer Zahl ins Feuer warf. Im Elsass waren es Hunderte. Auch die Passionszeit war für solche Metzeleien beliebt. Es verging kein Tag, an dem nicht in dem ein oder anderen Dorf Katzen getötet wurden. In der Pikardie hängte man uns an Pfählen auf und ließ uns ganz langsam in die Flammen sinken, als könnte diese Grausamkeit das Verdienst der Menschen noch steigern. Wenn dann die Tiere markerschütternd schrien, hieß es, man solle nicht darauf achten, das sei ohnehin nur die Sprache des Teufels.

Doch es gab immer noch Städte, die sich gegen das Verbrennen entschieden. Gab es etwa doch noch Menschen, die an Gnade glaubten? Keineswegs. Man wollte nur Brennholz sparen. Im belgischen Ypern warf man uns vom höchsten Turm der Stadt. Im englischen Albrighton peitschte man uns zu Tode und sah das auch noch als Belustigung an. Das zeigt auch ein englisches Sprichwort: »The finest pastime that is under the sun, is whipping the cat in Al-

brighton.« (Der größte Spaß auf Erden ist das Erschlagen der Katzen in Albrighton.)

Und vergessen wir nicht die Fronleichnamsfeiern. Die Präsenz Christi in der Eucharistie wurde mit Grausamkeit an Katzen gefeiert. Ein besonders barbarisches Ritual gab es in Aix-en-Provence. Dort suchte man den schönsten Kater der Region aus, kleidete ihn in feines Tuch und setzte ihn auf einen Altar. Umgeben von Blumen und Weihrauch sah er, wie die Menschen vor ihn traten und sich im Gebet vor ihm verneigten. Aber natürlich beteten sie nicht, wie einst, die Katze an. Das unschuldige Tier wurde als Gefäß betrachtet, das all ihre Sünden aufnahm – und dann getötet, um diese mit in den Tod zu nehmen.

Was mochte der verwirrte, dem Menschen ausgelieferte Kater wohl gedacht haben? Glaubte er, angesichts all der freundlichen Gesichter endlich unter Freunden zu sein? Schließlich behandelte man ihn gut und fütterte ihn mit Leckerbissen. Doch bei Sonnenuntergang steckte man ihn in einen Weidenkorb und trug ihn durch die Stadt. Wohin es ging, war ein Geheimnis, aber vielleicht dachte der Kater immer noch, unter Freunden zu sein, schließlich bildeten die Menschen eine Prozession und murmelten Worte der Weisheit. Vielleicht glaubte er, er würde endlich wieder bei Menschen leben dürfen, in Sicherheit und gut versorgt.

Aber das Ganze wurde noch merkwürdiger, als man ihn auf einen Holzstoß setzte! Dann gingen die Menschen weg. Sie würden ihn doch wohl nicht allein hierlassen, in diesem schrecklichen Korb! Die Fassade bröckelte allmählich, und er sah, wie die Gesichter sich zu Fratzen verzogen, als jene, die für ihn gesorgt hatten, zur Fackel griffen. Anfangs züngelten die Flammen nur, und das einzig Alarmierende war der Geruch. Ihr alle wisst, was kommt. Ich muss euch das nicht weiter ausführen. Wieder ein Opfer verbrannt! Und die Sünder jubelten im Glauben, dass ihre abartige Grausamkeit sie dem Herrn näherbringen würde.

Ich wünschte, ich könnte euch trösten mit der Versicherung, dass dieser Wahnsinn nur von kurzer Dauer und bald vorüber war. Aber das war nicht der Fall. Nehmen wir nur mal das Beispiel der französischen Stadt Metz. Dort begann man 1344, Katzen zu verbrennen, als man eine schwarze Katze für den Ausbruch des Veitstanzes verantwortlich machte. Ja, genau, dieser mittelalterlichen Tanzwut, die für den damaligen Geist ein unglaublicher Affront war! Und so steckte man am Johannistag 13 Katzen in einen Käfig und ließ sie verbrennen, damit diese Tanzerei endlich ein Ende hatte.

Soll ich euch sagen, wann diese sinnlose Grausamkeit gegen uns ein Ende fand? 1773. Ja, 429 Jahre lang hallten unsere Schreie durch Metz. Und wenn ihr bis jetzt noch keine Tränen vergossen habt, dann ja vielleicht bei der nächsten Zahl: Allein in dieser einen Stadt wurden 5577 unschuldige Katzen verbrannt, die meisten genauso hübsch oder lustig wie das Tier, mit dem ihr zusammenlebt. Alle verbrannt – ohne jegliche Hemmungen. Nur weil die Bürger von Metz dachten, dass unser Leid sie vom Zwang zu tanzen erlösen könne.

Tja, die Geschichte kennt Licht und Schatten. Ich habe euch von diesem dunklen Kapitel erzählt, obwohl ich weiß, dass es euch genauso schmerzen wird wie mich. Aber es ist nun mal Teil unserer Vergangenheit. Doch wir haben euch verziehen, und die Menschen haben sich bald darauf wieder als unsere Freunde erwiesen. Die Erinnerung an jene Tage ist dennoch unauslöschlich in unserem Gedächtnis eingebrannt. Daran solltet ihr denken, wenn ihr irgendwo eine Katze seht und euch zu ihr beugt, um ihr die Hand hinzuhalten. Nur um dann zu sehen, dass sie schleunigst Fersengeld gibt. Die Geschichte hat uns gelehrt, dass nicht immer die besten Absichten dahinterstecken, wenn sich uns fremde Hände entgegenstrecken.

Und dieses böse Kapitel hat noch ein tragisches Nachspiel. Denn es waren nicht nur die Katzen, die den Preis für die Grausamkeit der Menschen bezahlten. Jene, die vor den Scheiterhaufen jubelten, wussten nicht, dass das Leid, das uns getroffen hatte, am Ende auch sie selbst hinwegraffen würde. Innerhalb eines Jahrhunderts nach den ersten großen Massakern hätte die Stigmatisierung der Katze beinahe zur Zerstörung ganz Europas geführt.

Der Mensch hatte den Pakt mit *Felis* aufgekündigt und damit den Ratten in seinen Dörfern und Städten Tür und Tor geöffnet. In vormoderner Zeit war es schon mit kätzischer Hilfe schwierig genug, den Nagern die Stirn zu bieten. Als wir gnadenlos dezimiert und verjagt wurden, konnten sie sich ungehemmt vermehren! Ihr wusstet einfach nicht genug über sie. War euch beispielsweise bekannt, dass ein einziges Rattenpaar in drei Jahren *eine Million* Nachkommen zeugen kann, wenn man ihnen nichts entgegensetzt? Und nun, wo wir euch nicht mehr helfen konnten, nisteten sie sich in euren Städten und Dörfern ein, in einem unvorstellbaren Ausmaß. Man geht davon an, dass jeder Haushalt mindestens zehn Ratten beherbergte. Die Menschen waren also selbst in ihrem Heim in der Unterzahl.

Sie vernichteten eure Nahrungsmittelvorräte und eure Güter. Doch das war nur der Anfang. Schlimmer noch waren die Krankheiten, die sie verbreiteten. Zunächst waren es die braunen Ratten oder Wanderratten, die euch Kummer bereiteten. Doch diese hatten Verwandte in Afrika, die schwarzen Ratten, die mit den Schiffen kamen, welche die Kreuzritter aus dem Heiligen Land nach Hause brachten. Diese blinden Passagiere führten ihrerseits blinde Passagiere mit: Parasiten, die einen Krankheitserreger einschleppten, wie Europa ihn noch nie gesehen hatte. Eine tödliche Fracht, die die Ratten pflichtschuldigst von Feld zu Feld und von Stadt zu Stadt trugen. Auf den Menschen sprang er im Jahr 1347 über, und die Folgen waren katastrophal. Eure Vorfahren mussten sich dieser schrecklichen Krankheit geschlagen

geben, die man bald den Schwarzen Tod nannte.

Als wohlverdiente Strafe für den europäischen Krieg gegen uns Katzen mussten innerhalb der nächsten fünf Jahre ungefähr 25 Millionen Menschen ihr Leben lassen. Am Ende der Epidemie war ein Drittel der Einwohner Europas tot. Aber die Menschen lernten ihre Lektion nicht. Stur verharrten sie weiter in ihrem Hass gegen uns, während die Pest eine Stadt nach der anderen entvölkerte und sich die Leichen in den Straßen stapelten. Während ihr weiterhin unsere Körper auf Scheiterhaufen verbranntet, ging auch eure beste Chance, den Schwarzen Tod zu besiegen, in Rauch auf. Und so unvorstellbar das auch sein mag, dieses für uns finstere Zeitalter verfinsterte sich noch weiter. Europa entdeckte nämlich einen neuen Feind, der ebenfalls dem alten Volksglauben entstammte. Hekate war die Urenkelin der Isis und vieler anderer Gottheiten der alten Welt, die zu Patronen und Patroninnen der Magie wurden. Und während wir früher für die wohlwollenden Seiten der Göttin standen, wurden wir nun mit ihr verdammt, während die Jagd auf jene Frauen begann, die man als Hexen bezeichnete.

Der Auftakt zu dieser Jagd erfolgte noch während der Zeit des Schwarzen Todes. Auf den Scheiterhaufen verbrannten drei Jahrhunderte lang mindestens ebenso viele Hexen wie Häretiker. Zur Ketzerei kam noch der Vorwurf der Magie hinzu, verbunden mit einer offen sexuellen Komponente. Die Hexe wurde zu einem Bild stilisiert, das sich aus weit mehr zusammensetzte als der Summe seiner Teile. Und die Katzen? Natürlich waren wir in diesem Bild die ideale Staffage. Hexen und Katzen waren Geschöpfe der Nacht, und da man uns ja schon seit Jahrhunderten mit Magie in Verbindung brachte, war klar, dass wir irgendwie für die Macht der Hexen mitverantwortlich waren. In unzähligen Berichten heißt es, beim Hexensabbat sei der Teufel nicht in Gestalt eines Bockes aufgetreten, wie das in modernen Darstellungen gezeigt wird. Nein, er war eine große Katze. Ein perfektes Paar, Hexe und Katze. Die Kräfte des Bösen im Doppelpack, nur gemeinsam wirklich stark. Zusammen verstärkten sie offensichtlich das Bedrohungsgefühl in der christlichen Welt.

In den Augen ihrer Jäger schuf die Kraft der Magie ein Band zwischen Katze und Hexe, das zu Zeiten der Häretiker noch unbekannt gewesen war. Wir Katzen wurden zu *Familiares*, Hausgeistern, erklärt, der Inkarnation der Macht und des Körpers der Hexe selbst.

Der Teufel persönlich schien uns für diese Rolle ausersehen zu haben, damit wir seinem Hexenheer assistieren konnten. Dass wir so klein und leise waren, wurde dabei als Vorteil gewertet, denn so konnten wir uns an Orte begeben, an denen eine Frau aufgefallen wäre. Wir waren also Augen und Ohren der Hexe. Doch das war noch gar nichts gegen unsere angeblichen magischen Talente. Durch unsere Verbundenheit mit der Hexe konnten wir ihre magische Macht steigern. Sie nutzte Teile unseres Fells oder unserer Krallen, um Zaubertränke herzustellen, die der Hexe so praktische Fähigkeiten verliehen wie Hellsichtigkeit, Unsichtbarkeit und Macht über das Wetter.

Wusstet ihr, dass eine Hexe sogar in die Gestalt ihres Hausgeistes schlüpfen konnte? Stellt euch nur vor, was sie in dieser Form alles anstellen konnte. Sie konnte gehen, wohin sie wollte, und tun, was immer ihr kleines schwarzes Herz ihr eingab. Und als wäre das Katzenleben zu jener Zeit nicht schon schwierig genug gewesen, ersann man eine besonders gemeine Methode, um Hexen zu entdecken: Man fügte den verdächtigen Katzen schlimme Verletzungen zu. Die Idee dahinter? Wenn am nächsten Tag eine Frau an der gleichen Stelle eine Wunde aufwies, dann war damit bewiesen, dass sie eine Hexe war. Ja, für uns war dies eine weitere Gefahr und ein weiterer Grund, euch Menschen aus dem Weg zu gehen.

Und auch damit ist die Aufzählung unserer Qualen noch keineswegs erschöpft, denn es gab da noch die Dämonologen, deren hysterische Faseleien in jener Zeit bereitwillig aufgenommen wurden. Sie behaupteten, dass die Dinge noch weit schlimmer seien, als man gedacht habe. Katzen seien nämlich zudem von Dämonen besessen. Das muss dem Regisseur von *Der Exorzist* wohl entgangen sein? So lächerlich sich das heute auch anhören mag, damals ging man davon aus, dass Dämonen in jedes mögliche Lebewesen fahren konnten. Und natürlich waren von allen Tieren wir es, die als wahrscheinlichstes Gefäß galten. Wir waren ja ohnehin Diener des Teufels. Warum sollten wir seinem Gefolge da nicht bereitwillig unseren Körper zur Verfügung stellen?

Zu jener Zeit waren wir also auf dem Gipfel unserer Macht – und unserer Verzweiflung. Unfähig, uns zu schützen, trotz der unglaublichen Kräfte, die ihr uns zugeschrieben habt. Kräfte, für die

wir bestraft wurden. Die uns angelasteten Verbrechen gingen bis zum Mord. Viele Hexen gestanden, dass sie uns mit Mordaufträgen losgeschickt hätten. Natürlich wurden diese Frauen so lange gefoltert, bis sie alles zugegeben hätten, nur um auf der Streckbank einen Augenblick Atem schöpfen zu können. Ob dies nun glaubwürdig war oder nicht, ihre Aussagen heizten den wütenden Hass gegen uns noch weiter an.

Und wenn ihr nun denkt, dass es schlimmer nicht mehr kommen konnte, dann sollt ihr eines Besseren belehrt werden. Denn der Höhepunkt angeblicher kätzischer Teufelei wurde im Jahr 1484 erreicht, als der Vatikan erklärte, wir Katzen seien für alles Hexenwerk ebenso verantwortlich wie die Hexen selbst. Daher sollten wir auf dem Scheiterhaufen dasselbe Schicksal erleiden wie sie. Von da an wurden wir zusammen mit den Hexen verbrannt. Und wenn die Hexe gar keine Katze hatte? Dann musste sie schnell eine Katze benennen, denn sonst würden die Inquisitoren ihr Geständnis nicht anerkennen und sie weiter foltern. Jede Katze, die der Frau einfiel, wurde ergriffen, selbst wenn es Straßenkatzen waren, die sie kaum kannte. Aber diese armen Seelen trifft wirklich keine Schuld, auch wenn ihre Aussagen für unzählige Katzen den Tod bedeuteten. Sie waren Opfer des gleichen pervertierten Glaubens wie wir, in den Wahnsinn getrieben von unerträglichen Schmerzen. Am Ende stand die Befreiung – durch den Tod. Man band die benannten Katzen an die Hexe und schickte sie zusammen auf den Scheiterhaufen.

Das Grausamste an alldem aber war: Es waren meist ältere, unverheiratete Frauen, die unsere Gesellschaft suchten und nett zu uns waren. Ihr kennt den Typus ja vermutlich! Ihr macht euch über sie lustig, verspottet sie als verrückte Katzentanten! Damals war das allerdings alles andere als witzig. Man verbannte diese Frauen an den Rand der Gesellschaft. Ihr Geschlecht und ihre geringe gesellschaftliche Stellung machten sie zu beliebten Opfern bei der Hexenjagd. Und standen sie erst einmal unter Anklage, war ihre Herzensgüte meinen Katzenfreunden gegenüber nun Ausweis ihrer Bosheit. Ein leidendes Tier und ein einsamer Mensch, zwei Ausgestoßene, die sich in einer bösen Welt zusammengefunden hatten. Doch das Geschenk der Liebe wurde für beide zum Todesurteil. Gibt es ein Zeitalter, das finsterer war als dieses, das Güte mit Mord vergalt?

Dabei war es auch ein Zeitalter, in dem einige der klügsten Köpfe der Menschheit lebten. Eure großen Städte wurden zu Zentren des intellektuellen Austauschs und kulturellen Wandels. Die visionären Denker der Renaissance würden doch dem Schrecken, der unschuldige Katzen traf, ein entschlossenes Nein entgegensetzen? Was machte denn zum Beispiel William Shakespeare aus uns? Nun, er nahm uns Katzen durchaus in sein Werk auf, aber irgendwie scheint ihn hier sein kreativer Genius verlassen zu haben, denn wo tauch-

ten wir auf? In der Rolle, die man uns seit Jahren zugedacht hatte: als Begleiter der drei Hexen in *Macbeth*. Im nichtkatholischen London wies Königin Elizabeth I. uns bei ihrer Krönung einen wichtigen Platz zu. Ja, wir nahmen sogar an den Krönungsfeierlichkeiten teil … gefangen in einem Weidenkorb, der dem Abbild des römischen Papstes nachempfunden war und anschließend angezündet wurde, als Machtdemonstration des anglikanischen Glaubens.

Und in Paris, das zu jener Zeit die intellektuelle Hauptstadt Europas war? Nun, dort schrieb Pierre Ronsard, der Dichterfürst, der am Hofe so hoch geschätzt war, dass er seine eigene Suite bekam, folgende Worte nieder: »Es gibt wohl kaum einen Menschen auf Erden, der Katzen mehr hasst als ich ... ich hasse ihre Augen, ihre Brauen, ihren Blick.« Und die Menschen am Hof hätten ihm wohl kaum widersprochen, da bei den Mittsommernachtfesten auf der Place de Crèves Katzen in Körbe gesteckt wurden, die man dann an langen Stangen ins offene Feuer herabließ. Jetzt interessiert euch vermutlich, wer überhaupt an einem solch sadistischen Spektakel teilnahm? Doch sicher nur der Pöbel? Ja, wenn man die Könige Frankreichs als Pöbel bezeichnen mag. Vor allem Henri IV. soll unsere schrecklichen Schreie genossen haben. Und was Ludwig XIV. angeht, den Sonnenkönig, der seine Zeit und sein Land prägte wie kein Zweiter: Er sah nicht einfach nur zu. Er zündete 1648 höchstpersönlich das Feuer an, wobei er einen Kranz aus Rosen trug.

Und was ist mit den Philosophen? Ein Geist, der sich mit den Fragen des Seins auseinandersetzt, wird sich einer derartigen Grausamkeit doch wohl hoffentlich verweigern? Wie sieht es denn mit René Descartes aus, der sicher zu den berühmtesten Philosophen seiner Zeit zählte? Er bereitete zwar der Aufklärung den Weg, doch er selbst war wirklich nicht gerade erleuchtet. Nun, in seinem Fall werden wenigstens nicht nur wir Katzen verunglimpft. Er erklärte rundheraus, dass Tiere keine Seele hätten und weder denken noch fühlen könnten. Vielmehr seien wir eine Armee ausgefeilter Mechanismen, deren Verhalten eine Art komplexer Parodie darstelle. Um den Beweis dafür zu erbringen, warf der Titan des Geisteslebens eine Katze aus dem Fenster. Diese schrie hilflos auf, stürzte aufs Pflaster und wand sich vor Schmerzen. Und der erstaunte Descartes jubelte, weil das Tier die authentische Schmerzempfindung so perfekt nachahmte.

Vielleicht sollten wir unser Glück bei den Männern der Wissenschaft suchen? Schließlich waren sie geschulte Denker und würden diesen Wahnsinn doch sicher als solchen entlarven? Tatsächlich verschlimmerten sie unsere Lage noch. Die Ärzte jener Zeit behaupteten, Katzen seien nicht nur für schwarzmagisches Unglück verantwortlich. Die Menschen müssten sich vor uns hüten, weil wir auch körperlich Eigenschaften besäßen, die gefährlich seien. Pietro Andrea Mattioli, Leibarzt von Maximilian II., Kaiser des Heiligen Römischen Reiches Deutscher Nation, warnte, Katzen würden Lepra verursachen. Ambroise Paré, der führende Arzt der Renaissance, ging davon aus, dass unser Atem, unsere Haare und unser Gehirn giftig seien. Sie würden Ausdünstungen produzieren, die durch das Maul entwichen – wie kleine Schornsteine, die giftigen Rauch abgeben. Atme man diese ein, so verursachten sie Schwindsucht. Wer also das Bett mit einer Katze teilte, würde bald Tuberkulose bekommen? Nein? Seltsam, denn Paré versicherte seinen Lesern, dass dies unvermeidlich wäre, wenn man in der Nähe einer Katze einschlafe.

WHITTINGTON STONE
SIR
RICHARD WHITTINGTON
THRICE LORD MAYOR
OF LONDON
1397 RICHARD II
1406 HENRY IV
1420 HENRY V

In unserer modernen Welt, in der Katzen und Menschen so glücklich zusammenleben, erwecken Geschichten wie diese nur leidenschaftlichen Zorn. Ich bin sicher, dass ihr davon jetzt mehr als genug habt.

– Gibt es denn nicht auch ein paar erfreuliche Geschichten aus jener Zeit, Baba? Geschichten, die die Liebe belegen, die wir für Katzen empfinden? –

Doch, die gibt es. Einige wunderschöne Legenden, die das dumme Gerede vonseiten der Katzenhasser widerlegen und uns das Herz erwärmen.

Kennt ihr schon die Sage der tapferen Katze und ihres verarmten, aber treuen Gefährten Dick Whittington? Darin geht es um Reisen in ferne Länder und einen König. Die Katze soll ihrem Menschen durch ihre Klugheit so viel Gold eingebracht haben, dass dieser künftig in Reichtum leben konnte und sogar zum Bürgermeister von London gewählt wurde. Die Geschichte wurde so oft erzählt, dass man dieser Katze sogar eine Statue errichtete, die bis heute in London zu sehen ist. Und die Legende wurde zur Inspiration für andere Menschen, die uns als tugendhafte Wesen betrachteten.

Zum Beispiel für Giovanni Straparola, der im 16. Jahrhundert eine ähnliche Sage aufschrieb. Sie handelt von einem Jungen, der auf seinen Wunsch hin nichts weiter erbte als eine kleine Katze. Ein mageres Vermächtnis, sagt ihr? Keineswegs! Die Katze war nämlich über die Maßen gescheit und ersann so manche List, bis der Junge zum Prinzen gekrönt wurde. Auch diese Sage wurde wieder und wieder erzählt, bis sie sich in ganz Europa verbreitete und den Namen *Der gestiefelte Kater* bekam. Vermutlich könnt ihr den Rest erraten: Ein Jahrhundert später schrieb Charles Perrault die Geschichte auf, und *Der gestiefelte Kater* fand ein für alle Mal Eingang in den Schatz der europäischen Volksmärchen.

Natürlich sind dies zauberhafte Sagen, aber ihr wollt vermutlich Geschichten von Katzen aus Fleisch und Blut hören. Geschichten über leibhaftige Tiere, die widerlegen, dass die Menschen jener Zeit nur böse waren. Nun, es war damals schwierig, Katzen zu lieben. Und genauso schwierig für uns Katzen, euch Menschen zu mögen. Daher sind solche Geschichten rar. Aber wenn man lange genug sucht, dann findet man sie doch. Daher möchte ich euch jetzt von den wenigen Persönlichkeiten berichten, die sich der öffentlichen Meinung widersetzten und ihre Zuneigung für uns unter Beweis stellten.

Eine dieser Persönlichkeiten war niemand Geringerer als Petrarca, der große Dichter der italienischen Frührenaissance. Petrarca liebte seine Katze, während andere Menschen uns auf den Scheiterhaufen schickten. Als seine Gefährtin starb, beweinte er sie lange. Um seine Trauer zu lindern, bestand er darauf, dass der kleine Körper in einem gläsernen Sarg in seinem Haus aufbewahrt wurde, was sicherlich einige Menschen zu Stirnrunzeln bewegt haben mag. Vor allem wenn sie die Inschrift auf dem Sarg lasen, die Petrarcas

Katze mit der Muse verglich, die ihn zum Dichten anregte. Und er war nicht der einzige Dichter der Renaissance, der Katzen liebte. Joachim du Bellay nahm eine Tigerkatze namens Belaud bei sich auf. Als sie starb, dichtete er eine 200 Verse lange Grabrede für sie, in der er sie als »wunderbarste Gabe der Natur« bezeichnete und meinte, sie habe dieselbe Unsterblichkeit verdient, die uns die Klassiker der alten Welt zuschrieben.

Unter unseren Fürsprechern gibt es sogar noch eine illustrere Persönlichkeit: Michel de Montaigne wird von euch Menschen als Philosoph hoch geschätzt. In seinen 107 *Essais* legte er die Fundamente des modernen Denkens. Wir Katzen aber erinnern uns an ihn, weil er unerschrocken für unsere Sache eintrat. Sein nobles Naturell und seine Klugheit erhoben ihn weit über seine Zeitgenossen. Und Montaigne hegte keinerlei Zweifel am Intellekt der Tiere. Seine Lehrmeisterin in dieser Sache war seine Katze Madame Vanité. Montaigne hielt unsere beiden Arten sogar für gleichberechtigt, obwohl dies zu jener Zeit als Ketzerei galt. Er war der Erste unter den Menschen, der hinter die Fassade der Katze-Mensch-Beziehung sah und die Frage aufwarf, wer sich da um wen kümmerte. »Wenn ich mit meiner Katze spiele«, schrieb er, »ist es nicht sie, die sich mit mir amüsiert, statt ich mich mit ihr?«

Und noch eine Überraschung habe ich auf Lager: Bei aller Feindseligkeit der Kirche uns gegenüber gab es auch unter den Klerikern Menschen, die uns zu schätzen wussten. Zu diesen wahren Gottesmännern gehörte beispielsweise Kardinal Wolsey, der Erzbischof von York und Lordkanzler von England in den Jahren 1515 bis 1530. Seine Katzen lagen ihm so sehr am Herzen, dass sie selbst bei wichtigen Audienzen auf seinem Schoß sitzen durften. Selbstverständlich war das ein Skandal – eine solche Abartigkeit sei seit Caligula nicht mehr vorgekommen, schrieb der Gesandte der Republik Venedig. Aber das war Wolsey schnuppe. Traurigerweise wurde er am Ende seines Lebens vom König abgesetzt und starb als Verfemter, was allerdings nichts mit seiner Liebe zu uns Katzen zu tun hatte. Heinrich VIII. erlag dem Charme der Hofdame Anne Boleyn und wollte seine Gattin loswerden. Daher schickte er den Kardinal los, beim Papst seine Scheidung durchzudrücken. Als Wolsey den Vatikan nicht überzeugen konnte, wurde er des Hochverrats angeklagt und aller Titel beraubt. Der Grund für Wolseys Fall war also menschliche Wollust, die im Laufe der Geschichte für euch eine sehr viel größere Gefahr darstellte, als wir Katzen es je hätten sein können.

Eines aber kann ich euch versichern: Hätte es damals eine Möglichkeit gegeben, Wolsey zu retten, dann hätten seine Katzen diese sicher ergriffen. Denn eines ist gewiss: In diesen finsteren Zeiten vergaßen wir *niemals* einen Freund. Einige der schönsten Beispiele kätzischer Treue lieferten Tiere, die über den Hass und die Unterdrückung jener Tage hinauswuchsen,

IN VINCVLIS
INVICTVS.

um den Menschen, die zu ihnen gehalten hatten, heldenhaft beizustehen.

Nehmen wir nur mal den Fall des englischen Höflings Sir Henry Wyatt. 1483 wurde er wegen angeblichen Hochverrats festgenommen, weil er sich öffentlich für Henry Tudor eingesetzt hatte, Vater Heinrichs VIII. und Thronrivale König Richards III. Man warf ihn in den Tower von London, was gewöhnlich mit der Absicht geschah, die Leute dort verrotten zu lassen. Und tatsächlich verweigerte man ihm die Nahrung. Aber halt! In seiner dunkelsten Stunde schloss Wyatt Bekanntschaft mit einer Katze, die in den Zellen herumstrolchte. Er freundete sich mit der Katzendame an und bot ihr das Einzige, was er noch zu geben hatte: seine Freundschaft. Er hoffte, dass die pelzige Besucherin ihm in seinen letzten Tagen Trost spenden würde. Dass sie ihn retten könnte, hätte er wohl nicht einmal im Traum gedacht.

Doch die Katze kam ihn jeden Tag besuchen und brachte Tauben mit, die sie auf dem Dach gefangen hatte. In kalten Nächten schmiegte sie sich an seine Brust und hielt ihn in der eiskalten Zelle warm. Die Hingabe der Katze hielt ihn während seiner Gefangenschaft am Leben, sodass er zwei Jahre später die Krönung von Henry Tudor miterlebte. Dies vergaß er der Katze sein Leben lang nicht. Er nahm sie mit auf seine Residenz, und als sie starb, gab er für seine Lebensretterin ein Grabmal in Auftrag.

Und das war nicht die einzige Katze, die den Gefangenen im Tower zu Hilfe kam. Die bösartige Königin Elizabeth I. erhielt für die verbrannten Katzen bei ihrer Krönung eine wohlverdiente Strafe. Dank Trixie, der kätzischen Gefährtin von Sir Henry Wriothesley, dem dritten Earl of Southampton. Er hatte eine Rebellion gegen den Thron angeführt und wurde 1601 in den Tower gesteckt, unerreichbar für all jene, die ihm vielleicht zu Hilfe eilen wollten – nicht aber für Trixie. Die unerschrockene Katze fand ihren Menschen in seiner Zelle und begann, ihn mit Essen zu versorgen. Zwei Jahre lang gelang es ihr auf diese Weise, den armen Sir Henry am Leben zu erhalten. Ihre Treue belegte, dass sie von edlem Geblüt war, und als der Earl 1603 aus dem Tower entlassen wurde, ließ er der schwarz-weißen Trixie eine Ehre zuteilwerden, die damals nur wenigen Katzen widerfuhr: Sie wurde gemeinsam mit ihm porträtiert.

Ein lautes »Hipp, hipp, hurra!« auf diese treuen Katzen! Dürfen wir vielleicht sogar annehmen, dass die Tugendhaftigkeit dieser Katzen endlich dazu führte, dass die Vorurteile gegen Katzen verschwanden? Nicht wirklich. Menschen ändern ihre Ansichten leider nur sehr, sehr langsam. Und viele von eurer Art bildeten sich bis weit ins 19. Jahrhundert hinein ein, dass wir Katzen böse seien. In manchen Gegenden hielt sich dieser Glaube sogar noch länger. Noch vor hundert Jahren brachten Menschen in entlegenen Regionen Europas Geschichten in Umlauf über Hexen, die sich in Katzen verwandeln konnten. Oder von einem bösen Katzenkönig, der angeblich über uns alle herrschte und tagsüber aussah wie eine gewöhnliche Katze. Aber nächtens … da praktizierte er die teuflischen Künste, sodass jeder, der noch in den Straßen unterwegs war, auf der Hut sein musste, denn man wusste ja nie, wo er sich gerade verbarg.

Ende des 19. Jahrhunderts schwappte der Glaube an vom Dämon besessene Katzen dann über den Atlantik nach Amerika. Eine solche Katze soll im Jahr 1897 die Gemeinde Richfield Center in Ohio heimgesucht haben, doch der Ort entging ihren teuflischen Pfoten noch einmal. Bald darauf jedoch fiel der böse kätzische Blick auf Schuykill Haven in Pennsylvania. Es begann alles ganz harmlos, als eine Katze mehrere Junge zur Welt brachte. Aber die Schuykiller waren nicht auf den Kopf gefallen. Irgendetwas war da doch faul! Am sechsten Tag des sechsten Monats im Jahr 1906 wurden genau sechs Junge geboren – und noch dazu war das sechste schwarz! Das sind ziemlich viele Sechsen, und wenn man sie hintereinanderschreibt, dann ergibt das die Zahl des Satans.

Das schlechte Omen schien sich zu bewahrheiten, als eine große schwarze Katze, die entweder eine Hexe oder der Teufel selbst war, nachts immer wieder über die Farmen der Gegend streifte. Alsdann geschahen schlimme Dinge: Hennen, die krähten wie die Hähne, Schweine, die bellten wie die Hunde, wenn die Katze in ihre Nähe kam. Auf dem Höhepunkt der düsteren Ereignisse fiel der Besitzer der Farm, auf der die Katzen zur Welt gekommen waren, urplötzlich tot um. Der Leichenbeschauer fand keine offensichtliche Todesursache, aber die Schuykiller wussten sofort Bescheid: Die »Hex Cat«, wie sie das Tier mittlerweile nannten, hatte den Mann auf dem Gewissen.

Nun durchstreiften Trupps bewaffneter Bauern den Wald und suchten nach dem unheiligen Geschöpf. Ihre Gewehre waren mit Kugeln aus reinem Gold geladen – eine teure Angelegenheit, aber ganz offensichtlich verfehlte sie nicht ihren Zweck, denn die Katze ward nie mehr gesehen.

Die Dörfler glaubten, das diabolische Vieh kraft ihres Glaubens vertrieben zu haben. Oder sollten wir annehmen, dass die völlig normale Streunerin einfach das Weite suchte, besser gesagt eine Bleibe, wo ihr keine wild gewordenen Hillbillys nachstellten?

Aber das war noch alles harmlos im Vergleich zu der Dummheit, die sich in der Hauptstadt Washington zusammenbraute. Mehr als tausend Jahre nachdem man uns erstmals zu Untertanen des Teufels gemacht hatte, kroch die schrecklichste aller dämonischen Katzen aus ihrem Versteck – in diesem Fall aus dem Keller des US-Kapitols. In den 1850er-Jahren war die große Kuppel noch im Bau. Das Kapitol war offen und wurde von Schädlingen regelrecht gestürmt. Und bevor ihr mich jetzt fragt, ob dies die Parlamentarier waren: Nein, ich rede von einer Ratteninvasion. Also fing man alle Streunerkatzen ein und ließ sie im Keller wieder frei, um die Nager zu dezimieren. Aber innerhalb von nur zehn Jahren schlich sich eine ganz andere Art von Katze ein.

Sie war schwarz wie Kohle und schien sich auf den ersten Blick nicht von den anderen Tieren zu unterscheiden – von ihren rot glühenden Augen einmal abgesehen, die selbstverständlich Schlimmes erahnen ließen. Und tatsächlich wurde die Katze immer größer und bedrohlicher, bis sie nach einigen Nächten aussah wie ein wilder schwarzer Panther. Die erschrockenen Bediensteten berichteten von dem Monster, das ihnen immer wieder begegnete. Bis es auf geheimnisvolle Weise verschwand. Einige Monate später kam es zurück, verschwand wieder, tauchte wieder auf. Ein beängstigendes Versteckspiel.

Die Gerüchteküche brodelte, vergaß aber leider, den selbst gebrannten Whiskey zu erwähnen, oder was auch immer die gelangweilten Nachtwächter da süffelten, um sich die Zeit zu vertreiben. Stattdessen behaupteten sie, dass eine der Katzen, die im Kapitol freigelassen worden waren, um die Mäuse- und Rattenplage zu bekämpfen, wohl von einem Dämon besessen war. Aber wer sollte so einen Unsinn glauben? Waren die Großen und Mächtigen eines Landes, das sich anschickte, die Führungsrolle in der Welt zu übernehmen, tatsächlich so leichtgläubig, um die Geschichte eines felinen Belphegor zu glauben, der durch die Gewölbe des Kapitols spukte?

Nun, wenn ihr euch das tatsächlich fragt, dann habt ihr eure Lektion noch nicht gelernt. Natürlich glaubten diese Leute das! Und das noch jahrzehntelang. Journalisten schrieben darüber, und obwohl noch keiner das Tier gesehen hatte und die Belege für seine Existenz, wenn überhaupt vorhanden, äußerst dünn waren, veröffentlichte man Zeichnungen von einer riesigen Katze mit rasiermesserscharfen Zähnen, die die Arbeiter durch die weitläufigen Räume des Kapitols jagte. Und das war alles, was ein leichtgläubiges Publikum brauchte. Bar jeglicher Inspiration taufte man das Monster »D.C.« – die Abkürzung für »Demonic Cat« sowie für »District of Columbia«, wo Washington liegt. Von dem Moment an war die dämonische Katze festes Inventar der urbanen Mythen, die sich um das Kapitol rankten. Ihre Präsenz war eine so wohlbekannte Tatsache wie die der Senatoren selbst.

Und bevor ihr in eurer Naivität nun denkt, dass das doch nur ein Scherz sein kann, lasst euch gesagt sein: Die Gelehrten jener Zeit nahmen diese Angelegenheit sehr ernst. Man raunte über schlechte Omen im Zusammenhang mit dem Tier, denn es schien sich immer vor Naturkatastrophen zu zeigen. So zum Beispiel vor einer schlimmen Flut in Pennsylvania, vor einem Hurrikan in Texas, vor dem Erdbeben von San Francisco und vielen anderen schlimmen Dingen, die ganz sicher auf die Kappe des Teufels gingen. Man spekulierte lediglich darüber, ob die Katze nur Unglücksbote war oder ob sie all diese Katastrophen selbst angezettelt hatte. Vielleicht hätte man sich ja auch mal überlegen können, dieses Märchen ins Reich der Mythen zu verbannen. Aber auf die Idee kam wohl kein Mensch. Zu viele glaubten noch ganz selbstverständlich daran, dass eine Katze Böses bringen konnte.

Festgefahrene Überzeugungen lassen sich bei euresgleichen nur schwer ausrotten. Die Jahrhunderte unserer Unterdrückung hatten ihre Spuren hinterlassen. Aber wir Katzen wissen nun einmal, was wir wollen. Es gab genug unter uns, die sich der Tyrannei nicht beugten. Sie träumten von einem Ort, an dem sich die dunklen Wolken dieses finsteren Zeitalters endlich lichteten. Einen Ort, an dem Katzen wieder in liebevoller Wärme Akzeptanz und Ruhe finden konnten. Und tatsächlich gab es einen solchen Ort, an dem die Menschen ihre Vorurteile überwanden und uns um unserer Vorzüge willen von Neuem schätzen lernten.

Etwa ein geheimes Katzenparadies?

Nun, nicht so ganz, denn dieses Paradies hatte seine ganz eigenen Tücken. Der Weg dorthin war so gefährlich, dass nur die zähesten Katzen Europas die Kraft hatten, ihn einzuschlagen. Denn dieser Ort war die See. Wir waren auf Schiffen nach Europa gekommen, und während des finsteren Zeitalters hatten sich die größten Katzen-Abenteurer zurück auf die Schiffe gewagt. Sie machten sich nicht auf den Weg zurück in die Welt, die uns einst so geschätzt hatte, denn diese war schon lange verschwunden. Jene Abenteurer wagten sich auf zu unbekannten Ufern. Also lassen wir die düsteren Tage hinter uns und lichten den Anker! Komm mit auf die Reise der Samtpfoten, die nicht von grünen Wiesen träumten, sondern von der weiten blauen See.

LE
CHAT BOTTÉ

"HEX" CAT FAILS TO TURN UP TO BE SHOT WITH A GOLD BULLET

POTTSVILLE, Pa., Oct. 6.—Failure of the celebrated "hex," or witch cat, to turn up at the home of Miss Mary Isabella Thomas delayed his execution by means of shooting with a golden bullet, the only simon-pure method, according to the credulous, of effectively dispatching a feline capable of expanding to a height of four feet and contracting to the normal at will.

In the seriously expressed belief of the members of the Thomas family and of many of the superstitious dwellers in Tumbling Run valley, this "hex" cat caused the death of Howell Thomas, whose funeral occurred here today, and the fear engendered by the influence of the beast, which has probably become disgusted with the childishness of the Thomases and sought a home among more sensible people, has induced Miss Mary Thomas to move from the "haunted" house in which her father died.

A curious development today was the reconciliation of Miss Thomas with her sister, Mrs. Sarah Potts, of Orwigsburg, whom she at first charged with being the director of the operations of the "hex" cat. This return to the sisterly relations was ratified by an invitation from Mrs. Potts for Miss Thomas to become a member of her family circle. Miss Thomas declined, however, and is now at the home of a neighbor.

Linke Seite: Der gestiefelte Kater in stolzer Haltung, die seinem literarischen Ruhm durchaus angemessen ist. Illustration aus dem Jahr 1841 von Charles Émile Jacques. Die Geschichte ist sehr schön dargestellt in der Märchensammlung von Charles Perrault und hat in fast alle Sprachen Eingang gefunden. Über diesen legendären Kater wurden sogar Filme gedreht.

Oben: Wir Katzen waren noch nie Vorbilder an Pünktlichkeit. Was sollte man von »Hex Cat«, dem dämonischen Katzentier, das angeblich einen Ort in Pennsylvania terrorisierte, also anderes erwarten? Noch dazu, wo es beim Rendezvous mit einer goldenen Kugel erschossen werden sollte? Aus dem *New Castle Herald* (PA), 6. Oktober 1911.

THAT DEMON CAT.

Mysterious Thing That Continues to Haunt the People of Richfield Center, O.

A special to the Cleveland Plain Dealer from Toledo, O., says: Additional details from the bewitched community of Richfield Center were brought to this city today by Henry Niemen, which fully corroborate the strange story told by A. M. Miller yesterday. Whatever the cause, the whole town, or at least the larger German element in the village, is as thoroughly stampeded as a drove of wild cattle.

Miller, although in what seemed nearly a dying condition himself, came to Toledo last night to take some relatives to nurse his stricken family, which consists of his wife and four sons. They, together with 20 other families, feel that they have been bewitched and unless help can be given them in some manner there will be many human deaths, just as cattle have already wasted away and died.

Before Miller's relatives accompanied him last night they visited a priest, who in all seriousness gave them rules for exorcising and "laying" the evil spirit, just as would have been done 200 years ago.

None of the elements is missing from the story, according to the accounts given by Miller and Niemen. The community is haunted by a demon cat and the sick aver, in all honesty, that the visits of the cat precede the demoniacal possession. This cat has been hunted in every manner, for it is believed that its death would result in the death of the witch.

Peculiarity of the Disease.

A peculiarity of the disease is the fact that many of the sick cannot remain in their rooms. They have made their beds in the kitchen and living rooms, while one man, named Woolson, moved his entire family to the barn in the hope of escaping this symptom. This was to no avail, as the dreaded cat still followed them, and the Woolson family returned in despair to the house, where they are all extremely ill. Cattle affected give bloody milk, which has long been recognized as an infallible "witch sign."

Another sign that is not wanting is the "wreathing" of feathers. Miller says that his wife has burned over 10 pounds, in the hope of breaking the spell. The feathers wreathed themselves in hard shapes, and one man reported the same prenomenon in the case of a bundle of shavings that he had brought to the house from the barn.

It is thought that the water in the locality is bad, which would account for the fact that both people and cattle are affected. The sick, however, do not show typhoid symptoms, but simply waste away, and after once affected the sick show an utter indifference whether they get well or die.

The strange part of the case is the fact that this trouble has been going on for over a month without attracting outside attention. Richfield Center is 22 miles from Toledo and not on any railroad. The inclement weather here has prevented any investigators from undertaking the long ride to the town today.

lice would not let her.

DEMON CAT

Causing All the Sickness and Trouble at Richfield Center, Ohio.

SPECIAL DISPATCH TO THE ENQUIRER.

TOLEDO, OHIO, January 21.—The inclement weather here to-day has prevented any investigator from driving to the bewitched community of Richfield Center, 22 miles west of Toledo. A farmer named Henry Niemen came to this city, however, and fully corroborated the strange story told last night by Farmer Miller when he came to this city to ask for aid. Everything about the case sounds like a story from the days of Salem witchcraft, the sick now numbering the majority of individuals in 20 families. All claim to have been visited by a demon cat, after which they are simply wasted away by a disease that makes them indifferent to life itself. This cat, by the way, has been hunted with the belief that its death would kill the witch who is making the trouble. All other "witch signs" are said to be present. Many cattle have died, and some that are living give bloody milk, feather wreaths in pillows and beds, and one woman has burned 10 pounds of them which she claims had formed a wreath as hard as stone. The sick claim to be unable to stay in their beds, and sleep in the kitchen and living rooms. One man took his entire family to his barn, but were chased back by the demon cat. Miller's relatives, who went back with him to nurse the sick, first visited a priest, who is said to have given them directions for laying the evil spirit.

Richfield Center, Ohio, wo im Jahr 1897 seltsame Dinge vor sich gingen. Bestialischer Gestank nach dem Bösen! Die Menschen litten unter merkwürdigen Krankheiten, die Milch der Kühe war mit Blut vermengt. Journalisten kamen in den Ort und berichteten, dass die Schuld daran bei … einer Katze lag?

Rechte Seite: Ah, ihr Menschen seid ja solche Helden, wenn ihr es mit kleineren Geschöpfen zu tun habt. Doch wenn sich der Spieß mal umdreht, dann passiert so was wie hier. Diese Geschichte plus Illustration erschien in mehreren Zeitungen und zeigt D.C., die »Dämonische Katze«, die im Kapitol zu Washington spukt.

THE DEMON CAT.

Auf Großer Fahrt

Schiffs-katzen

Und Andere Kätzische Helden

Die grausame Verfolgung, die uns im Westen jahrhundertelang drohte, ließ uns nur eine Wahl – wenn auch eine eher ungewöhnliche. Aber jene Katzen, die an Bord von Schiffen in ferne Länder reisten, hatten wenigstens die Chance, wieder ein wenig Wertschätzung und Liebe zu erfahren. Die reißenden Wellen spülten die Vorwürfe der Hexerei und Teufelsanbetung hinweg. Die Vorurteile der alten Welt fielen von uns ab, während ihre Städte in der Ferne immer kleiner wurden, bis sie schließlich ganz am Horizont verschwanden. Sich an das Leben zur See zu gewöhnen war nicht immer einfach, aber die Katzen, die es taten, erfuhren eine Behandlung, die sie nicht nur mit anderen Tieren gleichstellte, sondern auch mit dem Menschen an sich.

Es mag euch erstaunen, dass wir Katzen es lernten, auf Schiffen zu leben, aber tatsächlich befuhren wir die Meere schon in der Antike. Auf den Galeeren der Phönizier kamen wir übers Mittelmeer, doch schon zuvor reisten wir auf den Barken edler Ägypter. Das waren noch andere Zeiten. Wir waren hochgeschätzte Gäste auf den Flotten, die den Nil befuhren. In der finsteren Zeit aber war nichts einfach, und wir mussten uns schwer ins Zeug legen, um uns unser Brot auf den Schiffen zu verdienen, die von den europäischen Häfen ablegten.

Natürlich war es auch hier unsere Hauptaufgabe, das Schiff von Ratten frei zu halten. Die Schiffe waren aus Holz, was für die Ratten so gut wie kein Hindernis darstellte. Im schlimmsten Fall konnte ihretwegen die ganze Besatzung verhungern. Diese Gefahr war real, und die Seeleute begriffen sehr schnell, in welchem Ausmaß sie von uns abhängig waren. Keine Mannschaft stach in See, ohne eine Katze an Bord genommen zu haben, und häufig waren es sogar gleich mehrere Rattenjäger. So wurde das menschengemachte Zeitalter der Entdeckungen gleichzeitig eines, das uns Katzen in aller Herren Länder brachte. Ihr habt die Welt kolonisiert, und wir haben es euch nachgemacht. In vielen Fällen entstanden in den fernen Hafenstädten ganze Katzenkolonien, damit Schiffe, die uns möglicherweise brauchten, sich versorgen konnten.

Aber für die Seeleute waren wir mehr als nur ein praktisches Ungezieferkontrollsystem. Sie lebten mit uns zusammen und wussten bald mehr über Katzen als die meisten anderen Menschen. Während wir in Europa immer noch als Bundesgenossen von Hexen und Teufeln verrufen waren, hatten wir auf hoher See enge Freundschaft geschlossen. Und da die See eine strenge Geliebte ist, brauchte man schon einen guten Freund. Die Vorliebe der Seeleute für Katzen zeigt sich schon daran, dass Katzen in der Seemannssprache eine bedeutende Rolle spielten. So nannte man die Laufplanke, auf der man von Deck zu Deck spazieren konnte, im Englischen »catwalk«, »Katzengang«. Wenn der Seemann seinen Dienst quittierte, hieß es:

»Die Schiffskatze hat gekatzelt.« Und wer sich danebenbenahm, bekam bald die »neunschwänzige Katze« zu spüren, eine mehrsträngige Peitsche. Ähnliche Bezeichnungen finden sich auch in Holland und Spanien, wo die Seeleute offenbar ebenfalls feline Disziplin lernen mussten.

Die Seeleute schätzten uns bald noch höher, denn sie entdeckten an uns eine Reihe von Fähigkeiten, die man zunächst nicht erwartet hätte. So wurden wir zum Beispiel zu zuverlässigen Barometern.

– *Aber Baba, ist das jetzt nicht Seemannsgarn?* –

Von wegen. Bevor ihr darüber urteilt, solltet ihr euch daran erinnern, dass wir Katzen so manches Naturphänomen viel deutlicher wahrnehmen als ihr. Bevor die modernen meteorologischen Vorhersagemethoden aufkamen, lieferte unser feines Empfinden für Luftdruckschwankungen genauso gute, wenn nicht noch bessere Wetterprognosen als die zu jener Zeit verwendeten Geräte. Eine solche Wetterregel hieß: Stellt die Schiffskatze den Schwanz auf, bleibt das Wetter in den nächsten 48 Stunden gut. Lässt sie ihn hängen, ist mit Sturmböen zu rechnen. Natürlich hatte jede Katze ihre ganz eigenen Ausdrucksformen für ihre Wetterprognosen, aber ein guter Seemann wusste: Wenn er die Körpersprache seiner Katze lesen konnte, wusste er auch, wie das Wetter werden würde!

Und auch als Hochsee-Navi taten wir Dienst. Wenn ihr daran zweifeln solltet, dass sich je ein erfahrener Seemann auf das kätzische Geschick verließ, dann denkt bitte einmal daran, wie gut wir immer wieder nach Hause finden. Wenn wir aus dem Garten verschwinden, dann seid ihr es, die immer die Panik bekommen – wir sorgen uns da kein bisschen. Wir haben absolutes Vertrauen in unsere Fähigkeit, den Heimweg zu finden. Und wenn auf hoher See die Sicht gleich null war, dann richtete sich ein kluger Seemann möglicherweise wirklich nach der Schiffskatze in der Hoffnung, dass ihr feiner Orientierungssinn das Schiff in die richtige Richtung lenkte.

Noch immer nicht überzeugt? Dann lasst mich vom amerikanischen Frachtdampfer *Lake Eliko* erzählen. Das Schiff lag im Februar 1920 vor Grangemouth in Schottland vor Anker. Elf Matrosen und die Schiffskatze Tabby nahmen eines der Beiboote für den Landgang. Aber als sie nachts zum Schiff zurückruderten, kam unerwartet ein Sturm auf. Die Wellen schlugen hoch, das Boot tanzte wie wild auf und ab und kenterte! Mannschaft und Katze wurden in die raue See gespült! Die Männer zappelten hoffnungslos im Wasser, während der Regen auf ihre Gesichter prasselte. Unmöglich auszumachen, wo das Schiff ankerte beziehungsweise wo festes Land lag. Sie wussten nicht, welche Richtung sie einschlagen sollten.

Da ließ sich mitten in der Dunkelheit ein bekanntes Geräusch vernehmen. Das Miauen der Katze übertönte den Seegang. Die Männer strengten ihre Augen an, und siehe da: Tabby paddelte munter drauflos und rief sie offensichtlich. Der Katze ver-

trauen? Da ihr Leben auf dem Spiel stand, überlegten neun der elf Matrosen nicht lange und schwammen Tabby hinterher. Bald darauf gelangten sie sicher beim Schiff an. Was aus den beiden anderen wurde? Wenn ihr immer noch glaubt, eine Katze finde sich nicht auf offenem Meer zurecht, dann lasst euch gesagt sein: Die anderen beiden fanden ein nasses Grab.

Natürlich konnte sich nicht jede Katze an die Bedingungen auf See gewöhnen. Diejenigen aber, die es taten, fühlten sich auf den Schiffen wohl. Es gibt sogar Geschichten von Katzen, die nie wieder einen Fuß an Land setzten. Wie weit sie auf ihren Reisen gekommen sind, wollt ihr wissen?

Nun, so weit, wie die sieben Weltmeere es erlaubten. Wir Katzen haben natürlich kaum (eigentlich nie) ein Logbuch geführt. Aber die Reisen der Siamesin Princess Tao-Tai können uns wohl als Anhaltspunkt dienen. Sie befuhr zwanzig Jahre lang die Meere an Bord der *SS Sagamore*. Im Jahr 1959 hieß es, sie habe ... nun, möchtet ihr vielleicht raten?

Sie hat tatsächlich mehr als *1,5 Millionen Meilen* zurückgelegt. Was das konkret heißt? Nun, zum Beispiel 400 Mal die Strecke zwischen London und New York. Oder drei Mal die Distanz von der Erde zum Mond.

Natürlich waren Katzen, die ihr Leben auf See verbrachten, anders geartet als die Landratten unter ihren Verwandten. Ein an der Materie interessierter Journalist berichtete seinen Lesern, dass »Schiffskatzen eine unabhängige, selbstständige Rasse sind, die sich von den üblichen Kätzchen ebenso sehr unterscheiden wie Matrosen von den Landratten«. Ein Kapitän aus Marseille erzählte einem anderen neugierigen Reporter, dass manche Katzen es gar nicht mochten, wenn ihr Schiff zu lange im Hafen lag. Dann gingen sie einfach an Bord des am nächsten auslaufenden Schiffes. Die Seefahrer nannten diese Katzen, die nach Lust und Laune ihr Schiff wechselten, *pier jumper* oder *sea rover*, »Pierhüpfer« oder »Seevagabunden«.

Aber viele Schiffskatzen blieben ihrer Mannschaft treu und bewiesen mitunter außergewöhnliche Fähigkeiten. »Das ist schon eine besondere Rasse«, erzählte der oben erwähnte Kapitän aus Marseille. »Sie scheinen instinktiv zu wissen, wann ein Schiff ablegt. Ich habe immer wieder gesehen, wie die Katze über die Gangway verschwand, nur wenige Minuten nachdem wir angelegt hatten. Und sie ließ sich nicht mehr blicken, bis es Zeit zur Abfahrt war. Ich habe sogar von Katzen gehört, die ihr Schiff in einem Hafen verließen, um am anderen Ende der Welt wieder an Bord zu kommen.« Nun ja, niemanden, der Katzen kennt, wird es verwundern, dass wir exakt dann zur Stelle sind, wenn das Schiff ablegt. Aber Katzen, die in einem anderen Hafen wieder an Bord kommen? Das ist doch sicher Seemannsgarn. Oder?

Aber auch hier sind eure Zweifel fehl am Platz. Es gibt viele Geschichten über Schiffskatzen, die genau das taten. Nehmen wir nur mal Minnie, eine klassische

Tuxedo-Katze, die alle aussehen, als trügen sie einen Smoking. Sie war in den 1920ern das Maskottchen des Linienschiffs *Fort St. George*, dessen Heimathafen New York war. Der Kapitän versuchte ganze fünfzehn Mal, Minnie von seinem Schiff zu vertreiben. Und sie schaffte es jedes Mal zurück an Bord. Was, fünfzehn Mal? Das ist aber schon recht gemein von diesem Kapitän!

Nun, in gewisser Hinsicht habe ich sogar Verständnis für den Mann. Denn Minnie strolchte immer gerne im Hafen herum. Und kurz nach diesen Landgängen brachte sie unter Deck einen Wurf Junge zur Welt. Aber das ist doch kein Grund zur Aufregung! Alle Seeleute vergnügen sich schließlich, wenn sie an Land gehen. Und da Schiffskatzen auch Seefahrer sind, war Minnies Moral keineswegs besser oder schlechter als die ihrer menschlichen Kollegen. Aber ein Arbeitsplatz, zumal ein schwimmender, ist nun mal kein Kinderhort. Minnies stetig wiederkehrende Kinderstube bestärkte den Kapitän nur in seinem Vorhaben, die Katze loszuwerden.

Sein letzter diesbezüglicher Versuch ließ Minnie zur Legende unter den Schiffskatzen werden. In New York übergab man sie einem Matrosen mit dem ausdrücklichen Befehl, sie an Land zu bringen, und zwar an einen Ort, von wo aus sie unter Garantie nicht zurückfinden würde. Der Seemann tat wie geheißen und setzte Minnie entgegen der Windrichtung an der Kreuzung 72nd Street/Broadway aus. Das war ganz schön weit weg vom Hafen – und noch weiter weg von den Bermudainseln, wo die *Fort St. George* als Nächstes anlegen würde. Doch als das Schiff in Hamilton Harbor andockte, wer stolzierte da die Gangway herauf und meldete sich zum Dienst? Minnie hatte ein Schiff gefunden, das sie 700 Seemeilen über den Atlantik trug. Nun musste sich der Kapitän geschlagen geben. Katzenjunge hin oder her, die unbezwingliche Minnie durfte bleiben. Eine gerechte Entscheidung, würde ich sagen, denn offensichtlich war Minnie sogar eine bessere Seefahrerin als der Kapitän!

So faszinierend Minnies Geschichte auch ist, ich kenne noch eine bessere. Das norwegische Frachtschiff *Hjalmar Wessel* segelte im Zweiten Weltkrieg mit einer Katze namens Puss an Bord, die von ihrer Mannschaft heiß geliebt wurde. Aber 1943 ging Puss in Algier verloren. Die Matrosen suchten und suchten – vergeblich. Puss war nicht aufzufinden, und das Schiff hatte gewartet, solange es irgend ging. Mit gebrochenem Herzen musste die Mannschaft abfahren. Aber Puss konnte nichts dafür, dass sie nicht an Bord gehen konnte. Sie war verletzt, weil sie von einem Hund angefallen worden war. Jetzt fand sie sich allein in einer entlegenen Ecke der Welt wieder und sammelte ihre Kräfte für das, was vor ihr lag.

Von der Küste Nordafrikas aus studierte sie den Horizont. Sie wusste, dass irgendwo dort, wo der blaue Himmel ins blaue Meer übergeht, ihre Crew auf sie wartete. Und sie war fest entschlossen, sie aufzuspüren. Wie ihr das gelang, wusste wohl nur Puss selbst. Vermutlich stahl sie sich als blinder Passagier an Bord eines Schiffes, das übers Mittelmeer fuhr. Ihre Mannschaft war währenddessen im Süden Italiens unterwegs, mit Kurs auf Bari. Puss war auch auf dem Weg nach Italien, aber nicht nach Bari, sondern nach Barletta. Hatte die tapfere Puss sich etwa verhört? Hatte sie es so weit geschafft, nur um am Ende 40 Meilen vom Bestimmungsort abzukommen?

Abwarten! Denn der sechste Sinn der Katzen (beziehungsweise der siebte Sinn aller Schiffskatzen) sagte Puss offensichtlich etwas, was selbst die Mannschaft der *Hjalmar Wessel* nicht wissen konnte. Einen Tag bevor das Schiff in Bari anlegen konnte, wurde der Hafen von den Alliierten beschossen. Und das Schiff wurde umgeleitet ... ja, genau, nach Barletta. Puss hatte richtig geraten. Und als das Schiff am Kai lag, erblickten die Matrosen plötzlich eine vertraute Gestalt, die schwach über die Gangway robbte. Sie holten ihre Kleine sofort an Bord und versorgten ihre Wunden. Doch sie hatte all ihre Kraft darauf verwendet, ihr Schiff wiederzufinden, sodass keine mehr für sie selbst übrig blieb. Am nächsten Tag war Puss tot. Aber bevor ihr jetzt Tränen vergießt, solltet ihr bedenken, dass dieser Tod auch etwas Schönes hatte. Puss hatte einen letzten Wunsch und die Kraft, ihn sich zu erfüllen: Sie wollte ihre letzten Stunden mit den Menschen verbringen, die sie liebten.

Ihr habt nun schon ein paar der beeindruckendsten Schiffskatzen der Welt kennengelernt. Auf den folgenden Seiten aber betreten wir den geheiligten Boden unserer Geschichtsschreibung. Ich werde euch die größten Helden und mutigsten Abenteurer unserer Seefahrer vorstellen – Katzen, deren Triumphe nicht nur ihre Mannschaft beeindruckten, sondern auch eng mit der Geschichte der Menschheit verknüpft sind.

Die berühmteste Schiffskatze hörte auf den Namen Trim. Er war ein schwarzer Kater mit einem weißen Brustfleck, und ich spreche sicher für alle Katzen, wenn ich sage, dass er in unseren Augen der größte aller felinen Seefahrer ist. Trim segelte zu Beginn des 19. Jahrhunderts mit Kapitän Matthew Flinders. Er war die erste Katze, die per Schiff ganz Australien umrundete und von dort aus weiter durch den Indischen Ozean und über den Atlantik fuhr. Bald war er auch die erste Katze, die die ganze Welt umsegelt hatte. Durch und durch Schiffskatze, erblickte er 1799 das Licht der Welt auf der *HMS Reliance*, die die Südsee erkundete.

Was für eine Katze Trim war, zeigte sich schon bald nach seiner Geburt. Als er an Deck herumtollte, purzelte er über die Reling und fiel ins Wasser. »Katze über Bord« hieß es sofort. Die Matrosen versuchten natürlich, den Kater zu retten. Aber Trim war nicht so hilflos wie gedacht. Er kämpfte sich durchs Kielwasser zurück zum Schiff, und hieb seine nadelspitzen Krallen in den Rumpf. So schaffte er es bis zu einem Tau, und bevor die erstaunte Mannschaft ihm zu Hilfe eilen konnte, hatte das Kätzchen sich selbst gerettet.

Trims Intelligenz und sein verspieltes Wesen machten ihn zum Liebling der jungen Offiziere auf der *HMS Reliance*. Sie alle hofften, ihn vielleicht irgendwann mitnehmen zu können, wenn man ihnen ein eigenes Schiff anvertrauen würde. Doch Trim schloss sich insbesondere dem jungen Leutnant Flinders an, und dieser durfte ihn dann auch mit auf sein Schiff nehmen. Die beiden segelten zusammen bis zum Jahr 1803. Das mochten in menschlicher Zählung nur vier Jahre sein, aber diese Zeit war so reich an Abenteuern, dass sie für ein ganzes Leben reichten. Flinders nannte Trim »das wunderbarste Tier, das ich je gesehen habe«. Er war von dem Kater so beeindruckt, dass er ein Buch über seine Heldentaten schrieb. Es war die erste Katzenbiografie, die zu Papier gebracht wurde. Und es sagt schon einiges, wenn ein Kapitän die Biografie eines Untergebenen schreibt.

Flinders berichtet, dass sein Kater immer mal wieder in Schwierigkeiten geriet. Nun, er war ja Katze und Seefahrer zugleich. Was wollt ihr da anderes erwarten? Trim war stolz und neigte zur Eitelkeit. Manchmal benahm er sich auch recht flegelhaft. So stahl er den Leuten mitunter das Futter von der Gabel. Und sollte tatsächlich mal ein Hund an Bord sein, ließ er es sich nicht nehmen, das arme Tier gnadenlos zu vermöbeln. Aber das waren nur Fußnoten zur eigentlichen Geschichte: Trim war die außergewöhnlichste Katze, die je die Meere bereiste – begeisterter Seefahrer, Navigationsassistent, nautischer Kammerjäger, moralische Stütze der Seeleute und allgemein wachsames Auge. All das mit einem Eifer, wie ihn auch der beste Matrose an den Tag legen würde.

Zusammen kartierten Kapitän und Kater die Küste Australiens und segelten dann nach England zurück. Flinders wollte sich dort niederlassen und Trim zur Landratte machen, aber der Kater war dem Meer noch treuer als sein Kapitän. Er fühlte sich in der Stadt nicht wohl. Flinders hatte ihn in die Obhut einer Dame gegeben, die in London lebte, während er selbst seine Angelegenheiten ordnete. Die Dame sandte bald darauf die ersten Hilferufe aus, denn der gelangweilte, ausgesprochen missmutige Trim legte ihr Heim in Trümmer. Sie bat Flinders, den Kater wieder mit auf See zu nehmen.

Und so segelten die beiden weiter über die Weltmeere, bis Flinders 1803 einmal mehr von Australien nach England zurückkehren wollte. Dummerweise wurde er auf Mauritius von den Franzosen gefangen genommen, die ihn der Piraterie beschuldigten. Man verdonnerte ihn zu sieben Jahren Haft. Trim wurde ebenfalls festgenommen, da man ihn auch verdächtigte, ein Pirat zu sein. Sein Urteil fiel nicht weniger streng aus: Man übergab ihn einem jungen Mädchen und verurteilte ihn zu einem Leben als Hauskatze. Nein, herzlichen Dank, Kumpel! Natürlich verschwand Trim bald darauf, sehr zum Leidwesen von Flinders, der ihn nie mehr wiedersah. Gebrochenen Herzens hegte der Kapitän den Verdacht, dass die Einge-

borenen dem Kater die schlimmste Form von Foulplay bereitet hatten! Ob sie ihn gar gegessen hatten? Dieses Schicksal wäre so grausam gewesen, dass der Kapitän keinen weiteren Gedanken daran verschwenden wollte.

Aber der Teil der Geschichte kommt mir lachhaft vor. Denn ich weiß ziemlich genau, wohin Trim verschwunden ist. Und ihr tut das vermutlich auch. Die französische Marine konnte Trim ebenso wenig aufhalten wie das Wasser. Trim war auf See geboren worden, das Meer war sein Zuhause. Dort würde er sein Leben beenden, nicht im Magen irgendeines Eingeborenen. Ja, Trim liebte Flinders, aber sieben Jahre waren eine lange Zeit. Flinders wollte sich nur nicht eingestehen, dass es eine Autorität gab, die die des Kapitäns überstieg, ja selbst die eines Admirals. Ihr erwies Trim die Ehre und lebenslange Hingabe. Wir sollten nicht daran zweifeln, dass Trim sich ein Schiff suchte, auf dem er seiner eigentlichen Herrin dienen konnte: der See.

Trims Geschichte erinnert uns daran, dass die großen Seefahrer stets auch großen Gefahren ausgesetzt waren. Tatsächlich bezahlten viele Schiffskatzen ihre Abenteuer mit dem Leben. Die schrecklichste Reise, auf die je eine Katze gegangen ist, ist die von Mrs. Chippy, einer schönen Tigerkatze, die das Pech hatte, 1914 Ernest Shackleton auf seiner Erkundungsfahrt in die Antarktis zu begleiten. Andere mutige Katzen hatten den Südpol ebenfalls schon bereist: Ein Pärchen namens Blackwell und Poplar war 1901 mit Robert Scott dort gewesen. Aber verglichen mit der Fahrt von Mrs. Chippy, die vom ersten Moment an unter einem schlechten Stern stand, war dies wohl eher ein Kreuzfahrttrip. Das ging schon mit dem Namen los, denn Mrs. Chippy war ein schottischer Kater, der vom Schiffszimmerer Harry McNeish an Bord der *HMS Endurance* gebracht worden war. McNeish trug den Spitznamen Chippy. Seine enge Beziehung zu der Katze und die Tatsache, dass Seeleute mit der weiblichen Anatomie des Menschen offensichtlich besser vertraut waren als mit der von Katzen, führte dazu, dass der Mister zur Mistress gemacht wurde.

Als würde dies als schlechtes Omen noch nicht genügen, sagte seine Intuition dem Kater, dass hier irgendetwas nicht stimmen konnte. Er sprang ins Wasser, als die *Endurance* ablegte, was für eine Schiffskatze eigentlich unvorstellbar ist, und versuchte, zurück an Land zu schwimmen. Die Mannschaft war überzeugt, das Richtige zu tun, und fischte den Kater aus den Wellen. Zu Chippys Ehre muss gesagt werden, dass er ihnen das nicht übel nahm. Er gewöhnte sich an das Leben auf der *Endurance* und erwies sich bald als großer Mäusejäger, der die Mannschaft immer wieder aufheiterte. Beides sollte bald bitter nötig werden, denn kaum war das Schiff am Südpol angelangt, kam es zur Tragödie.

Doch bevor ich euch diese Geschichte zu Ende erzähle, sei mir ein kleiner Exkurs erlaubt. Ernest Shackleton wird in euren Geschichtsbüchern immer als großer Mann dargestellt. Angesichts dessen, was sich damals am Südpol zutrug, muss ich jedoch sagen: Aus Katzensicht war der Mann für solch eine Expedition schlichtweg unqualifiziert. Er war kein Kapitän, ja er hatte als Sohn eines reichen Arztes noch nicht einmal einen entsprechenden nautischen Hintergrund. Er hatte sich zwar in der Handelsmarine hochgedient, aber als er die *Endurance* befehligte, hatte er gerade einmal zehn Jahre Erfahrung. In dieser Zeit hatte er zwei Mal versucht, den Südpol zu erreichen, war aber jedes Mal gescheitert. Und nicht nur das: Beide Expeditionen verliefen katastrophal.

Seine größte Qualifikation war sein ungestillter Wunsch, Großbritanniens Flagge am südlichsten Punkt der Erde zu hissen, bevor irgendein anderes Land dies tat. Für die Engländer jener Zeit war dies offensichtlich Befähigung genug. Eine Katze hätte das sicher anders gesehen. Aber wir verstehen ja auch das menschliche Ego nicht. Die Bereitschaft, große Risiken einzugehen, um die Fahne eines Landes, das

lediglich durch Linien auf einer Landkarte definiert wird, in eine andere geografische Region zu tragen, ist in unseren Augen blanker Unsinn. Und wenn diese Bereitschaft anderen Lebewesen schadet, dann kann daraus nur Schlimmes entstehen. Und genau das ist auf Shackletons Expedition geschehen.

Erfahrene Seeleute hatten Shackleton gewarnt, sein Schiff nicht zu tief ins Eis hineinzusteuern. Aber jeder Zentimeter, den er die *Endurance* weiter in Richtung Eis lenken konnte, ließ das Projekt »Flagge zeigen« wahrscheinlicher werden. Das Schiff setzte seine Fahrt fort, bis riesige Eisberge diese merkwürdigen Besucher von allen Seiten einschlossen. Die Gefangenschaft im Eis ließ das Flaggenprojekt dann ganz schnell in den Hintergrund treten. Nun gab es ein neues Ziel, das auch der felinen Seele näher war: das Überleben. Man zählte die Rationen und musste feststellen, dass es nicht viele waren. Alle an Bord wappneten sich für das Unvermeidliche. Denn dort, am einsamsten Ort der Erde, konnten Katze und Crew nur warten und zusehen, wie ein Tag nach dem anderen verging und der Polarwinter immer näher rückte.

Als er da war, zeigte er keine Gnade. Winde, die schneller waren als jedes moderne Auto, ließen die Moral sinken. Bald darauf fielen die Temperaturen auf 50 Grad unter null. Auch die Sonne ließ sich nicht mehr blicken. Stattdessen breitete sich die endlose Nacht über das Schiff, lediglich durchbrochen von den funkelnden Sternen in der Ferne. Das war kein Ort für eine Katze! Chippy und seine Kameraden hielten durch, so gut es ging. Und die Katze wurde immer wertvoller, denn jede Ratte, die sie erlegte, bedeutete eine Mahlzeit mehr. Neben den mageren Rationen gab es getrockneten Seehund und Pinguinfleisch, je nachdem, was gefangen und aufbewahrt werden konnte. Und nicht einmal davon gab es viel.

Doch es sollte noch schlimmer kommen. Man hoffte, dass im Oktober 1915 – Frühlingsbeginn am Südpol – das Eis aufbrechen und den Weg ins offene Wasser freigeben würde. Und das Eis brach tatsächlich, doch die Eisriesen hatten noch nicht aufgegeben. Anstatt freundlich den Weg frei zu machen, fraßen sich ihre scharfen Ecken und Kanten ins Holz der *Endurance*. Bisher war die *Endurance* ihrem Namen gerecht geworden und hatte einiges ausgehalten. Aber so edel und stark das Schiff gewesen sein mochte, am Ende gab der Schiffskörper nach und brach. Die Mannschaft rettete so viel Holz wie irgend möglich und zog in ein provisorisches Zeltlager um. Chippy hatte da schon eine ungewollte Auszeichnung ergattert, die der ersten Katze, die einen antarktischen Winter überlebte. Nun sollte noch hinzukommen, dass er als erste Katze auf Eis kampierte.

Da die Lage schon mehr als kritisch war, beschloss Shackleton, dass es ihre einzige Hoffnung war, in Rettungsbooten das mehr als 300 Meilen entfernte Elephant Island zu erreichen. Von dort aus konnte man womöglich 700 Meilen weiter zur Insel Südgeorgien gelangen. Das war ein vergleichsweise vernünftiger Plan. Doch Shackleton befahl auch, dass man alles zurücklassen musste, was in seinen Augen für die geplante Rettung unnötig war. Und aus feliner Perspektive war dies der schlimmste Verrat, der je an einer eifrig und gewissenhaft dienenden Katze begangen wurde. Denn auf der Liste der »Dinge«, die Shackleton für verzichtbar hielt, stand auch … Chippy.

Alle müssten Opfer bringen, erklärte Shackleton, als die Mannschaft protestierte und bat, man möge das Leben der Katze schonen. Er zeigte auch gleich, worauf er verzichten konnte: Er warf ein paar Goldmünzen und ein paar Seiten aus seiner Bibel aufs Eis. Nun, es gibt unzählige Goldmünzen auf Erden und Shackleton war nicht gerade arm. Und was die Bibel angeht: Er ließ nicht mal das ganze Buch da. Vermutlich riss er nur die Seiten raus, auf der stand, dass Tiere und Menschen Geschöpfe ein und desselben Gottes waren. Shackletons angebliches Opfer war ja wohl kaum mit Chippys Leben vergleichbar. Aber er blieb hart. Nur die »Mannschaft« sollte gerettet werden.

»Wie bitte?«, werdet ihr jetzt fragen. »War Chippy denn kein Teil der Mannschaft? Kein Seefahrer wie alle anderen auch?« Natürlich war er das. Chippy war nicht nur ein loyales Mitglied der Crew, wie die Fürsprache seiner Kameraden für ihn zeigte. Er war außerdem auch sehr beliebt. Er und die Männer der *Endurance* hatten lange Monate gemeinsamer Entbehrungen erduldet. Das Gesetz der See, das von Generation zu Generation weitergegeben wurde, besagte, dass man ihm ebenso viel Respekt schuldete wie jedem anderen Mitglied der Mannschaft.

Aber ich habe euch ja schon gesagt, was ich von Ernest Shackleton halte: ein Dilettant, der die Meere befuhr, nur um des Ruhmes und seiner Fahne willen. Er begriff das enge Verhältnis zwischen Schiffskatze und Seeleuten einfach nicht. Er erkannte nicht, dass ein Crewmitglied mit vier Pfoten ebenso seinen Beitrag leistete wie seine zweibeinigen Kameraden. Bar jeder Vernunft ließ er sich auch nicht umstimmen. Und so geschah es. Auf Shackletons Befehl wurde Chippy am kalten, kahlen Südpol getötet.

Was die Rettungsaktion anging: Das Boot schaffte es bis zur Insel Südgeorgien. Die Mannschaft wurde gerettet, aber ihr werdet mir verzeihen, wenn ich finde, dass dabei einfach etwas fehlte. Harry McNeish ging es wohl ähnlich, denn er hatte Chippy ja mit an Bord gebracht. Er vergab Shackleton nie, und wer ihn auf den Mann ansprach, erfuhr von ihm nur, dass Shackleton Harrys Kater getötet hatte. Der zutiefst unglückliche McNeish verließ England und zog nach Neuseeland, wo er 1930 starb. Dort aber sollte man ihm eine letzte Ehre erweisen. Fast 75 Jahre nach seinem Tod ließ die New Zealand Antarctic Society eine Bronzestatue von Chippy für McNeishs Grab anfertigen. So gab man dem trauernden Mann wenigstens symbolisch wieder, was er auf dieser tragischen Fahrt verloren hatte.

Die britische Regierung überhäufte Shackleton mit allen Ehren und verkaufte die Katastrophe als großen Triumph. Shackleton wurde zum Ritter geschlagen, weil »nicht ein Mitglied der Crew verloren ging«. Aber diese seine Worte beeindrucken mich nicht und euch hoffentlich auch nicht, denn sie sind schlichtweg falsch. Bis zum heutigen Tag liegt irgendwo im antarktischen Eis der Körper eines Mannschaftsmitglieds der *Endurance*. Chippy ist immer noch dort. Seine eifrigen, loyalen Dienste wurden ihm von seinem Befehlshaber mit einem unbekannten Grab in den eisigen Weiten eines gefrorenen Kontinents vergolten.

Wer nun denkt, ich täte Shackleton unrecht und würde das Andenken eines Helden beschmutzen, der sollte Chippys ungerechten Tod mit dem Schicksal von Nigeraukak vergleichen, einer Tuxedo-Katze, die auf der *HMCS Karluk* diente, einem kanadischen Schiff, das die Arktis erforschte. Die Geschichte trug sich nur zwölf Monate vor der Shackleton-Expedition zu und ähnelt ihr außerordentlich. 1913 wurde die *Karluk* im Eis eingeschlossen, während sie auf Expedition am Nordpol war. Auch dieses Schiff wurde von den Eismassen zerdrückt und sank. Die Crew war in einer lebensbedrohlichen Situation und stand vor den gleichen Herausforderungen wie Shackletons Mannschaft: Schutzlosigkeit, Kälte, Krankheit und zur Neige gehende Vorräte. Sie mussten sogar mit einer Bedrohung zurechtkommen, die den Männern am Südpol erspart blieb: der Kampf gegen Eisbären.

Auch diese Mannschaft musste eine lange und gefährliche Wanderung übers Eis zur nächsten Siedlung unternehmen. Mit einem Unterschied: Sie ließen ihre Katze nicht im Stich! Ganz im Gegenteil: Sie nähten eine mit Pelz gefütterte Tasche, in der Nigeraukak getragen wurde. Und jedes Crewmitglied gab ihr von seiner Ration zu essen. Nigeraukak war ein vollwertiges Mitglied der Mannschaft, schon deshalb ließ man sie nicht einfach zurück. Aber Nigeraukak war noch mehr. Für die Männer der *Karluk* stand sie für die eigene Fähigkeit, selbst unter schlimmsten Bedingungen Menschlichkeit zu bewahren. Hätten sie ihre Katze zurückgelassen, so hätten sie auch ihren Glauben an sich selbst verloren. Aber solange Nigeraukak lebte, würden sie das auch tun.

Es dauerte neun brutale Monate, bevor Rettung kam. Am Ende zählte man fünfzehn Überlebende: vierzehn Männer und eine Katze! Danach ließ Nigeraukak sich mit einem Mannschaftsmitglied in Philadelphia nieder. Wann immer sie Junge bekam, wurden diese von den anderen Crewmitgliedern adoptiert. Die Kätzchen erinnerten die Männer daran, was sie gemeinsam erlebt, erlitten und überstanden hatten – zusammen mit ihrer Katze. Das war meiner Ansicht nach eine schöne Geste. (Allerdings finde ich, man hätte die Ärmste vielleicht irgendwann sterilisieren sollen!) Aber die Geschichte

zeigt sehr schön, was meiner Ansicht nach wirklich wichtig ist: Auch wenn es schwer ist und andere Dinge wichtiger erscheinen, so findet sich doch für alle Probleme zwischen Mensch und Tier immer auch eine mitfühlende Lösung, wenn man nur bereit ist, seinen Egoismus zu überwinden und danach zu suchen.

Jahrhundertelang hatten unsere zur See fahrenden Verwandten ihren Dienst anonym versehen. Nur ihre Mannschaftskameraden kannten sie. Aber um 1910 herum stießen die Triumphe und Tragödien der Seefahrerkatzen plötzlich auf allgemeines Interesse. Einige dieser heldenhaften Samtpfoten wurden regelrecht berühmt. Um diese Zeit war es, dass das Stigma, mit dem man uns gebrandmarkt hatte, von uns abfiel. Man machte ein großes Tamtam um uns, wenn Journalisten von unseren Diensten auf den Schlachtschiffen des Ersten Weltkriegs berichteten.

Unter den Ersten, die diese Begeisterung entfachten, war Sideboy, ein nicht ganz schwarzer Kater, der auf der *HMS Neptune* fuhr. Die Mannschaft liebte ihn und ließ von seinem Foto Postkarten drucken, mit denen man zu Hause angab. Und schossen die Matrosen auch Bilder von ihrem Kapitän? Nein, Gott bewahre. Wer interessierte sich schon für einen alten Seebären? Aber eine hübsche Seefahrerkatze, darauf konnte man schon stolz sein. Sideboy war auch bei den Zeitungsleuten sehr beliebt. Am häufigsten brachte man ein Foto, auf dem er in einer extra für ihn angefertigten Mini-Hängematte liegt.

Ein langhaariger Schildpattkater namens Jimmy segelte auf der *HMS King George V.*, die 1916 die britische Flotte in der Skagerrakschlacht anführte. Auch Jimmy wurde bald zur Berühmtheit, denn es war richtig gefährlich da draußen. Er wäre fast ins Wasser gestürzt, als ein Granatsplitter auf ihn zupfiff. Dank der sprichwörtlich schnellen Reflexe von uns Katzen konnte Jimmy ausweichen, büßte dabei aber die Spitze eines Ohres ein. Seine Verletzung machte ihn nicht nur unter Zeitungslesern bekannt. Er erhielt dafür auch eine offizielle Belobigung seitens der Admiralität. Jimmy war also die erste Schiffskatze mit Auszeichnung. Die Öffentlichkeit vergaß Jimmy nicht, auch nicht, nachdem der Krieg vorüber war. Als Veteran mit Belobigung war Jimmy sehr gefragt. So half er beispielsweise mit, Spenden für das Tierheim in Chelsea zu sammeln, wo er lebte.

Die Menschen begriffen endlich, wie mutig Katzen sein konnten. Und das war auch längst überfällig, denn wir waren tapfere Gefährten – und zwar nicht nur auf See. Eine der berühmtesten Katzen im Heeresdienst war ein getigerter Kater namens Tom, der die britische und französische Armee während der Krimkriege rettete. Sie verteidigten 1854 den Hafen von Sewastopol in der Ukraine gegen die russischen Truppen. Aber ihre Vorräte gingen bedenklich zur Neige – bis Tom kam. Als ukrainischer Partisanenkämpfer weigerte er sich, mit anzusehen, wie sein Land in die Hände der Russen fiel. Er zeigte den Briten und Franzosen, wo die Russen

ihre Vorräte gelagert hatten. Auf diese Weise rettete er sie vor dem Hungertod, während sie seine Stadt verteidigten. Die dankbaren Truppen erkannten seinen Beitrag pflichtschuldigst an und machten ihn zu ihrem Maskottchen. Nach dem Krieg nahm man ihn sogar mit nach Hause, nach Großbritannien.

Diesen Kampf hatten die Russen verloren, aber auch sie hatten ihre felinen Helden. Zwei ihrer mutigsten Kämpfer halfen, den deutschen Vormarsch im Zweiten Weltkrieg aufzuhalten, und zwar in der erbittertsten aller Schlachten – bei Stalingrad. Mourka, ein brauner Tabbykater mit weißem Brustlatz, war mit einem

Spähtrupp unterwegs. Er schlich durch die deutschen Linien und trug Informationen über deren Stellungen im Halsband versteckt. Natürlich wart ihr Menschen Zweifler, und so haben Historiker die Motivation des Helden infrage gestellt. Sie meinten, Mourka habe keineswegs der Sowjetarmee gedient, sondern sei nur scharf auf die Leckerbissen gewesen, die man ihm im Hauptquartier vorgesetzt habe. Echt jetzt? Würdest du dich durch Bataillone von Nazisoldaten schleichen, nur weil man dir ein paar Bissen vom Abendessen übrig lässt? Nein? Das habe ich mir fast gedacht. Und eine Katze, die kein treuer Kamerad ist, würde das auch nicht tun.

Die zweite Katze, die in Stalingrad Dienst tat, war dabei, als die 124. Schützenbrigade die Dörfer Spartanovka und Rynok verteidigte. Der Kater war ein hungriger Streuner, mit dem die Russen Mitleid hatten. Sie gaben ihm, was immer sie von ihrer Ration entbehren konnten. Bald kam der Kater täglich vorbei, und den Soldaten fiel auf, dass er dann in Richtung der deutschen Stellungen verschwand. Eines Tages legte ihm jemand ein Halsband um und steckte einen Handzettel hinein, auf dem die Deutschen aufgefordert wurden, sich zu ergeben. Und als der Kater zurückkehrte, war der Handzettel fort … Der Kater hatte ihn bei den deutschen Soldaten abgeliefert! Von diesem Tag an wurde der Kater zur sowjetischen Propagandakatze. Man gab ihm ständig Botschaften mit, die die Moral der Nazis untergraben sollten. Zum Dank für seine Dienste machte ihn die 124. Schützenbrigade zum Truppenmaskottchen. Und da er jetzt zum Heer gehörte, brauchte er natürlich auch einen Namen. Man nannte ihn *Geroj*, das ist russisch für »Held«.

Auch den Himmel haben wir mutig erobert und im Krieg an Bord von Flugzeugen gedient. Eine von uns flog höher als alle anderen. Während die Sowjets in den 1960ern Hunde ins Weltall schickten, hat die Geschichte leider völlig vergessen, dass Frankreich dies zur selben Zeit Katzen zumutete. Man bildete ein Team von vierzehn kampferprobten Pariser Straßenkatzen, die auf ihre Tauglichkeit als Testpiloten geprüft wurden. Wieder war es eine Tuxedo-Katze, die ins Weltall flog. Ihr Name war Felicette. Sie stieg höher, als sich je eine Katze hätte träumen lassen. An Bord der Rakete *Véronique* stieg sie am 18. Oktober 1963 in den Himmel auf.

Man schoss Felicette in der algerischen Stadt Hammaguir ab, und sie flog 100 Meilen über die Sahara. Der Flug dauerte 15 Minuten. Falls euch das wenig vorkommt, möchte ich euch daran erinnern, dass Alan Shepard, der erste Amerikaner im Weltraum, ebenfalls nur eine Viertelstunde im All verbrachte. Während des Fluges signalisierten Elektroden den Wissenschaftlern auf der Erde, wie es Felicette erging. Ihr habt gehört, dass Katzen nicht gerne auf Reisen gehen? Nun, Felicette blieb dabei völlig cool. Es war eher das Bodenpersonal, das sich aufregte, denn als die Rakete wieder auf die Erde zusteuerte, erreichten Reibungshitze und Turbulenzen ein kritisches Niveau. Würde man die tapfere Felicette verlieren? Würde sie sterben wie Laika, die erste Hündin im All? Plötzliche machte es »Puff«, die Kapsel wurde ausgeklinkt, und der Landefallschirm entfaltete sich! Das Rettungsteam eilte zur Landestelle, und als man die Kapsel öffnete, saß Felicette darin und begrüßte die Menschen mit einem glücklichen *Miau!* Sie hatte überlebt und kehrte als Heldin nach Frankreich zurück.

Aber wenn ihr noch mehr Heldengeschichten hören wollt, müssen wir zurück auf See. Ich habe mir nämlich den bemerkenswertesten Kämpfer für den Schluss aufgehoben: Simon, den kätzischen Vollblutmatrosen. Wenn ihr verstehen wollt, was die Geschichte der Schiffskatzen ausmacht, dann müsst ihr nur Simons Story lesen, denn in seinem Leben begegnen uns alle Abenteuer, Allianzen und Wechselfälle eines Schiffskatzenlebens. Das Heldentum nicht zu vergessen, an dem es Simon wahrlich nicht mangelte.

Simon kam im Hafen von Hongkong zur Welt. Dort wurde er 1948 von britischen Matrosen entdeckt. Eine magere, junge Katze, die ganz offensichtlich bis dato kein leichtes Leben gehabt hatte. Simon war schwarz mit einem breiten weißen Brustlatz, der sich bis zur Schnauze zog. Ein weiteres weißes Abzeichen verlief von der Stirn ebenfalls zur Schnauze. Der kleine Kater hatte keine Angst vor den Matrosen und zeigte sich neugierig und anschmiegsam. Der tapfere, kluge Kerl hatte eine besondere Ausstrahlung, daher beschlossen die Soldaten, ihn an Bord ihres Schiffes zu schmuggeln, der *HMS Amethyst*, ein Kanonenboot, das zu jener Zeit im Chinesischen Meer Dienst tat.

Als der Kapitän erfuhr, dass er einen blinden Passagier hatte, wollte er den Kater sehen. Als Kommandant hatte er einen scharfen Blick für alles, was mit der Seefahrt zu tun hatte. Und da die *Amethyst* noch keine Schiffskatze hatte und der Kapitän in dem Tier ein gewisses Potenzial sah, hatte die Katze von den Docks ihre Prüfung bestanden! Ob der Kapitän eine gewisse Vorahnung hatte, lässt sich heute nicht mehr sagen, doch er nahm den Kater nur unter einer Bedingung auf: Er musste fähig sein, Ratten zu fangen, wenn er an Bord bleiben wollte.

Das fand der kleine Kater wunderbar. Er stellte sich schnell auf sein neues Leben ein. Man muss sich das nur mal vorstellen: Vorher hatte er auf den Docks ein bescheidenes Dasein gefristet, und jetzt lebte er mit den Seeleuten auf diesem großen Schiff. An Deck spielte man mit ihm. Er jagte den sich schnell bewegenden Stiefeln nach. Überall gab es neue Gerüche und Geräusche zu entdecken. Der Wind blies übers Meer, die Gischt spritzte über die Reling. Man gab dem Kleinen sogar einen Namen: Simon. War er früher eine einsame Hafenkatze gewesen, so war er nun Teil eines großen Ganzen.

Und die Geschichte wies ihm bald darauf einen noch größeren Platz zu. Im April 1949 fegte Mao Tse-Tungs kommunistische Armee über China hinweg. Bald kam der Einsatzbefehl für Simon und seine Mannschaft. Sie sollten mit der *Amethyst* den Yangtse-Fluss hinauffahren und der britischen Botschaft in Nanking zu Hilfe eilen. Man war auf alles vorbereitet gewesen, nur nicht darauf, aus dem Dschungel beschossen zu werden. Denn das Ganze war ein Hinterhalt! Explosionen erschütterten das Schiff und beschädigten es so sehr, dass die Mannschaft das Feuer nicht erwidern konnte. Die *Amethyst* konnte gerade noch flussaufwärts entkommen, weit genug, um sich dem feindlichen Feuer zu entziehen, war aber in sehr schlechtem Zustand. Zu den Opfern zählten: der Kapitän selbst, der getötet

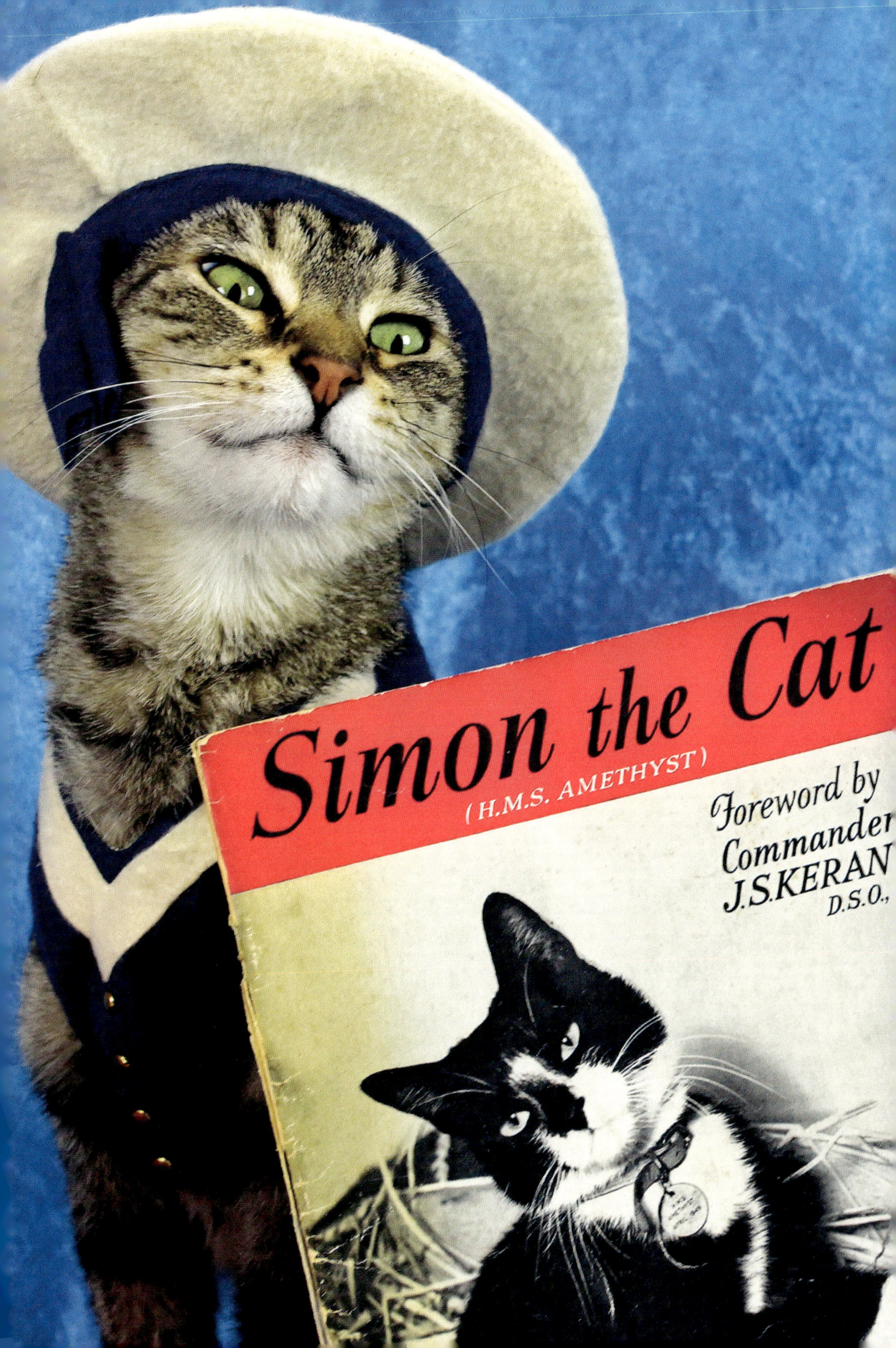
Simon the Cat
(H.M.S. AMETHYST)
Foreword by
Commander
J.S.KERAN
D.S.O.,

wurde, als eine Granate sein Quartier traf. Und der kleine Simon? Er hatte in der Kabine des Kapitäns geschlafen, als die Granate einschlug. In dem Chaos nach dem Angriff kämpfte er sich durch, obwohl sein Fell versengt war und er Granatsplitter im Körper hatte. Er hinkte an Deck. Die verwundete Katze wurde von ihren Menschen zum Schiffsarzt gebracht, der allerdings nicht viel tun konnte. Schließlich gab es zahlreiche andere Verwundete, und die *HMS Amethyst* hatte keinen Tierarzt an Bord. Simon wurde notdürftig versorgt, und seine Kameraden trösteten ihn. Mehr war kaum zu machen, denn die Mannschaft hatte noch weit größere Probleme. Das Schiff lag mit 60 Mann an einem entlegenen Flussabschnitt. Die Kommunisten betrachteten sie als Geiseln und drohten mit weiteren Kampfhandlungen, sollte man ihnen Hilfe senden. Tief im Feindesland und nur mit begrenzten Vorräten ausgestattet, mussten die Männer einen Weg finden, um zu überleben.

Doch es sollte noch schlimmer kommen für die *Amethyst*, denn es erschien ein Feind auf der Bildfläche, der die bereits verwundeten Matrosen in die Knie zwingen konnte. Kein menschlicher Feind, sondern das übliche Ungeziefer: Während das Schiff im Fluss ankerte, wurde es von Ratten förmlich überrannt. Ihr Anführer war das unerbittlichste, fieseste Tier, das die Mannschaft je gesehen hatte. Sie gaben ihm den Spitznamen Mao Tse-Tung, und das war kein Witz, denn die Armee des neuen Mao war mindestens so gefährlich wie die ihres menschlichen Namenspatrons. Die Ratten stahlen von den Vorräten, was immer sie erwischten. Sie kletterten durch Löcher und versteckten sich in Ritzen. In der Dunkelheit des Schiffsrumpfes gingen sie ein und aus, wie es ihnen gefiel. Die großen Männer konnten dagegen nichts ausrichten. Die Vorräte waren ohnehin schon knapp gewesen, aber wenn man die Ratten nicht aufhalten konnte, wären die Folgen katastrophal.

Wenn je ein Held gebraucht wurde, dann in dieser Notlage. Doch die Soldaten, mittlerweile schon sehr von der Situation gezeichnet, sollten bald merken, dass die Vorsehung ihnen längst einen solchen geschickt hatte.

Der kleine Simon mochte verletzt sein, aber er war eine Katze – und zwar nicht irgendeine x-beliebige. Er war eine Schiffskatze, Repräsentant einer jahrtausendealten Tradition treuer Gefährten. Hatte man Katzen nicht gerade auch deshalb zu Seefahrern gemacht? Und hatte der Kapitän mit Simon nicht einen Vertrag geschlossen, als er ihn als Mitglied der Crew akzeptierte? Er durfte an Bord bleiben, aber er musste unter Beweis stellen, dass er Ratten fangen konnte.

An dieser Stelle möchte ich kurz innehalten, um euch etwas über meine Art zu erzählen. Man wirft uns ja gerne vor, unbekümmert in den Tag hineinzuleben. In Wirklichkeit aber sind wir sehr mitfühlende Geschöpfe. Wir wissen genau, wann Not an der Katze ist. Simon begriff sehr wohl, in welch misslicher Lage seine Kameraden steckten. Und lasst euch von unserer Größe nicht täuschen. Tatsache ist – wie jeder Katzenfreund weiß –, dass wir so groß sind wie unser Herz. Und in Simons Brust schlug das Herz eines Löwen. Die Männer der *Amethyst* hatten ihn aufgenommen, ihm eine Chance gegeben. Da zählten seine Wunden nicht, er würde alles für sie tun.

Aber würde Simon dieser Herausforderung auch gerecht werden, wo er doch erst seit ein paar Monaten Schiffskatze war? Hier solltet ihr seine Vergangenheit auf den Docks von Hongkong nicht vergessen. Dass er als Streuner überleben konnte, war nur möglich, weil er schnelle Reflexe und einen guten Instinkt hatte. Er war tougher, als er auf den ersten Blick wirkte. Und so machte er sich auf in die dunklen Frachträume, die seine Front werden sollten. Stellt euch das Drama nur mal bildlich vor: Stille in der Dunkelheit. Simon schlich wie ein Phantom durch den Laderaum. Lautlos hielt er inne und nahm Witterung auf. Mit einem Mal sprang er los! Zischen, Fauchen und Krachen folgte. Da fiel so einiges um! Dann wieder Stille, unterbrochen nur vom sanften Tapsen der Katzenpfoten auf dem Boden. Und Simon, der sich aus der Dunkelheit schälte, mit dem Rattenkönig im Maul.

Er hatte den schlauen Anführer gleich beim ersten Versuch geschnappt! Hätte doch nur der Kapitän das noch miterleben dürfen! Ob der kleine Simon Ratten fangen konnte? Wie keine andere Katze je zuvor! Von diesem Moment an wurde er zum unüberwindbaren Hindernis für die Nager, ein wachsamer Hüter, der jede Ratte erlegte, die es wagte, die *Amethyst* zu betreten. Wodurch er etwas noch Größeres zuwege brachte. Die Mannschaft bestand aus kampferprobten Matrosen, doch nun dümpelten sie hilflos im Wasser und konnten sich nicht verteidigen, weil ihre Geschütze außer Gefecht waren. Aber Simon hatte einen Weg gefunden, an ihrer statt zu kämpfen. Und zu gewinnen. Jede Ratte, die Simon erlegte, war ein Sieg für die geschwächten Seeleute. Sie führten Buch über jedes einzelne Nagetier, und immer, wenn Simon eine Ratte zwischen seinen Zähnen anbrachte, wurde er mit lautem Jubel begrüßt.

Simon erwies sich im Angesicht des schweren Schicksals als echter Kämpfer und stärkte so die Moral der Truppe. Und das wusste er. Er besuchte die Soldaten im Krankentrakt, sah nach, wie es ihnen ging, verteilte hier ein lautes Schnurren, stupste dort einen mit der Nase an. Bald bewies er der ganzen Mannschaft seine Gunst. Und seine Zuneigung erfüllte die Männer mit neuer Hoffnung. Die Matrosen der *Amethyst* hatten Simon ihre Freundschaft geschenkt, und nun gab er ihnen dieses Geschenk zurück mit einer Großzügigkeit, die ihresgleichen suchte. Unter seinem wachsamen Auge blieben die so nötigen Rationen erhalten, die Crew fasste wieder Mut und arbeitete rund um die Uhr an der Reparatur ihres Schiffes. Die *Amethyst* war an den Rand des Abgrunds geraten, doch nun wagte sie im Schutze der Dunkelheit die Flucht. Sie manövrierte sich an den feindlichen Kanonen vorbei in Freiheit und Sicherheit. Sie hatten überlebt!

Vielleicht wird der ein oder andere von euch jetzt einwenden, dass diese ganze Geschichte Unsinn ist und dass felines Heldentum nur in Katzenhirnen existiert. Weit gefehlt! Überlegt nur mal, wie lange die *Amethyst* im Fluss vor Anker lag: ganze 110 Tage. Simon bewachte fast vier Monate jeden einzelnen Bissen in der Kombüse. Er war das Bollwerk, das der Mannschaft half, nicht den Mut zu verlieren. Vielleicht

glaubt ihr ja, sie hätten auch ohne ihn überleben können. Nun – ich nicht!

Als das Schiff endlich wieder auf offener See war, verbreitete sich die Nachricht vom selbstlosen Handeln der Schiffskatze wie ein Lauffeuer. Der kleine Simon war plötzlich ein großer Held. Es begann mit Berichten in Zeitungen, die die Geschichte dieses tapferen Kämpfers gerne druckten. Die Menschen waren tief gerührt von Simons Treue und seinem Mut. Aus aller Welt kamen Briefe und Geschenke für ihn. In jedem Hafen, in dem das Schiff anlegte, brachte man körbeweise Post für ihn: Dankesschreiben, Spielzeug und Katzenleckerli. Alles adressiert an: Simon auf der *HMS Amethyst*. Dazu kamen noch Auszeichnungen und Belobigungen. Simon wurde die erste Katze, die die *Dickin Medal* erhielt, das Viktoriakreuz für Tiere. Die Königliche Marine verlieh ihm sogar einen eigenen Titel: *Able Sea Cat*, was bedeutete, dass der kleine Simon als Schiffskatze Vollmatrose war. Der Streuner von den Docks wurde gefeiert. Möglicherweise war das ein bisschen viel für eine Katze von so bescheidener Herkunft, aber ihr stimmt mir doch sicher zu, dass Simon es verdient hatte.

Die meisten Berichte über Simon enden an dieser Stelle, sodass man meinen könnte, diese mutige Katze lebte von nun an glücklich bis ans Ende ihrer Tage. Simons Story endete jedoch nicht mit Medaillen und Postsäcken. Meiner Pflicht als gewissenhafter Chronistin nachkommend werde ich euch daher die ganze Geschichte erzählen. Meine Art hat nämlich längst gelernt, dass sie sich, was euch betrifft, niemals sicher sein kann. Haben wir die verräterische Seite eures Charakters nicht schon zur Genüge kennengelernt? Die folgenden Absätze berichten nämlich nicht von einem Ende, wie man es erwarten würde. Das Schiff kehrte zurück nach England – und unser Held wurde verraten.

Als die *Amethyst* in Plymouth vor Anker ging, kam der Befehl, dass Simon nicht mit der Mannschaft von Bord gehen durfte. Warum nicht? Nun, ihr erinnert euch sicher daran, dass Simon in Hongkong geboren wurde. Und wir haben auch schon über euren Wahn gesprochen, Striche auf Landkarten zu ziehen und so Nationen zu schaffen, die Menschen voneinander trennen. Dieser Irrsinn wird nicht besser, wenn er auch noch Katzen betrifft. Tapferkeitsmedaillen hin und her, wie konnte es dieser kleine Kater wagen, nicht auf dem Territorium geboren worden zu werden, das man als Großbritannien bezeichnete? Nein, ein derartiges Fehlverhalten musste bestraft werden. Denn schließlich war Simon ein *Migrant*. Er musste also auf dem Schiff bleiben. Über ihn wurde eine lange Quarantäne verhängt.

Natürlich protestierten seine Kameraden. Schließlich war er nicht nur einer von ihnen, sondern vielmehr der Beste! Aber der Befehl kam von ganz oben, nicht von Seemännern wie Simon, sondern von irgendwelchen Sesselfurzern, die das Sagen hatten, obwohl sie sich noch nie auf See die salzige Gischt aus dem Gesicht gewischt hatten. Die Sorte, denen die stolze, jahrhundertealte Seemannstradition nichts bedeutete. Menschen, für die eine Schiffskatze ... *halt nur eine Katze* war. Menschen, die nicht verstanden, dass Simon ebenso zur Mannschaft der *Amethyst* gehörte wie seine menschlichen Kameraden. Menschen, für die Regeln Regeln sind, die ohne jedes Mitgefühl befolgt werden müssen.

Als die *Amethyst* anlegte, wurde die Mannschaft jubelnd und mit wehenden Fahnen begrüßt – alle bis auf einen. Auf den Kleinsten an Bord mit dem größten Herzen wartete ein Käfig. Was für eine Ungerechtigkeit! Die Journalisten, die Simons Loblied sangen, reagierten mit müdem Spott. Simon ist in Quarantäne? Da kann er ja mit seinen Medaillen spielen, witzelte man. Und ich kann es diesen Schreiberlingen noch nicht mal übel nehmen: Sie taten das Ganze als belanglos ab, obwohl sie selbst nicht glauben konnten, was da ablief. Aber es war keine Belanglosigkeit. Am 28. November 1949 starb Simon in britischer Quarantäne.

Die Bürohengste zogen sich mit faulen Ausreden aus der Affäre. Simon sei an seinen Kriegsverletzungen gestorben. Ach ja? An den gleichen Verletzungen, die er in den Monaten seines aktiven Dienstes ohne weitere medizinische Versorgung überlebt hatte? An den gleichen Wunden, mit denen er um die halbe Welt gereist war, um nach England zu gelangen? Und jetzt, wo er in den Händen der britischen Regierung war und die allerbeste tierärztliche Versorgung hätte haben können, soll er an diesen Wunden gestorben sein? Ich glaube das nicht, und keine Katze wird das je tun. Ich kann euch nicht mit Sicherheit sagen, woran der kleine Simon zugrunde ging, aber ein paar Möglichkeiten fallen mir da schon ein. Vielleicht an einer Infektion, die er sich in seinem neuen Quartier zugezogen hat? Oder an einer britischen Katzenkrankheit, gegen die er nicht immun war?

Das mag vielleicht der menschlichen Logik genügen, aber eine Katze denkt da noch an andere Dinge, und ihr mögt mir verzeihen, wenn ich jetzt sentimental werde. Voller Dankbarkeit für die wunderbaren Menschen, die ihn, den Streuner, aufgenommen hatten, hatte Simon jeden Millimeter seines unbeugsamen Herzens gegeben. Das war genug, um die unvermeidlich scheinende Tragödie in einen Triumph umzuwandeln. Und dann hatte man sein heldenhaftes Tun einfach ignoriert und ihn den üblichen lächerlichen Regularien unterworfen. Wir Katzen halten nichts von Regeln. Das wisst ihr wahrscheinlich längst. Wir gehorchen nur den Banden der Liebe. Und wenn ihr das begriffen habt, dann wisst ihr auch, woran Simon gestorben ist. Er hatte sein ganzes Herz gegeben, und nun war es gebrochen worden!

Aber selbst mit seinem Tod ist Simons Geschichte noch nicht zu Ende. Die Untat war geschehen, aber wie reagierten seine Kameraden darauf? Sie waren nicht gehört worden, als es um Simons Quarantäne ging. Nun aber hatten sie beschlossen, dass das letzte Wort über diesen kleinen

IN
MEMORY OF
"SIMON"
SERVED IN
H·M·S AMETHYST
MAY 1948 – NOVEMBER 1949
AWARDED DICKIN MEDAL
AUGUST 1949
DIED 28TH NOVEMBER 1949.
THROUGHOUT THE YANGTSE INCIDENT
HIS BEHAVIOUR WAS OF THE HIGHEST ORDER

Kater von seinen Waffenbrüdern kommen musste. Er würde diese Erde nicht verlassen ohne die Respektsbezeugungen all jener, die ihn ins Herz geschlossen hatten. Und so löste man einige Planken vom Deck der *Amethyst* und machte daraus ein Grabmal für Simon. Schließlich war er die Seele dieses Schiffes gewesen. Es war also nur recht und billig, dass er unter einem Stück davon begraben wurde. Am Tag seiner Beerdigung begab sich die gesamte Mannschaft zu einem kleinen Tierfriedhof in den östlichen Außenbezirken von London. Man bestattete Simon mit allen militärischen Ehren und bedeckte seinen Sarg mit dem Union Jack. Natürlich verstieß auch dies gegen die Regeln, aber die Mannschaft hatte beschlossen, dass die Wahrheit nicht irgendwelchen Vorschriften geopfert werden durfte: In diesem Grab ruhte nicht nur ein tierischer Freund, sondern einer der besten Seeleute, die je in der Royal Navy gedient hatten.

Nachdem Simon das Zeitliche gesegnet hatte, tat die Mannschaft noch etwas zu seinem Gedenken. Alle wussten, dass es keinen Zweiten wie ihn geben würde, doch sie blieben ihrer Verpflichtung ihm gegenüber treu. Um sein Andenken zu ehren, beschloss man, dass die *Amethyst* nie wieder ohne Schiffskatze in See stechen sollte. Und tatsächlich fand man auch eine von der richtigen Art – einen abenteuerlustigen Kater, zäh und klug, neugierig und treu. Aber natürlich brauchte er einen Namen, und das war keine einfache Sache. So ein Name ist schließlich wichtig. Es musste einer sein, der die besten Eigenschaften einer Seefahrerkatze hervorhob. Ein Name, der für Ehre stand, Entschlossenheit und Mut. Für Größe und vor allem für Tradition. Nun, wenn ein Name all das ausdrücken sollte, dann gab es wohl nur eine mögliche Lösung ... Und so nannte man die neue Schiffskatze Simon II.

Nein, meine Freunde, das Original wäre nicht beleidigt gewesen. Schiffskatzen wissen, was die Gesetze der Seefahrt fordern: Ein Schiff muss weitersegeln, egal, von wo der Wind weht. Und in den Augen der Crew war es die höchste Anerkennung für Simon, wenn man auf diese Weise seines Namens gedachte. Aber das Erbe sollte nur kurz Bestand haben, denn Simons heldenhafte Dienste markierten den Höhepunkt eines Zeitalters, das bald zu Ende gehen sollte. In den 1970ern wurden Katzen an Bord rundweg verboten. Die Schiffe, die nun die sieben Weltmeere befuhren, waren aus Stahl, nicht mehr aus Holz. Und es gab andere Methoden, um mit Nagerplagen fertigzuwerden. Wofür sollte man da heute noch eine Katze an Bord brauchen? Nun, ich nehme mal an, die Seefahrer früherer Zeiten hätten dazu einiges zu sagen gewusst, aber ihre Stimmen fanden kein Gehör im Gewirr der Geschichte.

Zu jener Zeit waren die hölzernen Planken auf Simons Grab längst dem Zahn der Zeit zum Opfer gefallen. Doch seine Mannschaft hatte ihn nicht vergessen, und so ersetzte man das ursprüngliche Grabmal durch eines aus Stein, das bis in alle

Ewigkeit bestehen würde. Dieses trägt zwar nur den Namen einer Katze, doch wir verstehen es als Gedenken für alle Katzen, die Simon vorangegangen sind. All jene felinen Abenteurer, Seefahrer, Piraten und Schurken, die sich gegen Unterdrückung zur Wehr gesetzt und heroisch unter den Menschen ihren Dienst geleistet haben. Einige ihrer Geschichten konnte ich hier erzählen, andere gerieten mit der Zeit in Vergessenheit. Nur die Wellen, die uns wieder an Land trugen, erinnern sich ihrer.

Ja, meine Freunde, wir hatten jetzt eine ganze Weile keinen festen Boden mehr unter den Füßen. Nun aber verlassen wir die schwankenden Planken, um unsere Reise fortzusetzen. Als Simon starb, hatte sich vieles massiv verändert. Wir Katzen sollten einmal mehr zu den Lieblingen der Menschen werden. Es gab schließlich einiges nachzuholen. Doch dieser Wandel sollte langsam vonstattengehen. Also macht die Schotten dicht, wir segeln hart am Wind der Geschichte ins 17. Jahrhundert. Und bleibt hübsch in Deckung, denn es sieht so aus, als fielen Schüsse. Eine Schlacht muss geschlagen werden – die Schlacht um die Wiedergutmachung für uns Katzen.

CATS THAT FOLLOW THE SEA AND ROAM THE WORLD

They Change Ships at Will and Are Known in Every Por[t] From New York to Far-Off Hongkong and Nagasaki

"Hors d'Oeuvres"

By WARREN IRVIN

CAPTAIN RIDLEY TAYLOR of the Fabre Line freighter Bankdale first called the pier-jumpers to my attention in Marseilles. We were walking along the docks near a weather-beaten British tramp, which had been loading general cargo for Bombay and was preparing to shove off. The monotonous clanking of anchor chain forward stopped, and from the bridge came the command: "Rig in your gangway and let go the head lines."

At that instant a grimy black-and-white cat emerged from a pile of crates beside me, darted across my feet, ran up the gangway and disappeared. The animal displayed such amazing agility that I stopped to watch it, and Captain Taylor, noting my interest, explained: "That was a pier-jumper, a sea-rover cat. These are the drifters of the cat family and they roam about the world, changing ships at will.

"They are an amazing species. They seem to know instinctively when a vessel is leaving port. I have seen them disappear down the gangway a few minutes after we had docked, and never show themselves again until just before sailing time. And I have heard of them quitting a ship in one port and rejoining it at the other side of the globe.

"Sometimes in port you'll see a dozen of them congregated at the end of a dock, like sailors just home from a long voyage who have got together to swap yarns or compare the relative merits of their ships. I know of no other animal that hates constraint so much as a cat. In many respects they are remarkably like human beings."

Captain Taylor was right—cats are remarkably like humanity. There is the feline "four hundred," with its blue-blood ribbon-winners listed in special registers; there is the bourgeoisie, the pampered pets of shopkeepers or lonely spinsters; there is the prowling tom of the underworld that lurks in deserted alleyways at night, and then there is the adventurous, roving sailor cat that follows the call of the sea.

When the great ports of the world are sleeping these feline sea-rovers are gathering in the shadows of deserted warehouses to celebrate shore leave. There are tabbies from Antwerp and Cardiff, toms from Frisco and Montreal, sly-eyed felines from Rio, Nagasaki and Hongkong, from Bangkok, Bombay and Aden. Grizzled and war-scarred veterans who have lost eyes or ears or tails rub noses with half-grown kittens spending their first nights ashore. Old cats, young cats, cats of all colors and breeds; cats who have stood in the cross-trees of barkentines and basked in the tropical sun; cats who have fled from the arctic blasts to the welcome shelter of engine rooms.

Almost from time immemorial cats have been going to sea. The ancient Romans were so well acquainted with their roaming habits that in Rome the cat became a symbol of liberty. The Goddess of Liberty was represented holding a cup in one hand, a broken sceptre in the other, and with a cat lying at her feet.

⁂

AT best cats are but indifferently submissive to human will. Aboard ship some become great pets, while others behave as though they owned the vessel and "high-hat" everybody—that is, everybody but the cooks. Cats have been known to stick to one ship for many years and then suddenly, for no apparent reason, desert it for another. Sometimes they will bring companion cats aboard as temporary guests while in port, or as passengers for a voyage. Females sometimes take unto themselves a tom; and, failing after one or two voyages to rid either the ship or themselves of him, leave that vessel flat. Roy Urban, wireless operator of the President Polk, tells a story of a ship's cat that deserted the San José while that ship was in Puerto Castella and rejoined it later at New Orleans. But stories of ship's cats are as plentiful as rats in ships' holds. Most ships want them and are glad to have them aboard, for they kill rats and mice which do vast damage to a ship's cargo.

Usually, however, sailors dislike black cats, the popular superstition being that they bring bad luck. There are exceptions. The United Fruit Company's San Pablo carries four of the blackest cats that ever graced a steamer's deck. They were aboard when the San Pablo rode the hurricanes which did vast damage in Miami and Havana a few years ago and came through unscathed. And on other occasions, with these four mascots aboard, the San Pablo has encountered waterspouts off Florida and escaped without damage.

Cats Are Well Taken Care of by the Crew.

Not long ago the crew of the fishing schooner Clifton of Wildwood, N. J., rebelled when they found Captain Hilding Peterson had taken aboard a black cat. They demanded the captain throw the cat overboard, but he refused and put it in his cabin for safe keeping. The cat escaped and ran up into the rigging. Captain Peterson dared not ask any of the crew to bring his pet down, so he climbed up after it himself. And lo! from the crow's nest, where the cat had lodged, the captain spied a great shoal of baby mackerel trying to escape the attack of a school of bluefish. Dories were quickly lowered, encircling the entire school with seines, and three hours later the boats returned with their catch. They filled 400 barrels, which brought $7,000. Not only did that black cat stay aboard the Clifton, but the crew took up a collection to buy it a silk cushion and a case of condensed milk.

The case of Minnie, the black-and-white pet of the Furness-Bermuda liner Fort St. George, illustrates the stick-to-it-iveness of ships' cats. Fifteen times Minnie has been ejected from the Fort St. George, principally because of her numerous offsprings, but each time she has come back. Once a sailor took her to Broadway and Seventy-second Street and bade her a fond farewell, but when the liner entered Hamilton Harbor, Bermuda, a few days later Minnie appeared on deck.

Ben Fidd, the veteran watchman at the Cunard Line piers, used to say that London cats were always homesick in foggy weather, and he would point to Cuthbert, at that time a leader in feline society on the Chelsea piers, as proof of this assertion.

"It's a funny thing," Fidd would say, "how London cats get homesick in foggy weather. Cuthbert hasn't been the same cat since the fog started here two weeks ago. He's so homesick I can't even tempt him to eat a nice breakfast of fried fish. We had a fine cat just like him when I was bo'sun of the Saucy Sarah, trading from London to Rangoon in 1882. He was called Tinker, and was what you might call a haughty cat. He lived aft with the officers. Tinker tolerated the cook because 'Slushy' used to feed him bits from the cabin table, and he was fairly friendly with me because I had been shipmates with his father on the old Whampoa in the China trade. But he despised the crew for'ard. And that was his downfall.

"Tinker was so homesick when the ship ran into a fog, no matter what latitude we were in, that the Old Man and the mates could do
nothing with him. He would ru[n]
up on deck and dash up the fo[re]
rigging as far as the futtoc[k]
shrouds, through the lubber ho[le]
to the foretop and mew so long an[d]
so loud that the officer on watc[h]
on the poop couldn't hear the loo[k]
out man, and would cuss Tinke[r]
like a good 'un.

"One Christmas Eve we we[re]
homeward bound for London an[d]
off Dover we ran into a thick fo[g]
in the Channel. The Old Man f[i]
nally decided to heave to and wa[it]
for a tugboat to tow the packet [to]
London. When the hands went o[n]
the upper fore topsail yard to tak[e]
a turn with a gasket to prevent th[e]
sail from flapping, Tinker was ou[t]
on the yardarm and somehow h[e]
got knocked off, whether by acc[i]
dent or on purpose I never foun[d]
out. The Old Man, who was on th[e]
poop, heard the frantic mewing a[s]
the cat dropped through the fo[g]
into the sea and was quite ups[et]
about it. But that was the last o[f]
Tinker. There was quite a proce[s]
sion of pals down the ship to mee[t]
him and we had a lot of troub[le]
explaining why he wasn't ther[e]
and Cuthbert, I'm afraid, will di[s]
appear off the pier one of thes[e]
foggy days if he's not a bit mor[e]
careful in the way he behaves [to]
longshoremen."

Benn Fidd's prophecy came tru[e].
Cuthbert did disappear after tha[t],
but whether he met the fate o[f]
Tinker or whether he just paid [a]
flying visit to England was neve[r]
found out.

⁂

THERE have been many "pi[er]
jumpers" who have made fo[r]
themselves a world-wide rep[u]
tation. There was a Minnie wh[o]
selected Montreal as her home por[t]
and who shipped from there to man[y]
ports, but always came back. Larg[e]
families was her great drawback
also, and she seldom was permitte[d]
to make more than one voyage [on]
a ship. No one ever knew wha[t]
Minnie's exact mileage was, bu[t]
she had been accounted for n[ot]
once but many times in a score o[f]
ports in various sections of th[e]
world. However, in 1922 Minnie a[...]

(Continued on Page 16)

They Sleep in a Coil of Rope.

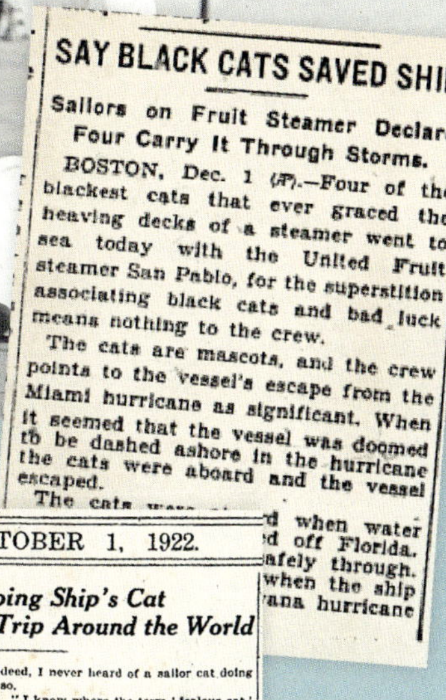

SAY BLACK CATS SAVED SHIP

Sailors on Fruit Steamer Declare Four Carry It Through Storms.

BOSTON, Dec. 1 (AP).—Four of the blackest cats that ever graced the heaving decks of a steamer went to sea today with the United Fruit steamer San Pablo, for the superstition associating black cats and bad luck means nothing to the crew.

The cats are mascots, and the crew points to the vessel's escape from the Miami hurricane as significant. When it seemed that the vessel was doomed to be dashed ashore in the hurricane the cats were aboard and the vessel escaped.

The cats ... d when water ... d off Florida. ... afely through. ... when the ship ... vana hurricane

SUNDAY, OCTOBER 1, 1922.

Captain Seeks a Sea-Going Ship's Cat To Sign On for a Trip Around the World

Captain Edwin Dyason, master of the freighter Woodfield, will welcome any ablebodied seafaring cat wishing to join the crew of his vessel, sailing today for Manila and China.

"We missed the ship's cat shortly after we put into port here," said the captain as he entertained a few friends aboard on the eve of a voyage which will take him almost around the world. "Her name was Cleopatra. She joined on at Fremantle, Australia, and did one voyage with us. Now she has left us 'flat.'"

One of the party offered to give the captain a fine Angora kitten, but he refused the gift with thanks, saying: "It would be useless to try to keep it on board. Only seagoing cats are any use on a vessel.

"Joking aside, sea cats are a race in themselves. Why, a land-lubber cat wouldn't know how to take care of itself in a rough sea. But a sailor cat knows just what pile of ropes to hide under. It stays there and waits for fair weather before it reappears to demand rations.

"No, the seafaring cat is no joke. What is more, plenty of them have never been on shore at all. They are born at sea, live on ships and when they die they go down to Davy Jones's locker. Almost every time we start on a voyage we find one or more strange cats on board. They often change ships, but seldom give up the sea for the land. Indeed, I never heard of a sailor cat doing so.

"I know where the term 'jealous cat' originated. I once had a cat—my favorite of all—named Margaret. She became so attached to me that she wouldn't allow the other cats aboard to go into my cabin. She was even jealous of her own kittens.

"Sometimes when several cats are aboard they assign parts of the ship to themselves, and will not allow others within their particular precincts. One old boy we had kept every cat aft but himself, and proud he was of his power to do so. No, sir, ships' cats and the ordinary domestic variety appear to be two distinct species.

"I'll lay a wager we have a cat to replace the capricious Cleopatra before we leave the dock. What is more, the newcomer will undoubtedly bob up serenely of her own free will, having decided in her clever feline brain that she would like to join on for the voyage."

For twenty-seven years Captain Dyason has been a ship's master. His only other hobby is music, which he indulges by means of a specially seaworthy phonograph and cabinet containing a thousand records. During the war he was master of the Weisbach Hall, which was torpedoed in the Mediterranean, sinking within five minutes, with the loss of four men. The Woodfield's voyage will last almost a year.

ben: Alle Pfoten an Deck! Die *USS Nahant* war in 200 Fuß langes Kanonenboot mit einem ;-Zoll- und einem 11-Zoll-Geschütz an Bord, ner Crew aus 75 Männern … und zwei Katzen! ieses Foto wurde im Spanisch-Amerikanischen rieg aufgenommen.

itte: Schluss mit der jahrhundertelangen erfolgung. Dieser Ausschnitt aus einer amerikaschen Zeitung vom Dezember 1926 berichtet, ass allem Aberglauben zum Trotz die Mannhaft eines Bostoner Dampfers schwarze Katzen s Glückskatzen ansah. Man stach nie ohne eine olche an Bord in See!

nke Seite: Schon in den 1920ern feierte an uns für unsere jahrhundertelangen erdienste um die Seefahrt. Diese Titelstory s *New York Times Magazine* vom 14. Oktober 28 erzählt die Geschichte der Schiffskatzen – it Illustrationen. Der Mensch ist manchmal hwer von Begriff, aber zu guter Letzt habt r's doch noch kapiert!

Unten: Ich habe euch doch gesagt, dass kein Seemann, der etwas auf sich hält, ohne Katze in See sticht. Der Kapitän des Frachters Woodfield, der von New York aus aufbrechen und ein Jahr im Pazifik unterwegs sein würde, schaffte es, dass die *New York Times* seine Suche nach einem kätzischen Matrosen mit einem Artikel unterstützte.

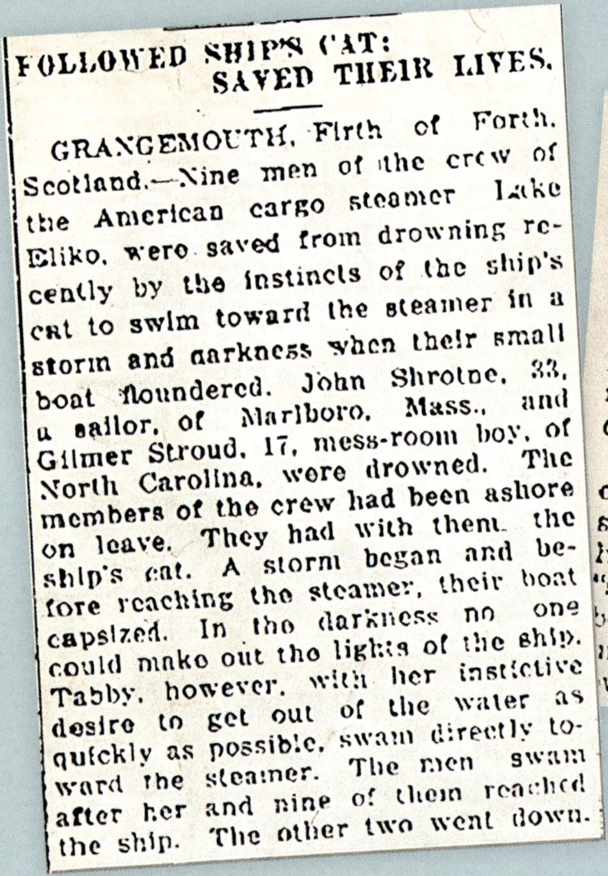

FOLLOWED SHIP'S CAT: SAVED THEIR LIVES.

GRANGEMOUTH, Firth of Forth, Scotland.—Nine men of the crew of the American cargo steamer Lake Eliko, were saved from drowning recently by the instincts of the ship's cat to swim toward the steamer in a storm and darkness when their small boat floundered. John Shrotne, 33, a sailor, of Marlboro, Mass., and Gilmer Stroud, 17, mess-room boy, of North Carolina, were drowned. The members of the crew had been ashore on leave. They had with them the ship's cat. A storm began and before reaching the steamer, their boat capsized. In the darkness no one could make out the lights of the ship. Tabby, however, with her instictive desire to get out of the water as quickly as possible, swam directly toward the steamer. The men swam after her and nine of them reached the ship. The other two went down.

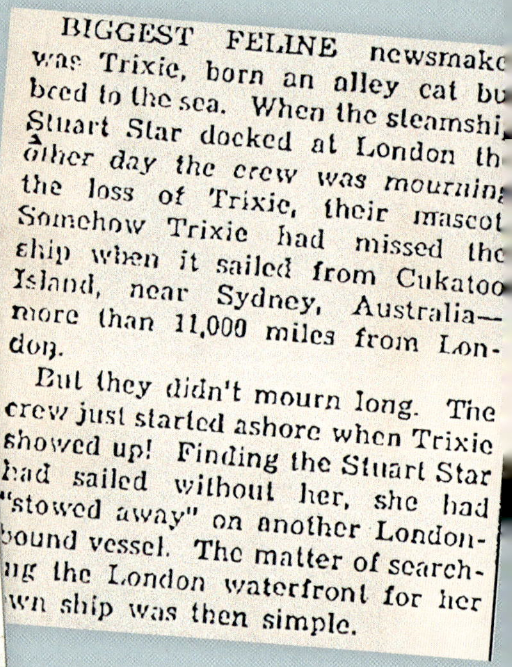

BIGGEST FELINE newsmake was Trixie, born an alley cat bu bred to the sea. When the steamshi Stuart Star docked at London th other day the crew was mourning the loss of Trixie, their mascot Somehow Trixie had missed the ship when it sailed from Cukatoo Island, near Sydney, Australia— more than 11,000 miles from London.

But they didn't mourn long. The crew just started ashore when Trixie showed up! Finding the Stuart Star had sailed without her, she had "stowed away" on another London-bound vessel. The matter of search- ng the London waterfront for her wn ship was then simple.

Oben links: 1920 wurde die Schiffskatze Tabby zur Heldin erklärt. Sie rettete ihre Kameraden von der *Lake Eliko* vor dem sicheren Tod. Deren Rettungsboot sank vor Schottland, aber die Geschichte ihrer Rettung ging um die ganze Welt. Dieser Zeitungsausschnitt erschien im *Morning Republican* in der Ausgabe vom 17. März – im kalifornischen Fresno.

Oben rechts: Die Ausgabe vom 27. Juni 1937 der *Parade of Youth*, einer beliebten Sonntagsbeilage zu amerikanischen Zeitungen, erzählt die Geschichte der längsten dokumentierten Reise einer Schiffskatze. Trixie verpasste ihr Schiff in Sydney, ging jedoch in London – also 11 000 Meilen entfernt – wieder an Bord.

Rechte Seite: Das *Centre National d'Études Spatiales* entwickelte einen bequemen Katzenkorb, was an sich kein Verdienst ist, aber er hielt Felicette am Leben. Die Pariser Straßenkatze wurde 1963 berühmt, weil man sie in den Weltraum schoss. Der Zeitungsausschnitt erschien im *Philadelphia Inquirer*, das Foto stammt aus der *Pittsburgh Press*.

C'est la vie!

Space Cat

Vive la Felicette!

THE United States used monkeys; Russia used dogs in space vehicle test flights. But with Gallic independence the French use cats. Felicette, shown here, was chosen from 14 feline candidates because her weight was right the morning of the flight; the others had eaten too much. Centered in her skull, an electrode recorded readings of her brain processes as she roared over the Sahara desert and 100 miles into space.

technician prepares to insert the "harnessed" cat into the type of linder which will be her space capsule during the actual space flight.

Letter to a Hero

Following is a letter from Lottie the cat to Simon, hero cat of HMS Amethyst, wounded by shell splinters and awarded the Dickin Medal for catching rats under fire:

Dear Simon:—

I hope you won't think it too terrible of me to write to a perfect stranger, but I was so thrilled by your exploit that I felt I must.

Of course, we don't have rats in our house, so I have never seen one and feel sure I would be terrified if I did.

The cats I know often boast about the rats they have caught.

Some of the older ones talk of practically nothing else, the rats getting bigger every time they tell the story.

But although we live by the sea I don't know one who has ever been inside a boat, so you can imagine I was pop-eyed when I heard about you in that warship, wounded and carrying on as if nothing had happened.

Are you wearing a bandage round your head? I would like to think of you wearing a bandage, as I think they're so becoming.

Before going any further perhaps I ought to tell you something about myself.

I am a tabby, 2½ years old, with white chest and paws, large eyes, and have heard myself described by passing cats as a smasher.

My American boy friend, Manhatta[n] Mouser, has described my figure as a "swe[et] chassis," and calls me his "Sugar Puss[."]

He says I am the only she-cat he know[s] who sways her hips when she walks, an[d] that I could knock all the cats on Broadwa[y] for a row of sardine cans.

Although we are friends, he is not r[eally] steady, as he is rather old for me, thou[gh] full of life and always ready to "go place[s."]

But even if an older cat has poise a[nd] knows his way around, and is inclined to spoil a girl, I always think of him as a sugar daddy rather than a boy friend, and one always has to consider the future when they get quite old and you are still attractive.

I expect you'll think I'm awful telling you all this, but I've always wanted to meet a sailor cat, especially navy types.

They must be so interesting and refreshing after all the dull cats you meet who never go anywhere but on the same old tiles and up and down the same old alley.

never go anywhere but on the same old tiles and up and down the same old alley.

I think of you as young, gay, and, of course, gallant, and would love to have a photograph of you.

When you get leave in England do pop in and see us. My people are awfully reasonable about callers and the butcher's awfully generous about lights. Don't forget now.

Your sincere admirer,

LOTTIE GUBBINS.

Simon—the Cat—Not Forgotten

IN A LONDON ANIMAL CEMETERY, two youngsters read the inscription on a new tombstone erected o the grave of Simon, the cat, mascot of H.M.S. Amethyst, British vessel involved in the Yangtze River incident last year. As a result of his behavior during the shelling of the ship, Simon was awarded the Dickin Medal and the Victoria Cross for animals. The youngsters are Donald and Stephanie Jones, 5-year-old children of an employe of the cemetery.

A MEDAL FOR SIMON

LONDON, Aug. 4 (A.A.P.). —Simon, the cat aboard H.M.S. Amethyst, who received shrapnel wounds during the ship's exploits on the Yangtse River, will be awarded the "animal's V.C." — the Dickin Medal.

Fifty-three dogs, horses, and pigeons have the medal, but Simon will be the first cat to recei[ve]

AMETHYST'S CAT DEAD

Simon, the Amethyst's cat, has died in quarantine at Hackbridge, Surrey. His death is thought to have been caused by the cold weather and by the wounds he received in the Yangtze action. He had been awarded the Dickin Medal and was also to receive a decoration from the Blue Cross Society, London. He will be buried in the cemetery of the People's Dispensary for Sick Animals at Ilford, Essex.

Mehrere Zeitungsausschnitte, die über Simons heldenhafte Dienste berichten und über seinen tragischen Tod. Mein Favorit ist der Brief von Lottie, der Katze. Der Applaus von Menschen ist uns zwar auch genehm, aber kann es etwas Schöneres geben als kätzische Groupies?

RAT CATCHING UNDER FIRE NETS FIRST MEDAL FOR CAT

London, Aug. 4.—(AP)—For catching rats in time of extreme danger, Simon, the sloop Amethyst's cat, is to get a medal.

It's the Dickin Medal which, to animals, ranks with the Victoria Cross, Britain's highest award. The Allied Forces' Mascot Club will present it.

Among the 53 mascots already holding the medal, Simon will stand out. He's the first cat. The others are dogs, horses and pigeons.

Simon was aboard the British sloop when it ran the Chinese Communist gauntlet down the Yangtze last week end after three months of virtual captivity. He had been wounded by Communist shrapnel when the ship was first attacked in April, but kept right on catching the rats that threatened the ship's meager supplies.

The Allied Forces Mascot Club will present the medal.

Twenty-One Guns for Simon, D.M.

"All hands on deck and stand muster!" the command rang out.

The sailors quickly formed ranks for roll call. Last of all came Simon, yawning and stretching from his sleep.

He was the only member of the crew of the H.M.S. Amethyst who didn't have a gun. But he had other weapons.

He had sharp teeth and claws. He used them with deadly effect

on his enemies, the rats who came aboard. Simon was a cat.

The Amethyst was in the Yangstze River in 1949, trying to carry supplies to the people of the British Embassy. Each time the ship stopped at a port the rats would come aboard, carrying disease germs and fighting savagely to get at the food and supplies.

There was only Simon to fight back at them.

It was bad enough in any port but the worst came when the ship ran aground at Rose Island and damaged the gear. Within minutes the enemy shells were coming thick and fast. The Captain was killed and Lt. Commander Kearns took charge.

After the volunteers had left, there were only 115 men on board to defend the ship against the Chinese Reds. There was only Simon to defend the ship against the rats.

Of the entire crew, not one put up a more determined and courageous battle. He risked death every day from their poison-laden teeth and from the gunfire that whistled about him.

For three months the fighting went on. One day Commander Kearns said to Simon. "Our supplies are getting low. A lot depends upon you. Unless you can keep on fighting, the rats will carry off what little food we have left and we'll have to surrender."

Simon arched his back. He would fight to the bitter end.

Finally the gear was repaired and the ship made a run for safety. When Commander Kearns arrived in London he carried a dispatch recommending Simon "For gallantry in performing a vital service in behalf of H.M.S. Amethyst."

Simon had to obey the rules and stay in quarantine for six months but when the word went out that he was to receive the Dickin Medal he was visited by scores of reporters and photographers.

Simon was the first cat ever to be recommended for the medal, which is awarded to animals that perform deeds of heroism.

Unfortunately he was so weakened by his months of fighting that he died before the medal could be awarded. And so it was received by members of the crew for whom he had given his life.

Simon, the Cat, Is British Hero

Receives Dickin Medal For Shipboard Heroism

LONDON, ENGLAND.—It's etiquette, when referring to Simon the cat, to call him Simon, D. M.

The initials stand for Dickin medal, which is the very highest British honor any cat can win, or ever has won. Simon is the first.

Simon, about 2 years old, distinguished himself when the British sloop Amethyst was crippled on the Yangtse river by Chinese Communist shell fire. Although wounded by shrapnel and singed by fire, the official dispatches said, Simon went right on with his duty of clearing the ship of rats.

Simon's attachment to the ship and its crew was hailed as an example of devotion which did much to bolster the morale of British sailors when the vessel ultimately made its sensational dash to the sea and freedom.

So Simon gets the Dickin medal, and when the Amethyst steams into Plymouth the bands will play, there will be a lot of gold braid about, and an admiral will make a formal presentation of the medal.

It is about as big as a mouse, and about the same color and what Simon will think of the fuss there will be no knowing. But he does join a distinguished company of birds and beasts who have received what the British call the "animals' Victoria cross." Fifty-three have received it.

It takes its name from a 79-year-old lady Mrs. Mia Elizabeth Dickin O.B.E. (Order of the British Empire) friend of animals and founder of the people's dispensary for sick animals.

The medal is presented in the name of the allied forces mascot club, a subsidiary of the dispensary association.

No civilian beasts can get into the club, or hope to win the medal. It's strictly a military outfit. The beast or bird must have been an authentic mascot of a service unit, and must be proposed for membership by a commanding officer.

So it's an exclusive lot, despite the fact that some of the members are mongrels and broken down horses who wouldn't win any beauty

WIEDERGUT-MACHUNG

DIE AUFKLÄRUNG UND DER WEG DER KATZE IN DIE MODERNE

Die Jahrhunderte der Verfolgung hatten uns viel gekostet, aber sie konnten uns nicht ausrotten. Europas Feliden hatten herbe Verluste erlitten, deren Ausmaß sich kaum abschätzen lässt. Doch eine Katze gibt niemals auf. Wir sind Überlebenskünstler, und zu Beginn des 17. Jahrhunderts arbeiteten wir entschlossen daran, uns von Neuem den Weg in eure Herzen zu bahnen. Machen wir uns nichts vor: Der Aufstieg würde seine Zeit dauern, und er war alles andere als einfach. Aber wir hatten den schlimmsten Verrat erlitten, dessen die Menschheit fähig war, und waren gestählt für alles, was da noch kommen mochte. Freunde und Feinde rüsteten sich für die Schlacht. Die Front verlief mitten durch die Pariser Salons, die den Ton in Europa angaben. Alle Samtpfoten machten sich bereit, während in dem Zeitalter, das ihr die Aufklärung nennt, kluge Visionäre gegen den alten Aberglauben vorgingen und der Katze wieder ihren angestammten Platz zuwiesen. Der Wind der Zeit, der so lange gegen uns gewesen war, blies nun aus einer anderen Richtung. Und als es endlich so weit war, trugen uns die Wellen zurück zu der Liebe, die man uns so brutal entzogen hatte.

In den 1620er-Jahren fanden wir einen wichtigen Verbündeten, der uns völlig ergeben war und auf die Meinung der Leute pfiff. Natürlich hatte es immer Außenseiter gegeben, die trotz allem auf unserer Seite standen, und auch unter ihnen fand sich so manch großer Name. Aber deren Zuneigung zu uns wurde häufig als exzentrisch abgetan, was ihrer Stimme an Gewicht nahm. In diesem Fall aber war alles anders. Wir hatten einen Fürsprecher gewonnen, den man nicht ignorieren konnte. Einen, der am Gipfel der Macht stand und seinen Schatten über den gesamten Kontinent warf. Kardinal Richelieu, Erster Minister Ludwigs XIII. und Architekt der französischen Vorherrschaft in Europa, liebte Katzen.

Dieser Mann war berüchtigt dafür, sein Amt mit eiserner Faust auszuüben. Er versetzte die gekrönten Häupter Europas in Angst und Schrecken und taktierte mit ihren Imperien wie mit Spielfiguren auf einem Schachbrett. Nicht einmal seinen Namen wollte man laut aussprechen. Man nannte ihn allgemein die »Rote Eminenz«. Und seine Katzen? Zu ihnen war er so sanft wie ein Lamm. Uns beim Spielen zuzusehen war seine liebste Freizeitbeschäftigung, an der er sich schon frühmorgens erfreute, wenn seine Diener die Katzen an sein Bett brachten. Er war den ganzen Tag über von Katzen umgeben, immer von mindestens einem Dutzend. »Der Mitra tragende Tyrann Frankreichs«, schrieb einer seiner Zeitgenossen, »findet nur in Gesellschaft der miauenden Art ein Stück Menschlichkeit.« Die damit aber auch schon wieder endete, denn man sagt ihm nach, er habe mit der einen Hand eine Katze gestreichelt, während er mit der anderen Todesurteile unterzeichnete. Nun waren es die Menschen, die zitterten, denn das Blatt hatte sich gewendet!

Die Höflinge waren entsetzt über die Schwäche des Kardinals für die Samtpfoten. Auch ausländische Botschafter schüttelten den Kopf. Aber niemand wagte auch nur ein Wort zu sagen, denn dieser Mann kontrollierte den französischen König. In seinem Schloss südwestlich von Paris ließ er ein Katzenhaus bauen, das von zwei Dienern betreut wurde. Sie servierten seinen Bewohnern zwei Mal täglich eine feine Paté aus Hühnerbrust. Richelieu starb 1642, und während Europas Herrscherhäuser den Tod ihres Feindes bejubelten, wurde der Kardinal von seinen Katzen gebührend betrauert, denn er war ihnen ein Freund gewesen. So sehr, dass er in seinem Testament verfügte, dass seinen felinen Gefährten – 14 an der Zahl – auch nach seinem Tod ein schönes Leben zu gewähren sei.

Und der Kardinal hatte noch ein weiteres Erbe hinterlassen, das allen Katzen zugutekommen sollte. Er hatte uns in den höchsten Kreisen Frankreichs hoffähig gemacht, sodass bald immer mehr Franzosen für uns Partei ergriffen. Mochte der unsägliche Ludwig XIV. noch so gerne Katzen auf der Place de Grève verbrennen, seine Hofdamen folgten der neuesten Mode und nahmen uns in ihr Boudoir auf. Schluss mit Schoßhündchen, die Damen suchten kultivierte Gesellschaft bei den Samtpfoten – und das selbst in unmittelbarer Nähe des Sonnenkönigs. Prinzessin Elisabeth Charlotte, Gattin seines Bruders Philippe I., Herzog von Orléans, war der Meinung, dass Katzen zu den bezauberndsten Geschöpfen der Welt zählen. Antoinette Deshoulières, eine der Hofdichterinnen, verfasste Briefe an ihre höfischen Freunde unter dem Pseudonym ihrer Katze Grisette. Und als das Lieblingskätzchen der Duchesse du Maine starb, war es François de La Mothe Le Vayer, der Hauslehrer des jungen Königs, der die Grabrede verfasste. Und er holte weit und mit großem Eifer aus: Er erinnerte an die Samtpfoten des ägyptischen Altertums und schrieb, dass die Katze der Herzogin ebenso göttlich war wie diese.

In der Zwischenzeit widmete die berühmteste Harfenistin ihrer Zeit, Mademoiselle Dupuy, ihre musikalischen Talente einer Katze mit feinem Ohr. Ihr Urteil war unfehlbar. Die Kleine saß zu Füßen Dupuys, und wenn sie gut spielte, blieb sie sitzen. Bei falschen Tönen jedoch zeigte sie unverblümt ihre Abscheu. Auf diese Weise zwang sie Dupuy stets, ihr Bestes zu geben. Als die Musikerin starb, mussten die Hinterbliebenen erfahren, dass diese Katze und eine zweite, die Dupuy bei sich aufgenommen hatte, beide Häuser erbten und dazu noch genug Geld, um bis an ihr Ende ein behagliches Leben zu führen. Ihre gierigen menschlichen Anverwandten fochten das Testament an, weil sie Betrug vermuteten, und die Katzen hatten vor einem Gericht des 17. Jahrhunderts natürlich keine Chance. Trotzdem war klar, dass unsere Zeit gekommen war. Sonnenstrahlen brachen durch die dunklen Wolken, und wenn Madame Dupuys Katzen auch den Rechtsstreit verloren, so gab es doch viele weitere Schlachten, die erfolgreich geschlagen wurden.

Ja, meine Freunde. Frankreich stand ein echter Catfight bevor. Die ersten Auseinandersetzungen wurden in den 1720ern ausgetragen. Zu jener Zeit hatten wir einen weiteren wichtigen Verbündeten gefunden, einen Mann der Feder, der unverbrüchlich für unsere Sache eintrat. Natürlich gab es noch mehr Schriftsteller, die ihre Zuneigung für ihre kätzischen Gefährten in Worte fassten. Doch François-Augustin de Moncrif wurde als Historiker so hoch geschätzt, dass man ihn zum Historiografen von Ludwig XV. machte. Und

Et à la me

noire de
ni

dieser großartige Mann beschloss, der Welt von unseren Tugenden zu berichten. Er verwendete sein Talent, um das weltweit erste Buch zu verfassen, das nur von Katzen handelte! 1727 wurde seine *Histoire des chats* veröffentlicht, eine Sammlung von Geschichten, Gedichten und Briefen, nur über uns. Die illustre Gesellschaft der Katzenliebhaber in Paris feierte das Werk natürlich, und ich würde euch zu gerne berichten, dass es auch von einem breiten Publikum wohlwollend aufgenommen wurde.

Doch leider kann ich das nicht, denn das war nicht der Fall. *Weit gefehlt!*

Moncrifs Buch war eine mutige Tat, eine öffentliche Ehrenrettung im Kampf um unsere Rehabilitierung – doch unsere Gegner schossen zurück mit einer Häme, die selbst der Historiker nicht erwartet hatte. Man nannte ihn künftig *l'historiogriffe*, der »Krallen-Historiker«. Er wurde auf der Straße verspottet, die Menschen rannten hinter ihm her und ahmten unser Miauen nach. Er hatte den Mut gehabt, sich für uns einzusetzen, und wurde deshalb zum Gespött der Leute. Natürlich war die öffentliche Ablehnung schmerzhaft, aber Moncrifs Kritiker wurden bald wieder leiser, denn sein Buch war nach wie vor ein wertvolles Stück Arbeit, und wer es kannte, ließ sich von der alten Propaganda nicht beirren. Man nahm Moncrif sogar in die prestigeträchtige Académie française auf.

Eine der bedeutendsten Gelehrtengesellschaften Europas verneigte sich vor einem Katzenforscher! Ernsthaft? Moncrif hatte über *Katzen* geschrieben, war für viele noch immer ein Affront war. Und so wurde seine Antrittsrede bei der Académie zur Kulisse eines bösen Streichs. Als er zum Podium ging, ließen seine Widersacher Dutzende streunender Katzen auf die Zuhörer los. Die heimatlosen Katzen aus den Straßen von Paris fauchten und kratzten, was sie nur konnten, um sich zu befreien. Und so wurde das größte Ereignis in Moncrifs Leben zur Farce, weil er unter den Lachsalven des Publikums kein Gehör mehr fand. Menschen verhalten sich gegenüber Angehörigen ihrer eigenen Art mitunter sehr grausam und gemein. Und natürlich kam der Streich gut an, denn die verängstigten Katzen schadeten ausgerechnet dem Mann, der sie am leidenschaftlichsten verteidigt hatte.

Der arme, edle Moncrif! Es fehlte ihm an sozialem Einfluss, den ihr Menschen so wichtig findet. Und weil seine Stimme kein Gewicht hatte, gelang es ihm nicht, die Angriffe unserer Gegner abzuwehren. Doch sie sollten sich ihres Sieges nicht lange erfreuen. Denn nun kam uns eine neue Macht zu Hilfe, die das Banner der felinen Befreiung hochhielt. Einfluss hatte sie in Frankreich genug. Ich spreche von Marie Leszczynska, der Tochter von König Stanislaus I. von Polen. Sie war damals die meistbegehrte Prinzessin Europas. 1725 ehelichte sie Ludwig XV. und wurde zur französischen Königin. Die neue Königin war großzügig, anmutig und kultiviert ... und sie liebte Katzen über alles. »Katzen sind distanziert, diskret,

makellos sauber und fähig, ruhig zu sein. Was könnte man sich von guter Gesellschaft sonst noch wünschen?«, erklärte sie. Wer diese Haltung als lässliche Sünde ansah, mochte dies ruhig tun. Laut sagen durfte er das selbstverständlich nicht, vor allem nicht, nachdem Marie auch den König auf unsere Seite gezogen hatte. Ja, meine Lieben, den König höchstselbst. Bald durchstreiften Kater die Gärten von Versailles. Einer war dem König so lieb und teuer, dass er sogar im Palast wohnen durfte. Wir standen von nun an unter dem Schutz der Krone!

Man stelle sich nur mal folgende Geschichte vor: Eine der Katzen der Königin legte sich für ein Schläfchen auf den Mantel einer Herzogin. Natürlich war das gute Stück aus Seide und teurem Pelz dann voller Haare. Ja, schlimmer noch, die Katze zog Fäden. Natürlich war die Herzogin hellauf empört! Sie ging zur Königin und verlangte Wiedergutmachung für diese skandalöse Kränkung. Marie jedoch durchbohrte sie mit einem eiskalten Blick, den nur Jahrhunderte königlicher Herrschaft hervorbringen können. Dann beschied sie der Herzogin in kühlem Ton, dass der Mantel ja sicher unbeschädigt geblieben wäre, hätte sie ihn, wie es das Protokoll verlangte, einem Kammerdiener übergeben. »Und was die Katze angeht, werte Madame, so hat diese nichts weiter getan, als das Vorrecht ihrer kätzischen Natur auszuleben!«

Maries Einfluss wurde bald am ganzen Hof sichtbar, denn immer mehr Hofdamen nahmen Katzen auf und überschütteten sie mit Aufmerksamkeiten. Die Marquise du Deffand, bekannt als Patronin der Künste und der Dichtung, flocht ihren Katzen seidene Bänder ins Fell und parfümierte sie. Sie durften sogar über ihre teuren Bettdecken jagen. Madame Helvétius kleidete sie in kostbare Gewänder wie die der Hofdamen. Ihr Salon war berühmt in Paris und Treffpunkt der klügsten aufklärerischen Geister. Nur über eines beschwerte man sich: dass man meist keinen Sitzplatz fand, weil alle bereits von Katzen belegt waren! Und es gab noch mehr Katzenfreunde: Man verlieh uns Orden, und nach unserem Tod errichtete man uns Grabmäler.

Dabei waren nicht nur die Damen uns zugetan. Rousseau, einer der großen Philosophen jener Zeit, ging davon aus, dass die Feindseligkeit gegenüber Katzen von einem despotischen Instinkt herrühre, von dem leider viele Menschen besessen seien. Solche Menschen würden wütend, weil wir uns nicht versklaven ließen, erklärte er. Eine Abneigung gegen Katzen war in seinen Augen ein klares Anzeichen für einen Charakterfehler. (Eine wohldurchdachte Theorie, würde ich meinen!) Und Jérôme de Lalande, Hofastronom des Königs, projizierte unsere Botschaft auf den Himmel. Denn außer dem Löwen gab es kein Sternbild zu Ehren der Katze, und Lalande war fest entschlossen, diesen Fehler auszumerzen. Als er begann, an einem mehrbändigen Himmelsatlas zu arbeiten, kartierte er viele Sterne, die er selbst beobachtet hatte. Und er fügte den 33 Sternbildern noch ein weiteres hinzu! So gelangte die Hauskatze ans Firmament, ganz in die Nähe des Sternbilds der Hydra. Ihr Name? Der passendste von allen: *Felis!*

Frankreich führte also die Revolution an, und andere Länder des Kontinents folgten. Der Preußenkönig Friedrich der Große war der bedeutendste Eroberer des 18. Jahrhunderts. Doch anders als die Grobiane, die vor ihm Armeen anführten, war er ein Kind der Aufklärung. Er war in seiner Jugend von französischen Lehrern unterrichtet worden, die ihm auch die Liebe zu Katzen beibrachten. Kaum hatte er eine neue Stadt erobert, forderte er einen ganz speziellen Tribut: Katzen. Friedrich verstand sehr gut, welchen Wert wir für seine Truppen hatten. Er verlangte immer so viele Tiere, dass seine Vorratskammern gut bewacht waren und sie die Städte frei von Nagern hielten.

Selbst in England erlag man nun dem Ruf der Katzen, obwohl man das nicht so an die große Glocke hängte, wie die Franzosen es machten. Als John Jortin, der Erzdiakon von London, seinen geliebten Katzenfreund Felix verlor, widmete er ihm eine berührende Grabinschrift. Allerdings in Latein, damit man ihn nicht »unangebrachter Zuneigung« beschuldigen konnte. Ihr wisst ja, wie das so ist: Die Oberschicht muss Haltung bewahren. Doch sogar in England gab es bald mehr Menschen, die ihre Liebe zu Katzen öffentlich zeigten. Der berühmteste war vermutlich der Gelehrte Samuel Johnson, der mit seiner öffentlich geäußerten Vorliebe für einen Kater namens Hodge einen Skandal erregte. Ein tief bedrückter Biograf musste tatsächlich in den Annalen festhalten, dass der große Mann in seiner Freizeit gerne mit dem Tierchen spielte und es ebenso verwöhnte, wie man dies mit einem besonders lieben Kind tat.

Wie sehr Johnson seinen felinen Gefährten schätzte, zeigt der Speiseplan des Katers: Als sich bei Hodge die ersten Anzeichen des Alters bemerkbar machten, ordnete Johnson an, dass er von nun an nur noch Austern zu fressen bekommen sollte. Und nur von der teuersten Sorte. Da diese immer frisch sein sollten, musste man täglich auf den Fischmarkt gehen. Um nicht den Unmut seiner Bediensteten zu wecken, übernahm Johnson diesen Teil der Hausarbeiten kurzerhand selbst. Zurück vom Einkaufen, fütterte er den Kater höchstpersönlich. Die verwöhnteste Katze in ganz England, fragst du dich? Sollest du einmal nach London kommen, kannst du dir darüber selbst ein Bild machen, denn das Heim des großen Gelehrten wurde zur Sehenswürdigkeit erklärt und unverändert bewahrt. Direkt vor dem Haus gibt es eine Statue zu sehen. Aber nein, nicht von Johnson, sondern von Hodge!

Wenn ihr nun meint, dass wir ja recht schnell wieder obenauf waren, dann lasst euch gesagt sein, dass unsere Widersacher keineswegs untätig blieben. In Paris plante man einen Gegenschlag, einen meisterlichen Schachzug, wie wir widerwillig zugeben müssen, wäre er nicht so heimtückisch gewesen. In der Hoffnung, unseren Siegeszug aufzuhalten, schuf man uns einen unerwarteten Gegner: den Hund! Glaubt mir, wenn ich euch sage, dass die Rivalität zwischen Hund und Katze *keine* Erfindung der Natur ist. Wir Katzen leben nicht in Feindschaft mit den Hunden und wissen, dass sie viele bewundernswerte Eigenschaften haben. Und wenn ihr an meinen Worten zweifelt, dann überlegt mal, in wie vielen Haushalten wir friedlich zusammenleben.

Aber die Katzengegner wussten, dass unser Aufstieg mit fairen Mitteln nicht mehr zu verhindern war, vor allem, nach-

dem uns einige der berühmtesten Häupter Europas schätzen gelernt hatten. Und sollte unser Ansehen weiter wachsen, dann würden wir bald auch beim Bürgertum Einzug halten, und wenn *das* geschehen sollte ... Offensichtlich war der Moment für einen Gegenangriff gekommen! Da man uns ein für alle Mal den Garaus machen wollte, dichteten uns Kritiker eine Feindschaft mit den Hunden an. Und da das Band zwischen Mensch und Hund während der Jahrhunderte unserer Verfolgung immer enger geworden war, war klar, dass wir diesen Wettbewerb nicht gewinnen konnten.

Die Propagandaschlacht sollte zeigen, dass Hund und Katze auf allen Ebenen völlig verschieden waren – und natürlich waren uns die Hunde in jeder Hinsicht überlegen. Hunde sind treu, hieß es, wir hingegen treulos. Sie sind wachsam, wir launisch. Der Hund? Heldenhaft und arbeitsam. Die Katze? Feige und faul. Wie man es auch drehen und wenden mochte: Alle positiven Eigenschaften verkörperte der Hund, wir hingegen waren alles, was schlecht ist. Und das ist keine Verschwörungstheorie, meine Freunde. Der Kopf hinter diesen Machenschaften ist bekannt: ein Teilzeit-Wissenschaftler und Vollzeit-Katzenhasser namens Georges-Louis Leclerc, besser bekannt als Comte de Hanswurst.

Ähm, nun ja, er hieß eigentlich Comte de Buffon. Wie immer man ihn auch nennen mag, seine *Histoire naturelle (Naturgeschichte)*, die ab 1749 in mehreren Bänden veröffentlicht wurde, legte den Grundstein für diese angeblich diametral entgegengesetzten Eigenschaften von Hund und Katze, die Wasser auf die Mühlen unserer Feinde waren. Die Klischeebilder, die er schuf, haben sich teils bis zum heutigen Tag gehalten, wenn auch nur bei törichten Menschen. Da war einerseits der tugendhafte Hund, der »jede innere Vortrefflichkeit besaß, die den Blick des Menschen auf sich zieht«, wie es bei Buffon heißt. Der Hund sei selbstlos und liebe den Menschen bedingungslos. Er erwarte diensteifrig seine Befehle und führe diese ohne Zögern aus, weil es sein höchster Wunsch sei, seinem »Herrn« zu gefallen. Und wenn der Herr wütend ist, schreibt Buffon weiter, *nimmt der Hund freudig jede Misshandlung hin*. Ja, ihr habt richtig gelesen ... Ein Hund beim Comte de Hanswurst zu sein wäre sicher das Letzte, was ich mir wünschen würde.

Demgegenüber stehen die verabscheuungswürdigen Katzen, die jedes nur erdenkliche Laster in sich tragen. Anders als der immer liebende Hund, so der Comte, wird die schlaue Katze »keine Zuneigung ohne Bedingung zeigen. Sie wird mit dem Menschen nur dann in Kontakt treten, um diesen zu ihrem Vorteil zu nutzen«. Im Gegensatz zum klugen Hund seien wir unmöglich zu erziehen. Und während der Hund unter allen Tierarten am vertrauenswürdigsten ist, gehört »der Charakter der Katze zu den zweifelhaftesten und verdächtigsten«. Und der Comte de Hanswurst fährt fort, dass diese Fehler naturgegeben seien, denn wir kämen mit einer »angeborenen Bosheit« zur Welt. Das erkenne man schon daran, dass man dem Hund direkt ins Auge blicken könne. Eine Katze jedoch würde nicht einmal ihren größten Wohltäter direkt ansehen ... denn so würden wir unsere Absichten am besten verhehlen, warnte der »Naturforscher«.

Und so gingen die Verleumdungen immer weiter, Hund gegen Katze, Gut gegen Böse. Der Comte de Hanswurst hatte sogar etwas daran auszusetzen, wie wir jagen! Hunde verfolgen ihre Beute »auf anständige Weise«. (Klar, sie rennen direkt darauf zu und japsen ihr dann hinterher.) Die Hinterhältigkeit der Katze ist so groß, dass wir »auf der Lauer liegen und dann im unerwarteten Moment zuschlagen«. Bei der Jagd auf der Lauer liegen? Welche Dreistigkeit unsererseits! Schade, dass der Comte de Hanswurst die Morgendämmerung der Zivilisation nicht miterlebt hat. Er hätte vermutlich ganze Hundestaffeln abgerichtet, um mit ehrlichen Mitteln eure Felder von Nagern freizuhalten. Natürlich wäre euch in der Zwischenzeit euer Getreide weggefressen worden, und ihr würdet heute noch in Lehmhütten leben und Bärenhaut-Parkas tragen. Aber den Geboten der Jagdethik wäre immerhin Genüge getan.

Aber es gab jede Menge Katzenhasser, die diesen Unsinn in Europa weiterverzapften. Doch mittlerweile waren neue Zeiten angebrochen, und unsere Verteidiger holten zum Gegenschlag aus. Der Kampf um unsere Rehabilitierung ging also weiter. Doch dann schlug das Schicksal zu. Ein anderer Kampf brach aus, der mit Katzen nichts zu tun hatte, sondern einzig und allein den Menschen betraf. Frankreich zog in den Krieg – *gegen sich selbst!* Von allen absurden Dingen, die wir euch Menschen bis dahin haben tun sehen, war dies wohl das absurdeste. Wir verfolgten mit Entsetzen, wie Franzosen im Namen Frankreichs andere Franzosen töteten. Die Monarchie wurde abgeschafft, ihre Vertreter geköpft.

Und das war noch lange nicht das Ende. Es wurde weiter geschossen. Schwerter und Dolche schlitzten Menschen auf. Die Leute rannten durch die Straßen, ihre Bajonette tropften von Blut. Es waren Menschen, die sich bekämpften, doch die Tiere litten ebenso. Sie starben im Feuer, an Hunger und im Chaos, denn was einst die Französische Revolution war, wurde schnell zur Schreckensherrschaft des Terrors. Wir Katzen verloren alles, was wir an Boden gutgemacht hatten. Wir zogen uns zurück in einsame Keller und Gassen und versteckten uns unter den Trümmern. Das arme Frankreich blutete, bis es kein Blut mehr hatte. Und als das Blutvergießen endete, blieben wir in unseren Verstecken, denn die Macht war in die falschen Hände gefallen. Diesen war es nicht genug, Frankreich am Wickel zu packen. Sie legten sich gleich um den Hals Europas. Die Hände gehörten einem unangenehmen, kleinen Mann, der die Öffentlichkeit ständig belog. Er behauptete, von Adel zu sein, und verbarg seine bürgerliche Herkunft und seine Machtgelüste. Aus einem allerdings machte er keinen Hehl: aus seinem Hass auf Katzen!

Napoleon war ein Hundemensch. Er liebte Hunde wegen ihrer sklavischen Folgsamkeit, die er seinen Höflingen als Vorbild empfahl. »Es gibt zwei Arten von Treue«, soll er einst gesagt haben, »die der Hunde und die der Katzen.« Was bedeutete: Wenn jemand ihm dienen wollte, sollte er möglichst nicht von feliner Natur sein. Natürlich kam dieser Unsinn vom Comte de Hanswurst. Napoleon war auf diese haltlose Propaganda hereingefallen und verteufelte uns in seinem neuen Kaiserreich. Aber um welchen Preis? Die Kämpfe während der Revolution hatten ja nicht nur die schönen Rokokopaläste in Schutt und Asche gelegt. Sie hatten ganze Viertel dem Erdboden gleichgemacht. Das waren natürlich die perfekten Bedingungen für Ihr-wisst-schon-wen. Ja, die Ratten überrannten Paris förmlich! Und natürlich hatten sie ihre Freunde mitgebracht. Die Cholera hatte Hochsaison, und die Pest lauerte überall.

Wie klug von Friedrich dem Großen, dass er eine Allianz mit uns geschlossen hatte! Und Napoleon? Als seine Berater ihm erklärten, es sei im Interesse Frankreichs, dass die Straßen wieder von Katzen bevölkert werden, war seine Abscheu uns gegenüber so stark, dass er den Experten befahl, sie sollten *einen anderen Weg finden!* Man lebe schließlich in einer neuen Zeit, da bestünde keine Notwendigkeit, auf archaische Methoden zurückzugreifen. Doch welche anderen Wege würde der Kaiser vorziehen? Fallen vielleicht? Zu wenig wirksam, sie halfen fast nichts. Gift? Nun, Gift war natürlich hochwirksam. Dummerweise machte es aber eher die Menschen krank, als die Nager umzubringen.

Im 18. Jahrhundert wurden wir von Adeligen in schönen Häusern gehalten. Und zu Beginn des 19. Jahrhunderts durften wir nicht einmal mehr Ratten fangen. Ein demütigender Rückschlag, so viel ist sicher, aber bald eilte uns die Wissenschaft zu Hilfe. Und zwar richtige Wissenschaftler, nicht Quacksalber wie der Comte de Hanswurst. Sie widersprachen dem Kaiser, denn Frankreich brauche dringend Katzen. Wenn Napoleon einen modernen Ansatz pflege, dann möge er doch harte statistische Daten berücksichtigen. Eine einzige Katze könne, ihren Berechnungen zufolge, jährlich 7000 Mäuse beziehungsweise 3600 Ratten töten. Es war also an der Zeit, dass die Regierung ihre Einstellung zu uns änderte. Und nicht nur das: Man empfahl sogar Zuchtprogramme für Katzen.

Außerdem verdienten diese Tiere denselben Respekt, den man jedem lebenden Wesen schuldete! Wie bitte?! Ja, die Aufklärung hatte neue Intellektuelle hervorgebracht, die die Dinge anders sahen. Das neue Frankreich schrieb sich faire und gleiche Rechte für alle Menschen auf die Fahnen. Da war es nur recht und billig, diese auch auf andere Lebewesen auszudehnen. Dies war der Beginn der Tierschutzbewegung. Descartes hin oder her, die Katze, die er aus dem Fenster warf, hatte *sehr wohl* Schmerzen empfunden, und das war ungerecht. Denn die Katze konnte auch Freude empfinden, Trauer und Liebe.

Mit diesem neuen Verständnis fühlte sich eure Art nicht mehr von uns bedroht. Es war vielmehr eine Einladung, wieder engere emotionale Bande zu uns zu knüpfen. Denn die Argumente dafür beruhten nicht auf Emotionen, sondern auf einer klaren Ethik: Gütig zu sein war einfach *richtig*. Das verstand eure Art nun.

Nie wieder würden Menschen es zulassen, Katzen zu verbrennen, zu schlagen oder zu foltern. Und wir, die so lange an den Rand gedrängt worden waren, wurden mit einem Mal zur *cause célèbre* für andere Außenseiter – die neue Avantgarde. Die Revolution hatte die Kunstakademien, die bislang das Künstlerleben bestimmten, ihres Einflusses beraubt. Nun übernahm eine neue Generation Kunstschaffender das Ruder, die malten, zeichneten und dachten, wie es ihnen gefiel. Sie lachten der Konvention ins Gesicht und lebten ganz nach ihren eigenen Vorstellungen. Und sie sahen in der lang verachteten Katze eine verwandte Seele. Sie übernahmen die Argumente der Hunde-gegen-Katzen-Fraktion, aber als Grundlage für ihre Wertschätzung für uns! Die Katze ist egoistisch? Umso besser, sie kennt offensichtlich ihren Wert. Sie ist spröde und reserviert? Nun, sie ist einfach klug genug, sich ihre Gefährten auszuwählen.

Und in diesem Stil ging es weiter. Man akzeptierte all unsere angeblich »negativen« Eigenschaften und schätzte uns um ihretwillen umso mehr. Und diese jahrhundertealte Verbindung zwischen Katzen und Frauen, die man zu unseren Ungunsten ausgelegt hatte, als man uns zu Hausgeistern der Hexen erklärte? Es war gerade die enge Beziehung zwischen Frau und Katze, die für die neue Avantgarde so unwiderstehlich war. Guy de Maupassant schrieb, Katzen betrachteten den Menschen auf die gleiche Art wie treulose Frauen den Mann: Sie küssen oder schnurren, wenn eine Hand sie streichelt, doch wenn sie genug haben, beißen sie zu oder kratzen. Für die Romantiker war das keineswegs verdammenswert, sondern zauberhaft. Wir verteilten unsere Zuneigung anscheinend ganz nach Lust und Laune und entzogen sie ebenso plötzlich. Die Herausforderung, uns zu bezirzen, und die Angst vor Zurückweisung verstärkten unseren Zauber nur noch.

Der Vergleich mit einer Frau bezog sich sogar auf Berührungen. Im Vergleich zum Hund galten wir nun als heißblütig, denn es sei eine zutiefst sinnliche Erfahrung, unseren Pelz zu streicheln. Und unsere neuen Fans schämten sich dessen nicht, sondern schrieben ganz offen darüber. Charles Baudelaire, der berühmte Dichter der *Blumen des Bösen*, verglich das Streicheln seiner Katze mit der Lust auf seine Geliebte. Zugegeben, ein etwas schiefer Vergleich, aber tatsächlich regt beides das gleiche Hirnareal an. Er verglich uns gar mit seinem Es: Er sah jenen erotischen, ungezügelten und auf sozialen Druck nicht reagierenden Teil seiner selbst als Katze. Und er ging davon aus, dass sein poetischer Impetus darin seine Wurzeln hatte. Sein Freund Champfleury erinnerte sich, dass Baudelaire stets mit sanfter Stimme mit Streunerkatzen sprach, wann immer er einer begegnete, und er die Tiere dadurch magisch anzuziehen schien. Selbst die toughsten Haudegen ließen sich von ihm zärtlich streicheln.

Und viele andere kulturelle Erneuerer in Frankreich schlossen uns ebenfalls in die Arme! Wir wurden unverzichtbarer Bestandteil der Bohème. Die Liste französischer Schriftsteller, die mit einer Katze lebten, liest sich wie ein *Who's Who* der größten Künstler. Victor Hugo bestellte einen Baldachin aus purpurfarbenem Samt für seine Katze Chanoine, damit diese liege wie eine Königin. Honoré de Balzac spitzte die Feder und beschrieb alle Katzen, denen er begegnete. Stéphane Mallarmé lebte mit einer weißen Katze namens Neige zusammen, die beim Schreiben auf seinen Tisch sprang und dabei mit dem Schwanz seine Verse verwischte. Empörte das Mallarmé vielleicht? Aber nein. Er war ganz begeistert von der Zusammenarbeit. Wie im Übrigen auch Zola, Huysmans und viele mehr, bis hin zu Jean Cocteau, der einst sagte: »Ich liebe Katzen, weil ich mein Heim liebe und sie Schritt für Schritt zu seiner sichtbaren Seele werden.«

Doch von all den großen Namen war es vor allem Théophile de Gautier, der sich für uns starkmachte. Der Dichter, Maler und Kritiker war eines der vielseitigsten Talente seiner Zeit. Den Höhepunkt seines Schaffens erreichte er im Jahr 1850, als er nach Jahrzehnten der Katzen-Beobachtung ein Werk zu Papier brachte, dessen Titel an Klarheit nichts zu wünschen übrig ließ: *Conquérir l'amitié d'un chat est chose difficile* oder *Die Freundschaft einer Katze zu gewinnen ist ein schwieriges Unterfangen*. Und dieses Mal wurde der Autor eines Katzentraktats nicht verspottet. Man lobte ihn vielmehr, weil er uns als »philosophisches Tier« beschrieb, den idealen Gefährten eines denkenden Menschen. Wir duldeten keine Narrheiten, warnte Gautier seine Leser: »Die Katze schenkt ihre Zuneigung nicht leichtfertig. Sie will nur dann Ihre Freundin sein, wenn Sie dessen würdig sind. Und sie ist nicht Ihre Sklavin. Sie behält ihre Freiheit und wird nichts für Sie tun, was sie als unsinnig empfindet.« Doch der Mensch, der ihre Prüfung besteht, wird reicher belohnt werden als von jedem anderen Tier. Hört, hört ... endlich hat uns mal jemand verstanden!

Was sich in Paris abspielte, wurde schnell auf dem ganzen Kontinent zur Mode, denn Paris gab zu jener Zeit den Ton an. Und so triumphierten wir bald auch über unsere schlimmsten Feinde, die Männer Gottes. Ihre Abneigung gegen uns beruhte unter anderem auf der Tatsache, dass in der Bibel keine Rede von uns war. Im ganzen Buch werden wir Katzen nicht ein einziges Mal erwähnt! Doch ein mutiger Zeitgenosse versuchte, dies zu ändern. Ein »verloren gegangenes Evangelium« wurde »entdeckt«, in dem sich Jesu Barmherzigkeit auch auf uns Katzen erstreckte. Man nannte es *Gospel of the Holy Twelve,* und es wurde in den letzten Jahren des 19. Jahrhunderts von weiten Kreisen

gelesen. Angeblich handelte es sich um einen apokryphen Bericht über das Leben Jesu, der in einem tibetischen Kloster gefunden worden sei. Demnach soll eine Katze mit ihren Jungen unter der Krippe geruht haben, in der das Jesuskind lag. Als Erwachsener habe Jesus eine Katze vor der Misshandlung durch grausame Menschen gerettet. Und einen zugelaufenen Streuner trug er so lange an seiner Brust, bis er für ihn ein liebevolles Heim gefunden hatte. Im Kommentar wurde zudem erklärt, warum Jesus ein Katzenmensch war. Er hielt uns für die christlichsten aller Tiere, weil wir so sehr der Verfolgung ausgesetzt gewesen waren, obwohl wir ebenso lieb, sanft und anmutig waren wie alle anderen Geschöpfe Gottes.

Es war ein sehr netter Versuch, aber das angeblich »apokryphe Evangelium« wurde natürlich schnell als Fälschung entlarvt. Doch störte das noch einen der Gottesmänner? Papst Leo XII. sicherlich nicht, der stets einen grauen Tigerkater namens Micetto unter seiner Robe versteckte. *Micetto* ist italienisch für Kätzchen. Ein Streunerkater, der einen ungewöhnlichen Sinn für Kunst zeigte. Mit dem Mut der Jugend schlich sich der Schlingel an den Schweizergarden vorbei, die den Vatikan bewachten, und sah sich Raffaels Fresken an. Dort lernte er den Papst kennen, der sie gerade ebenfalls bewunderte. Die beiden schätzten also den gleichen Renaissancekünstler, was ein verbindendes Element war. Nicht lange darauf war Seine Heiligkeit komplett von Micetto bezaubert.

Die beiden waren unzertrennlich. Leo XII. trug den Kater überallhin mit sich, verborgen in den weiten Ärmeln seiner Gewänder, nur um ihn nicht allein lassen zu müssen. Wie sehr sich die Zeiten doch geändert hatten! Nun ruhte eine Katze friedlich im Arm des Papstes und wohnte denselben kirchlichen Kollegien bei, die einst unsere Verfolgung angeordnet hatten. Nur die höchsten Geistlichen im Vatikan wussten um das Geheimnis. Und wer es kannte, behandelte Micetto mit allerhöchster Achtung, denn wer den Papst für sich gewinnen wollte, musste zuerst seinen Liebling überzeugen.

Zu ihnen gehörte auch François-René de Chateaubriand, der französische Botschafter im Vatikan. Als sich Leos Leben dem Ende näherte, schickte er Micetto mit Chateaubriand nach Frankreich. Natürlich war dies ein trauriger Moment, und bei allem, was Paris zu bieten hatte, trauerte der Kater doch heftig. Chateaubriand fürchtete, dass er seine Jugendtage in der Sixtinischen Kapelle vermisste, und wer hätte dies wohl nicht getan? Andererseits ist gegen Leos Entscheidung nichts einzuwenden, hatte er doch auf diese Weise sichergestellt, dass sein Gefährte es weiterhin gut haben würde. Chateaubriand gehörte nämlich zu den mutigen Franzosen, die für unsere Sache eintraten. Sein Spitzname war tatsächlich *Le Chat*, die Katze.

Nun, da Micetto ins Ausland gegangen war, wurde ein Landkätzchen namens Mina zu Italiens Lieblingskatze. Ihr soziales Netz fiel weniger nobel aus, aber trotzdem war sie ein wunderbares Geschöpf. Die graue Tigerkatze mit den smaragdgrünen Augen war die Freundin eines frommen kleinen Mädchens namens Clementina, die in der Brianza, im Nordwesten der Lombardei, lebte. Die beiden waren unzertrennlich. Unter der warmen Sonne des Mittelmeers durchstreiften sie die Landstraßen um Clementinas Dorf und nahmen ihre Mahlzeiten nur Seite an Seite ein. Ein Idyll? Nicht ohne Schattenseiten.

Denn Clementina litt unter Epilepsie. Als sie zum ersten Mal in Ohnmacht fiel, war sie mit Mina allein. Die Katze bewachte ihre kleine Herrin unerschütterlich, und als Clementina wieder erwachte, stand Mina über ihr und sah ihr direkt in die Augen. Vielleicht ein neues Spiel, dachte Mina vermutlich und schnurrte begeistert. Doch als das Mädchen aufstand, bemerkte sie, dass es blutete. Die Katze merkte sich dies offensichtlich. Denn als Clementina ihren nächsten Anfall hatte, rannte Mina sofort zu ihren Eltern, machte durch heftiges Miauen auf sich aufmerksam und lief ihnen voraus zum Ort des Geschehens. Mina lernte schnell, und so spürte sie die subtilen Signale, die einen solchen Anfall ankündigten. Häufig suchte die Katze dann Hilfe, noch bevor Clementina etwas geschah. Erinnert ihr euch noch an die Zeiten, in denen Katzen als Teufel galten? Doch nun waren endgültig bessere Tage angebrochen, denn die Dorfbewohner erklärten Mina zum Schutzengel der Kleinen.

Traurigerweise hatte Clementina noch andere Krankheiten, vor denen die Katze sie nicht beschützen konnte. Mit 15 Jahren bekam sie gefährlich hohes Fieber. Mina wachte unerschütterlich an ihrer Seite. Sie weigerte sich, das Bett zu verlassen, doch am Ende kam das Delirium, und bald darauf war Clementina tot. Als der Leichenzug das Dorf durchmaß, folgte ihm die untröstliche Mina. Immer wieder mischte sie sich unter die Menschen, um Clementinas Leichnam so nah zu sein wie irgend möglich. Während des Trauergottesdienstes sprang Mina sogar auf Clementinas Körper, setzte sich auf ihre Brust und starrte ihr ins Gesicht. Und der Respekt vor der Katze war so groß, dass niemand ihr dies verwehrte, obwohl dies bei so einer feierlichen Gelegenheit ein höchst unangemessenes Verhalten war. Was wohl im Kopf der Katze vorging? Ach, Mina, ich glaube, ich weiß es. Vermutlich dachtest du, wenn du das Mädchen nur lange genug ansiehst, wird sie wieder aufstehen, wie beim ersten Mal, als sie in Ohnmacht fiel.

Traurigerweise war dem nicht so, meine kleine Freundin. Das unvermeidliche Ende kam, und man hob Mina herunter, damit man das Mädchen in die italienische Erde betten konnte. So wurde die Kameradschaft beendet. Hoppla, nicht so hastig! Denn Mina sprang in das Erdloch, gerade als der Totengräber die erste Schaufel Erde auf den Sarg warf. Man entschuldigte sich, hob die Katze heraus und erklärte ihr, dass Clementina diesen Weg allein beschreiten müsse, auch wenn Mina immer mit ihr zusammen gewesen war. Der Vater des Mädchens trug Mina nach Hause. Doch als der

Morgen graute, war sie fort. Man wusste gleich, wo man sie finden würde. Tatsächlich war sie auf dem Friedhof und hatte sich auf dem Grab zusammengerollt. Da Mina immer schon sehr bestimmt gewesen war, blieb sie dort, Tag für Tag, selbst wenn man sie mit Leckereien lockte. Was interessierte sie das Haus, wenn dort ein bestimmtes Mädchen nicht mehr da war. In der Folge zog sich Mina immer mehr zurück. Wenn Menschen auf den Friedhof kamen, versteckte sie sich im Gebüsch. Bis es drei Monate später endlich so weit war: Mina wurde mit ihrem Lieblingsmenschen wiedervereint. Eines Tages fand man die traurige graue Katze leblos neben dem Grab des Mädchens.

Giuseppe Capecelatro, der Erzbischof von Taranto, erzählte die Geschichte von Mina und Clementina der irischen Schriftstellerin Lady Morgan. Er war selbst ein Katzenliebhaber, der über uns eine Abhandlung verfasst hatte. Lady Morgan schrieb die Geschichte auf, und bald war sie landauf, landab bekannt und führte den Katzenhassern vor Augen, wie eng das Band zwischen Mensch und Katze in Wirklichkeit war.

Die Lektion kam vor allem in England gut an, wo uns die neue englische Avantgarde schnell genauso lieb gewann wie die französischen Künstler. Und natürlich gehörten auch sie zur Crème de la Crème.

Ihr wollt Namen hören? Nun, wie wäre es mit den drei Brontë-Schwestern? Oder mit Samuel Butler, dem großen Satiriker und Übersetzer der Werke des klassischen Altertums? Er liebte vor allem Straßenkatzen. Und wir dürfen auch annehmen, dass Edward Lear, Autor von *The Owl and the Pussycat* sowie zahlreicher Limericks, ein Katzenfan gewesen war. Wie tief er seinem Kater verbunden war, zeigt die Tatsache, dass Lear beim Bau seines Hauses in San Remo alles *exakt so* errichten ließ wie in seinem Haus in England – damit sein Kater auf keinen Fall verstört würde.

Natürlich war der größte englische Schriftsteller jener Zeit Charles Dickens, den wir ebenfalls zu unseren Freunden rechnen dürfen. Er nahm einen weißen Straßenkater auf und nannte ihn William. Doch nachdem er in der Küche mehrere Junge zur Welt gebracht hatte, musste er in Williamina umgetauft werden. Unter dem Nachwuchs war ein besonders willensstarkes kleines Ding, das grundsätzlich auf dem Schoß des Romanciers liegen wollte, wenn dieser schrieb. Und wenn der große Mann ihm nicht die gebührende Aufmerksamkeit widmete, schob sich eine Pfote unter dem Tisch hervor und löschte die Kerze. Ganz schön keck! Doch Dickens liebte den Kater dafür umso mehr. Nachdem er sich auf diese Weise ins Herz aller Hausbewohner gestohlen hatte, nannte man ihn nur: die Katze des Meisters.

Aber ich will kein zu rosiges Bild zeichnen. Denn unser Aufstieg war auch hier mit Schwierigkeiten verbunden, da die Engländer ein stures Volk sind, das in erster Linie seine auf der Insel gezüchteten Hunderassen liebt. Die Heimtücke dieser Leute zeigte sich, als Königin Victoria einen Entwurf für eine »Queens Medal« für die Royal Society for the Prevention of Cruelty to Animals bestellte. Die von ihr ausgewählten Künstler legten ihr Entwürfe mit allen möglichen Tierarten vor – nur *Katzen fehlten!* Da aber waren sie an die falsche Königin geraten. Victoria war bekannt für ihre Katzenliebe, vor allem zu ihrer Angorakatze namens White Heather. Die Herrscherin ließ die Entwürfe zurückgehen und verlangte, dass eine Katze mit aufgenommen werden sollte. Ihre Hoheit empfahl dies, um etwas gegen die historische Aversion gegen unsere Art zu unternehmen, die – in ihren königlichen Worten – »generell missverstanden und auf schlimmste Weise misshandelt« worden war.

Gott schütze die Königin! Aber wie diese Episode zeigt, war in England noch einiges aufzuholen. Es war Harrison Weir, von Beruf Künstler und Buchillustrator, der dies versuchte. Er sollte als Vater der »Katzenbegeisterung« bekannt werden. 1871 beschloss er, unser Ansehen beim britischen Publikum ein für alle Mal zu heben, indem er eine Katzenschau organisierte. Natürlich hatte es so etwas auch in den finsteren Tagen gegeben. Aber diese Schauen waren von grausamer Natur. Verängstigte Tiere in engen Käfigen wurden neben ungewöhnlichen Hasen und Meerschweinchen ausgestellt und der Verachtung der Besucher preisgegeben. Weirs Schau sollte die Erinnerung an jene Zeit ein für alle Mal auslöschen, indem er uns ins beste Licht rückte. Ein Spektakel mit wunderschönen Tieren, das keinen Zweifel daran ließ, dass wir selbst für das nobelste Heim eine Bereicherung waren.

Und auch der Veranstaltungsort war außergewöhnlich: Man hatte sich den prestigeträchtigen Crystal Palace gesichert. In diesem edlen Ambiente würde Weir eine Show sämtlicher Katzenrassen zeigen, die den klassischen Hundeschauen in nichts nachstand. Wie bitte? Eine Katzenshow im Kristallpalast? Die Öffentlichkeit fand diese Idee absurd! Diese Schau fand zu einer Zeit statt, als es noch keinerlei Standards für Katzenrassen gab außer »Katze«, denn es galt als unmöglich, unsere Zucht irgendwie zu regeln. Dickens selbst – und ihr wisst ja, dass er zu unseren Fans gehörte – meinte damals, Menschen würden bei der Ordnung unseres Sexuallebens ebenso viel Erfolg haben wie bei den Bienen, nämlich keinen.

Welche Kategorien konnte man also für diese Schau aufstellen? Weir tat sein Möglichstes. Er teilte uns, je nach Aussehen, in verschiedene Klassen ein: schwarz-weiß (und weiß-schwarz, denn das galt als andere Kategorie), getupft, schildpatt und – schon ein wenig unhöflich – fett. »Jeder machte darüber Witze und goss seine Häme über mich aus«, schrieb Weir. Kein Wunder, die meisten Menschen erwarteten eine totale Katastrophe.

Allem Gespött zum Trotz meldeten die Menschen 170 Katzen zur Schau an. Weirs Kritiker waren sich sicher, dass der Kristallpalast zur funkelnden Kulisse eines erbitterten Kampfes zwischen fauchenden und Pfotenhiebe verteilenden Katzen

würde. Das war schließlich absolutes Neuland. Selbst Weir war nicht ganz frei von Zweifeln, als er am Tag der Eröffnung zum Crystal Palace unterwegs war. Ob die Katzen sich wohl zu benehmen wüssten? Oder das Publikum ihn verlachen würde? Was, wenn alles schiefgehen sollte? Was würde dann aus dem Ansehen der Katze? Die Ausstellung im Kristallpalast war mehr als eine Show. Das Ganze war ein Test, eine Chance, unsere Kritiker zu überzeugen und zu beweisen, dass wir unsere Stellung verdient hatten. Doch der Einsatz war hoch, denn eine Kat(z)astrophe hätte uns aller Fortschritte beraubt, die wir im letzten Jahrhundert gemacht hatten.

Der 13. Juli 1871 war also ein schicksalsträchtiger Tag. Während London so seine Zweifel hegte, blieben die Katzen ganz ruhig. Als Weir ankam, wurden seine höchsten Erwartungen übertroffen. Da waren sie, eine kunterbunte Ansammlung der stolzesten Hauskatzen Englands, geschniegelt und gestriegelt und stolz in der Gegend herumblickend. Jede hatte ein Schälchen Milch vor sich. Alle saßen brav auf ihren Kissen, meist ohne zu murren. Als hätten sie gewusst, was auf dem Spiel stand. Da saßen sie nun und strahlten und standen nicht nur für sich, sondern für die unzähligen Generationen, die auf diese Chance gewartet hatten.

Und was war mit dem gefürchteten Publikum? Als sich die Tore der Schau öffneten, war klar, dass viele nur aus Sensationslust hier waren. Aber das spöttische Grinsen verschwand bald, als die Leute an den vielen Katzen vorbeispazierten, die allesamt hübsche Halsbänder trugen. Man war *beeindruckt*. Schließlich kamen sogar so viele Besucher, dass man sich durch die Menge drängeln musste, um überhaupt einen Blick auf die Katzen zu erhaschen. Am Ende hatten gut 200 000 Menschen die erste Katzenschau Englands besucht.

In London war dies das Gesprächsthema Nummer eins! Ein unglaublicher Erfolg, der aus Lästermäulern begeisterte Katzenanhänger werden ließ!

Es wurden sogar Preise vergeben, auch wenn diese eher mager dotiert waren: nicht einmal 100 Pfund insgesamt. Eine 14-jährige Tigerkatze namens Old Lady war der große Champion – was wiederum kein Wunder war, gehörte sie doch Weir selbst. Er war auch einer der drei Juroren, und ein weiterer war sein Bruder. Aber wer würde ihren Triumph schmäleren wollen? Ich ganz sicher nicht. Wir Katzen geben zwar nichts auf solche Trophäen, aber angesichts dessen, was Weir für uns Katzen getan hat, hat er den Preis wahrlich verdient. Außerdem war der eigentliche Preis nicht der, den die Juroren vergaben, sondern der Respekt der Londoner. Und der wurde jeder einzelnen der 170 Katzen zuteil, die folglich allesamt als Champions gelten durften.

Natürlich macht eine Schwalbe noch keinen Sommer, aber unser enormer Erfolg im Kristallpalast gab die weitere Entwicklung vor. Mehr Katzenshows, so Weir, würden unser Ansehen heben und wir so eine bessere Behandlung durch die Gesellschaft erfahren. Genau dieser Effekt trat auch ein – und das nicht nur in England. Zwei Jahre später fand in Glasgow die erste Katzenschau Schottlands statt. 1881 folgte in Brüssel die erste Ausstellung auf dem Kontinent. Und die ehrgeizigen Australier hatten längst eine Katzenschau in Sydney organisiert! Allerdings war man auf dem fünften Kontinent wohl ein bisschen voreilig. Die Organisatoren gestanden sich ein, dass das Projekt ein Fehlschlag war, wurden doch insgesamt nur vier Katzen angemeldet. Aber Australien ist nun mal ein großes und unwirtliches Land. Seine Katzen brauchten eben noch einige Zeit, bis ihre Sache einen höheren Bekanntheitsgrad erreichte. Sieben Jahre später waren immerhin 41 Tiere bei der Katzenschau in Brisbane, die insgesamt 33 000 Besucher anzog. Nun konnten wir langsam auch die Menschen auf der anderen Seite des Globus überzeugen.

Es waren bewegte Zeiten. Die neuen Katzen-Aficionados wussten zwar wenig über ihre Tiere, aber das tat ihrer Begeisterung keinen Abbruch. In Irland wurde die erste Katzenschau 1879 abgehalten, und die Werbung versprach ein echtes Volksfest: Militärkapellen, eine Eisgrotte und die sterblichen Überreste eines besonders toughen Katers aus Kilkenny, der erst wenige Jahre zuvor verstorben war. An lebenden Katzen fanden sich rund 250 ein, die angeblich jede bekannte Rasse abdeckten. Dazu gehörte auch eine flauschige weiße »Angola«. Ich nehme an, dass damit eigentlich »Angora« gemeint war. Auf einer Katzenshow in England wurde eine sehr seltene afrikanische Katzenart vorgestellt: eine Majunga, die aus Madagaskar stammen sollte. Ein so rares Exemplar, dass sie all jenen, »die sich mit Katzen nicht auskennen, als Äffchen erschien«. Kein Wunder: Die Organisatoren der Schau hatten einen Lemuren für eine afrikanische Katze gehalten.

Gegen Ende des 19. Jahrhunderts sprossen überall in Europa Katzenvereine aus dem Boden. Manche erlangten sogar nationale Bedeutung. Das neu entfachte Interesse an speziellen Rassen trug dazu bei, dass man schließlich »Angolas« von »Angoras« unterscheiden konnte, genau wie die Majungas dieser Welt von echten Katzen. Immer mehr Bücher erschienen, die den neuen Katzenfreunden Informationen über uns vermittelten. »Pussyology« wurde zum ursprünglichen wissenschaftlichen Begriff für das Thema Katzenversorgung. Doch wegen möglicher Assoziationen mit dem weiblichen Geschlechtsorgan von euch Menschen wurde der Begriff bald wieder verworfen. Die Ratschläge der frühen Katzenexperten waren allerdings »Mumpitz«, um einen damals gebräuchlichen Begriff zu verwenden. So empfahl eine Autorin, uns zwei Mal täglich zu füttern. Dagegen ist ja nichts einzuwenden ... aber doch nicht mit Milch und Brot oder Haferbrei. Andere Katzenhandbücher versuchten, unter Rückgriff auf viktorianische Moralvorstellungen die Rassenunterschiede zwischen uns zu erklären. So galten schwarz-weiße Kater als die Gentlemen unter uns, als der Typ, der es

unter seiner Würde erachtete, Ratten zu fangen. Wie bitte? Gut, dass Simon, die Schiffskatze von der *HMS Amethyst,* diesen Unsinn nicht zu hören bekam. Und braune Tigerkatzen betrachtete man als das kätzische Gegenstück zum soliden Arbeiter. Hallo?! Dazu gehöre ich schließlich auch!

Aber das war vermutlich gar nicht böse gemeint, denn gegen Ende des 19. Jahrhunderts hatten wir in ganz Europa unseren Job zurück. Zuerst 1868 bei der Londoner Post. Die Mäuse führten einen Guerillakrieg gegen das Büro für Postanweisungen. Sie zogen nachts los, um die

rechteckigen Papierstücke mit den aufgedruckten Zahlen zu vertilgen, die ihr Menschen so schätzt. Ich glaube, ihr nennt sie »Geldscheine«. Die Angestellten versuchten, den Verlust dieser Scheine zu verhindern, doch sie wurden ständig ausgetrickst. Mäuse sind aber auch ein sehr geschicktes Volk! Schließlich ersuchten die Mitarbeiter um die Bewilligung von Sondermitteln, um drei Bürokatzen zu verpflegen.

Das war ein ungewöhnliches Ansinnen, aber der Vorsteher des Büros genehmigte es, nachdem man ihm erklärt hatte, dass die drei Katzen dem Büro sehr viel mehr sparen würden, als sie kosteten. So ein Arbeitsverhältnis kam für uns natürlich unerwartet, denn keine Katze hatte sich je aktiv um Arbeit bemüht. Aber so ein Angestelltenstatus hob das soziale Prestige. Und er zeigte, dass unser Ansehen wiederhergestellt war. Wenn man in Betracht zieht, wie unmöglich ihr euch uns gegenüber lange Zeit benommen habt, dann war ein Ausgleich auch überfällig. Aber wie viel ist die Arbeit einer Katze wert? Nun, an diesem Punkt lernten wir die Realität der Arbeitswelt kennen, und das war keine angenehme Lektion.

Es stellte sich heraus, dass die Geldmittel keineswegs als Entlohnung gedacht waren. Die Katzen bekamen also nichts, was sie mit nach Hause hätten nehmen können. Nun, das finde ich nicht so schlimm, denn ihr Menschen seid ohnehin die einzige Art, die gerne dieses »Geld« ansammelt. Nein, das Geld sollte dazu dienen, die Katzen zu versorgen. Und es war ja nur fair, dass die Samtpfoten, wenn sie für das öffentliche Wohl tätig waren, aus dem Staatssäckel ernährt wurden. Der geforderte Betrag war ja nicht hoch, mehr oder weniger ein Almosen: nur zwei Shilling pro Woche für alle drei Katzen. Was dann kam, empört mich allerdings wirklich, denn der Bürovorsteher meinte, das sei zu viel. Er genehmigte genau die Hälfte: einen Shilling pro Woche. Oder anders gesagt: zwölf Cent.

Und jetzt kommt mir bloß nicht mit: »Nun ja, mit der Inflation und so ...« Wir reden hier über *zwölf Cent* für drei Katzen! Menschen nennen so ein Verhalten »sparsam« und bezeichnen es als Tugend. Wir Katzen sagen dazu einfach nur »Geiz«.

Das war doch kein Betrag, von dem man leben konnte, nicht mal für eine Katze. Die Angestellten des Büros protestierten dementsprechend und wandten ein, dass man davon ja höchstens hin und wieder mal eine Schale Milch kaufen könne. Aber der Vorsteher blieb eisern: Die Katzen würden nicht aus dem Staatssäckel versorgt werden. Sie sollten die Mäuse im Büro fressen. So würden sie die Nager dezimieren und dem Bürovorsteher helfen, Kosten zu deckeln. In sechs Monaten sollte die Leistung des Trios auf den Prüfstand gestellt werden. Und ließe diese zu wünschen übrig, würde man das ohnehin schon magere Salär weiter kürzen.

Auweia. Nach Jahrtausenden der Evolution seit unseren ersten gemeinsamen Tagen ist dieses Wirtschaftssystem alles, was euch eingefallen ist? Ich nehme mal an, die Katzen mussten sich glücklich schätzen, dass der Herr Bürovorsteher ihnen wenigstens einen Shilling genehmigte, anstatt ihnen die erlegten Mäuse in Rechnung zu stellen, weil sie ja schließlich Eigentum der Post waren. Aber sie würden es diesem Geizhals schon zeigen! Nein, nicht durch gewerkschaftliche Organisation – derart kollektive Zusammenschlüsse sind nicht unsere Art. Aber die Katzen leisteten ganze Arbeit. Sie befreiten die Postanweisungsstelle von der Mäuseplage und ließen keinen Zweifel an ihrem Wert. Was ihnen einige Anerkennung eintrug. So betonte der für sie zuständige Beamte ihren »lobenswerten Eifer im Dienst«.

Die Katzen hatten alle Erwartungen übertroffen und sich im Job bewiesen. Das musste doch der merkwürdige Bürovorsteher endlich bemerken. Oh ja, er war sehr beeindruckt. So beeindruckt, dass er uns das vom Lohn abzog. Tatsächlich wurde der mickrige Betrag noch einmal halbiert, auf sechs Cent also. Die Katzen würden ihre Aufgabe so gut erledigen, hieß es im Hauptbüro, dass sie wohl kaum noch etwas brauchten außer den vielen blutigen Mauskadavern, die sich in den Hinterzimmern des Büros für Postanweisungen ansammelten.

Gegen die britische Post konnte man einfach nicht gewinnen. Doch was diese drei Katzen tatsächlich bewirkten, war mehr wert als die kostbaren Shillings des Bürovorstehers. Als die fleißigen Feliden eine Maus nach der anderen anbrachten, blieb das auch bei anderen Behörden nicht unbemerkt, und sie übernahmen die Idee der Post. Plötzlich gab es überall folgende Schilder: »Katzen gesucht. Erfahrung im Mäusetöten von Vorteil«. 1883 wurde das erstaunlichste Gesuch überhaupt formuliert: »Katze gesucht für Downing Street Nr. 10.« Kommt euch diese Adresse irgendwie bekannt vor? Nun, dort befindet sich das Büro des Premierministers von Großbritannien! Ihr wisst ja sicher, wie viele Ratten sich in der Politik tummeln. Auch in der Downing Street Nr. 10, wo es darüber hinaus auch Mäuse gab. Und so wurde eine Katze für das britische Machtzentrum angeheuert. Wie immer war die Bezahlung lausig (einen Penny pro Tag), aber immerhin gab es nun eine echte *Stellenbezeichnung* für uns. Wenn das Wohl der Nation gefährdet ist, muss man das Ganze schon richtig anpacken. Und so wurde das Amt des Chef-Mäusefängers für das Kabinettsbüro geschaffen!

Die Welt der Arbeiterkatzen erweiterte sich ständig. Bald wurden wir auch auf dem Kontinent angeheuert, von Schweden bis nach Sizilien. Wir hüteten Postbüros und Lagerhallen, ja selbst die Börse. (Wo die Mäuse über die Lochstreifen herfielen. Sie machten auch wirklich vor gar nichts halt!) In Frankreich legte man die nationale Sicherheit in unsere zuverlässigen Pfoten, als die französische Armee uns zum Schutz ihrer Garnisonen anheuerte. Napoleon muss sich im Grab umgedreht haben. Die Deutschen machten es genauso – eine gewisse Zeit lang. Bis ein irrer Wissenschaftler auf die glorreiche Idee kam, die Mäuse zu töten, indem er sie mit Cholera infizierte. Hmm! Cholerastämme einzuführen, wo Nahrungsmittel aufbewahrt werden? Was sollte da schon schiefgehen? Manchmal sind die alten Methoden einfach doch die besten. Bald kehrten die Katzen auch in Deutschland an ihre Arbeit zurück.

Wir waren also wieder im Geschäft. Es war zwar ein weiter Weg von den Feldern in Mesopotamien, aber unsere Bemühungen hatten den gleichen Effekt wie damals. Sie festigten unseren Platz in der Gesellschaft und ließen die Bande zu euch

Menschen enger werden. Während unsere Anzahl stetig stieg, übernahmen die arbeitenden Katzen weitere Funktionen. Sie waren der Öffentlichkeit häufig sogar besser bekannt als ihre menschlichen Kollegen, und so wurden manche von ihnen regelrecht zu Maskottchen ernannt.

Eine der ersten Katzen, die diesen Titel erhielt, war Black Jack, ein Kater, der im Britischen Museum Dienst tat. Er war als Mäusefänger eingestellt worden, wurde jedoch bald zum Sonderbotschafter der ganzen Institution. Die Besucher liebten ihn. Manche kamen nur, um *ihn* zu sehen und nicht die weltweit bekannteste Ausstellung antiker Artefakte. Das Personal wusste, dass es ihm alle Türen zu öffnen hatte, wenn er durch die heiligen Hallen des Museums wandelte. Wie bitte? Menschen, die einer Katze dienstbar waren? Diese moderne Welt war ganz nach unserem Geschmack!

Eines Tages aber führte seine Neugier Black Jack in die Bibliothek. Und da das Personal dort seiner Verantwortung nicht gerecht wurde und ihm rechtzeitig die Türen öffnete, wurde er eingesperrt. Er verbrachte den Tag damit, mit seinen Krallen zu testen, wie strapazierfähig das Zeug war, das da in den Regalen stand. Er versuchte ja nur, seine Zeit produktiv zu nutzen, aber plötzlich flammten da die alten Vorurteile wieder auf: »Seht nur, was er angerichtet hat. Ich habe ja gleich gesagt, dass man Katzen nicht ins Museum lassen sollte!« Man betete uns einmal mehr vor, dass wir schlechte Tiere seien, illoyal, selbstsüchtig und ohnehin nur ganz auf uns selbst bezogen. Hatte Black Jack das nicht soeben unter Beweis gestellt?

Die Tage, an dem man ihn zum Dämon erklären und auf dem Scheiterhaufen verbrennen würde, waren natürlich vorbei. Aber man konnte ihn immer noch in einen Käfig sperren und zum nächsten Teich schaffen – zumindest wünschten sich das einige Menschen! Und plötzlich war Black Jack verschwunden. Fort. Niemand hörte mehr sein Miauen. Und diejenigen, die ihn liebten, waren zutiefst traurig. Waren wir euch so nahegekommen, nur um uns erneut vor eurer Feindseligkeit fürchten zu müssen? Unsere Feinde wurden wieder rührig und errichteten Barrikaden – im wahrsten Sinne des Wortes, denn es hieß, dass nie wieder eine Katze im Britischen Museum leben würde.

Aber die Stimmen unserer Kritiker verhallten wie ein Echo aus vergangenen Tagen. Die Barrikaden sollten gestürmt werden. Black Jack war nämlich nicht in einem Käfig gefangen. Und er hatte sehr viel mehr Freunde als Feinde. Sie waren ihm zu Hilfe geeilt und hatten ihn aus dem Museum entführt, wo man um seine Sicherheit fürchtete. Die Zeit verging, die Gemüter beruhigten sich wieder. Bis eines schicksalhaften Tages das große Portal wieder geöffnet wurde. Die Angestellten hatten die übliche Menschenmenge erwartet. Aber ... nichts. Da herrschte gähnende Leere vor dem Museum. Halt, nicht ganz! Denn als man den Blick zu Boden richtete, sah man, dass tatsächlich ein Geschöpf Einlass begehrte. Eine Gestalt von vielleicht 20 bis 30 Zentimetern Schulterhöhe.

Black Jack kehrte in seinen alten Wirkungsbereich zurück, und seine Fans jubelten und hießen ihn willkommen. Seine Gegner waren machtlos! Wieder würde eine Katze die heiligen Hallen des Britischen Museums bewachen und die historischen Schätze schützen. Und das war, nach Ansicht aller, nur angemessen. Ich nehme an, ihr seid vermutlich meiner Meinung. Denn schließlich hatten wir doch einiges zur Geschichte beigetragen!

Oh ja, diese moderne Zeit würde uns zusagen. Als sich das 19. Jahrhundert seinem Ende zuneigte, fand auch unser Herumstreifen ein Ende. Einmal mehr standen wir euch zur Seite. Ach, hätten doch die Generationen von Katzen, die auf den Straßen lebten und nur hin und wieder einen Bissen hingeworfen bekamen, ihre Urenkel sehen können! Wahrscheinlich wären sie ehrlich verblüfft gewesen. Und stolz, weil ihre Bemühungen nicht umsonst gewesen waren. Ihr Leid erfuhr Wiedergutmachung, als neue Generationen von Katzen siegreich ins Heim bewundernder Menschen einzogen.

Aber damit ist unsere Reise noch keineswegs zu Ende. Die letzte Etappe liegt noch vor uns. Ein Teil unserer Geschichte wurde noch nicht erzählt, und auch dieser ist reich an Mut und Gefahr. Dieses letzte Abenteuer war das größte von allen, wenn ich so sagen darf. Nie zuvor hatten Katzen ihren ganzen Witz aufwenden müssen, um ein unbekanntes, wildes Land zu erobern. Unser Sieg angesichts dieser neuen Herausforderung ist die Krönung all unserer Erfolge. Wenn ihr mich also weiterhin begleiten wollt, werde ich euch mit der Geschichte der Katzen in meiner Heimat Amerika bekannt machen. Zurück aufs Schiff, meine Lieben! Nehmt alles mit an Bord, was ihr vielleicht brauchen könnt, denn wir werden von den westlichen Ufern nicht zurückkehren!

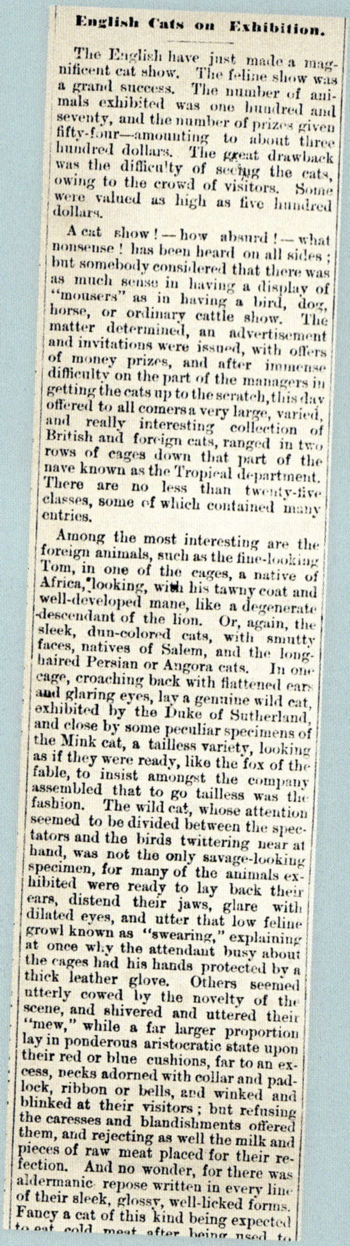

English Cats on Exhibition.

The English have just made a magnificent cat show. The feline show was a grand success. The number of animals exhibited was one hundred and seventy, and the number of prizes given fifty-four—amounting to about three hundred dollars. The great drawback was the difficulty of seeing the cats, owing to the crowd of visitors. Some were valued as high as five hundred dollars.

A cat show! — how absurd! — what nonsense! has been heard on all sides; but somebody considered that there was as much sense in having a display of "mousers" as in having a bird, dog, horse, or ordinary cattle show. The matter determined, an advertisement and invitations were issued, with offers of money prizes, and after immense difficulty on the part of the managers in getting the cats up to the scratch, this day offered to all comers a very large, varied, and really interesting collection of British and foreign cats, ranged in two rows of cages down that part of the nave known as the Tropical department. There are no less than twenty-five classes, some of which contained many entries.

Among the most interesting are the foreign animals, such as the fine-looking Tom, in one of the cages, a native of Africa, looking, with his tawny coat and well-developed mane, like a degenerate descendant of the lion. Or, again, the sleek, dun-colored cats, with smutty faces, natives of Salem, and the long-haired Persian or Angora cats. In one cage, croaching back with flattened ears and glaring eyes, lay a genuine wild cat, exhibited by the Duke of Sutherland, and close by some peculiar specimens of the Mink cat, a tailless variety, looking as if they were ready, like the fox of the fable, to insist amongst the company assembled that to go tailless was the fashion. The wild cat, whose attention seemed to be divided between the spectators and the birds twittering near at hand, was not the only savage-looking specimen, for many of the animals exhibited were ready to lay back their ears, distend their jaws, glare with dilated eyes, and utter that low feline growl known as "swearing," explaining at once why the attendant busy about the cages had his hands protected by a thick leather glove. Others seemed utterly cowed by the novelty of the scene, and shivered and uttered their "mew," while a far larger proportion lay in ponderous aristocratic state upon their red or blue cushions, far to an excess, necks adorned with collar and padlock, ribbon or bells, and winked and blinked at their visitors; but refusing the caresses and blandishments offered them, and rejecting as well the milk and pieces of raw meat placed for their refection. And no wonder, for there was aldermanic repose written in every line of their sleek, glossy, well-licked forms. Fancy a cat of this kind being expected

Links oben: Im 19. Jahrhundert wurden wir erneut zum Liebling der Menschen. Hier eine Katze mit Mädchen auf einer Weihnachtskarte von ca. 1890, ein Entwurf des polnischen Druckers Louis Prang. Unser Konterfei wäre wohl kaum auf Weihnachtskarten gebannt worden, hätte man uns noch als Diener des Teufels betrachtet.

Links unten: Ich habe euch doch erzählt, dass die französische Avantgarde uns voller Begeisterung in ihre Reihen aufnahm. Hier Édouard Manets Lithografie *Le Rendez-vous des Chats* von 1868. Er gilt als Vater des Impressionismus, der die moderne Kunst mitbegründete. Er lebte mit einer Tuxedo-Katze namens Zizi.

to eat cold meat, after being used to have the bones picked out of its fish by careful hands, and to take its cutlet or chicken every day at noon! For size there was a cat weighing 21¾ pounds, being heavier, we were told, than the great Edinburgh cat that its owners would not send. For beauty, white silky-furred animals, whose skin would make ermine look poor; white, long-haired cats, too, with the most beautiful blue eyes, peculiar from the fact of their being deaf. Tawny cats, with large, flat feet, bearing seven toes in front and six toes behind, instead of the ordinary five. Here was a genuine tortoiseshell Tom, and there a spotless white lady formed a group with her family of three perfectly white kittens. One huge fellow was peculiar from his resemblance to the stuffed tigers in the case hard by.

In another cage—not for competition—was the favorite cat of one of the judges, Mr. Harrison Weir, the well-known animal painter—his brother, and Mr. Macdona, of St. Bernard dog celebrity, being the other judges. Mr. Weir's cat is a sleek blue tabby, of a placid disposition, fond of stroking, and given to purr. She is known as the "Old Lady" and has attained to the venerable feline age of twelve. One Manx Tom was evidently the hero of a hundred fights, for his ears were laced, goffered, or pinked with a shreddy pattern that told tales of many a scrimmage. He kept himself in a sitting posture, as if ashamed of the fact that he had no tail. and then uttered a low "mew," as if of pleasure, as he gazed across to where one of the mamma cats was carefully washing her offspring, heedless of all lookers-on. The amount of domesticity exhibited by the different animals was remarkable. Amongst the Toms generally there was either a disposition to lie in sullen apathy, or else to give symptoms of an imitation of that celebrated old blacking advertisement, where the cat glares with arched back and bottle-brush tail at its resemblance in the polished boot. The females, on the contrary, responded freely to the visitors' caresses, and purred to the praises of their proportions.

The managers, we are told, have had great difficulty in persuading people to part with their pets, and while the upper classes have responded, poorer people, who owned the commoner kinds, either from timidity or want of knowledge upon the subject, have refrained from entering their purring favorites for one of the seventy-five prizes, in sums ranging from ten to thirty shillings. Altogether, the show was very interesting, though this novel assemblage will probably prove trying to the birds when night falls and the part singing begins.

THE ILLUSTRATED LONDON NEWS, JULY 22, 1871.—60

PRIZE CATS AT THE CRYSTAL PALACE CAT SHOW.

Die Katzenschau im Kristallpalast war eine Riesensache. Die *Illustrated London News* veröffentlichte einen Stich, der mehrere der ausgestellten Rassen zeigte. Die frohe Kunde drang bis nach Amerika, wo die *Newville Star* in Pennsylvania einen Artikel über die Schau brachte. Die Welt hatte von uns Notiz genommen!

Oben: Sieg! Gegen Ende des Jahrhunderts hatten wir sämtliche Bastionen erstürmt. Wie die *Rattown Tigers*, die stolz die Main Street hinuntermarschierten. L. Prang & Co. veröffentlichte diese Lithografie in einer Zeitschrift aus dem Jahr 1894. Sie nannte die Tiger die »höchste Vollendung« – und eine Bedrohung für jedes Ungeziefer in der Stadt!

Rechte Seite: Wir hatten eure Herzen erobert und bekamen nun eine neue Rolle zugewiesen. In der Alten Welt waren wir für alles Mögliche bekannt, doch es blieb den Künstlern des 19. Jahrhunderts vorbehalten, die niedliche Katze darzustellen. Eine weitere Lithografie von L. Prang & Co. mit dem Titel *At the Party*.

Cafe ANGORA Cafe
MENU
TODAY
MILK

EIN NEUANFANG

KATZEN IN AMERIKA

Wir kommen jetzt zu einem Thema, das mir sehr am Herzen liegt, denn ich selbst bin ja eine Nachfahrin der amerikanischen Einwandererkatzen. Jenseits des Ozeans wartete ein weites Land, eine jungfräuliche, unberührte Welt, die reich an Chancen – und arm an Katzen war. Das Land im Westen kannte keine Hauskatzen, und die, die aus Europa ankamen, waren mit ganz neuen Herausforderungen konfrontiert. Sie eroberten dieses Land von Generation zu Generation durch Schwerstarbeit und machten es sich zu eigen. Dabei schufen sie ein ganz eigenes Vermächtnis, das die amerikanischen Katzen von allen anderen unterscheidet. Ein Vermächtnis, auf das wir zu Recht stolz sind. Hört sich das überheblich an? Dann bitte ich um Nachsicht, aber jeder Mensch, der je Zeit mit einer Katze verbracht hat, weiß, dass wir stolze Geschöpfe sind. Und bei diesem Thema ist jede Bescheidenheit fehl am Platz, denn ich muss ausdrücklich darauf hinweisen, dass die Katzen Amerikas von besonderer Art sind.

Aber vielleicht sollte ich erst einmal erklären, was ich unter »die Katzen Amerikas« verstehe. Denn damit ist keineswegs jedes Katzentier gemeint, das sich innerhalb der Grenzen der Vereinigten Staaten aufhält. Ich rede hier nicht über die teuren Rassekatzen, die auf der Park Avenue im Penthouse leben oder in den Villen von Beverly Hills. Katzen mit einem Stammbaum, der mehrfach notariell beglaubigt wurde. Man möchte fast meinen, sie stammten von Kaisern und Königen ab. Versteht mich nicht falsch, auch diese Tiere sind zweifelsohne schön, lieb und gute Gefährten für ihre Menschen. Aber sie sind nicht das, was ich mit einer *echten* amerikanischen Katze meine.

Denn was uns auszeichnet, ist nicht Reinrassigkeit oder die Einhaltung züchterischer Standards, sondern unsere historische Leistung. Tatsächlich stellen wir keine *spezielle Rasse* dar. Die echte amerikanische Katze ist eine Melange, in der sich alle möglichen Katzentypen vereinigen. Ein bisschen Tabby hier, ein wenig Schildpatt da. Ein Tupfer Weiß, wo man ihn am wenigsten erwartet. Und natürlich irgendein Abzeichen an einer Stelle, das hoffnungslos fehl am Platze scheint. Und wenn das Resultat vor den Hütern der Rassestandards keine Gnade findet? Dann ist uns das herzlich egal!

Ja, wir sind Außenseiter und stolz darauf. Wir sind die Streuner, die Straßenkatzen, die ihre Jungen in verlassenen Gebäuden oder unter einem Kartonhaufen in einer Sackgasse zur Welt bringen. Jene Katzen, die ihr im Tierheim findet. Doch mir geht es nicht darum, euch nun eine Elendsstudie zu präsentieren, denn wir sind smart, durchsetzungsfähig, klug und ausgesprochen stur. Keiner der Nachteile unserer Geburt hat uns je von der Überzeugung abbringen können, dass die Welt uns gehört. Aber auch wenn wir einen stolzen und unabhängigen Geist haben, so öffnen wir uns doch bedingungslos für unseren

Menschen. Und wenn wir mit dem Herzen dabei sind, werdet ihr keinen treueren und besseren Freund finden.

Passen diese Worte nicht auch auf das amerikanische Volk? Es ist vermutlich kein Zufall, dass sich die Geschichte der Katze und die ihrer Menschen in Amerika stärker ähneln als in anderen Teilen der Welt. Die amerikanische Nation wurde von Außenseitern gegründet, von Menschen, die wegen ihres Glaubens verfolgt wurden oder aus anderen Gründen nicht in die engen sozialen Strukturen der Alten Welt passten. Sie träumten von einem besseren Leben und nahmen deshalb das Risiko der Atlantiküberquerung auf sich. Und wir? Haben wir in Europa nicht unsere finstersten Tage erlebt? Auch Katzen waren Geächtete und suchten ihr Heil auf See.

Die ersten Schiffe, die in jenem fernen Land ankamen, brachten nicht nur menschliche Flüchtlinge mit sich. Natürlich holte man uns nicht an Bord, um uns die Freiheit zu schenken. Aber ihr wart klug genug, solch eine anstrengende Reise nicht ohne Katzen zu unternehmen, die eure lebenswichtigen Vorräte schützten. Häufig kehrten diese Schiffe nicht in ihre Heimathäfen zurück. Und als ihre Passagiere von Bord gingen, um das Land zu besiedeln, taten das auch wir Katzen. Die ersten Hauskatzen, die neuen Boden betraten. Das muss man sich mal vorstellen: Die Reise war schon schwierig genug für euch. Wie musste sie dann erst für eine Katze sein? Nur jene Tiere, die wirklich hart im Nehmen waren, überlebten die Fahrt und passten sich erfolgreich dem neuen Leben in den Kolonien an.

Die wenigen Mutigen sollten bald entdecken, dass Amerika für Katzen eine ganz eigene Welt war. Zunächst einmal waren die Vorurteile, mit denen man uns in der Alten Welt begegnete, hier längst nicht so verbreitet. Die Kolonien wurden von Puritanern begründet, die weniger stark vom Teufelsglauben besessen waren als die Menschen in Europa. Die Verleumdungen, die uns als böse darstellten, stießen seltener auf offene Ohren. Die Siedler waren praktische Leute. Wir mussten uns also schon mal keine Gedanken über grässliche Rituale machen, bei denen wir einer blutdürstigen mittelalterlichen Gottheit geopfert wurden. Was nicht heißen soll, dass wir dort sofort akzeptiert worden wären. Einerseits galten wir zwar auch als eine Art Schädling, andererseits schätzte man uns, weil wir die Nager unter Kontrolle hielten. Und lange Zeit waren wir für die Amerikaner – wie anfangs für die Europäer – nichts weiter als Rattenjäger.

Einen großen Unterschied aber gab es. Die Amerikaner waren ein einfallsreiches Völkchen. Für sie zählte der Nutzen, den etwas brachte. Anders als in Europa begegnete man hier jedem, der seinen Job gut machte, mit Respekt. Und was das Dezimieren von Ratten und Mäusen anging, so machten wir unsere Sache wirklich ausgezeichnet. Die frühen Siedler sahen in uns Verbündete. Es gab damals ein Sprichwort: »Du wirst immer Glück haben, wenn du eine fremde Katze dazu bringen kannst,

sich mit dir anzufreunden.« Das bezog sich natürlich darauf, dass sich Freundlichkeit gegenüber Streunerkatzen auszahlte, denn sie hinderten Ratten und Mäuse daran, Getreide und andere Vorräte aufzufressen. Die Bauern erfanden zu dem Zweck sogar eine eigene Vorrichtung: Sie machten ein kleines Loch in die Tür, das sie mit einem Stück Stoff abdeckten. So konnten die Katzen jederzeit ins Haus beziehungsweise in die Scheune. Diese Erfindung gibt es heute noch: Ihr kennt sie als Katzenklappe.

In der aufstrebenden Nation fanden wir schon bald nach der Unabhängigkeitserklärung offizielle Anerkennung. Lange bevor die Engländer ihre Postkatzen bekamen, setzte die amerikanische Regierung einen bestimmten Betrag für all jene Katzen fest, die die Postämter schützten. 1000 Dollar pro Jahr waren das, und sie wurden je nach Postaufkommen auf die einzelnen Ämter verteilt. So erhielten die Katzen New Yorks 100 Dollar, die in Philadelphia nur 10. Wie in England war unser Salär niedrig, ein Almosen letztlich. Wir mussten uns von Mäusen *extra rare* ernähren, aber immerhin erkannte die neue Republik, dass wir dem Staatenbund etwas Wichtiges zu geben hatten.

Weitere Unterstützung bekamen wir vonseiten der Armee. Anfang des 19. Jahrhunderts wurden Katzen fester Teil des Standardpersonals in den Lagerhäusern des Militärs, und vor allem die Proviantmeister wussten uns zu schätzen. Ein Soldat durfte stets auf die tatkräftige Unterstützung von Uncle Sam zählen. Und unser neuer Arbeitgeber war keineswegs knickrig: Volle 18 Dollar und 25 Cent gab man für die jährliche Verpflegung pro Mäusefänger aus. Die Summe war so hoch, dass das Schatzamt protestierte, doch Kameradschaft war in der Armee ein hohes Gut. Die Militärverwaltung bestand darauf, dass ihre Katzen gut gepflegt und ernährt wurden. Tatsächlich bekam jede Katze für ihre Dienste ein Pfund Rindfleisch täglich! Und nicht nur das: Die Einkäufer der Armee bestanden darauf, dass das nur der Fleischanteil war – ohne Knochen.

Trotz dieser Anerkennung hatte die Bevölkerung noch keine rechte Vorstellung davon, was alles in uns steckte. So versuchte man, für uns noch andere Aufgaben zu finden jenseits der Rattenjagd. Als hätte man geahnt, dass wir mehr können. Im 19. Jahrhundert machten sich daher Schriftsteller und Professoren daran, die schwierige Frage zu lösen: Was können Katzen noch, außer Nagetiere zu dezimieren?

Einige ihrer Ideen waren natürlich reichlich absurd. Ein Universitätsprofessor meinte, wir könnten Häuser vor Blitzeinschlägen schützen. Ähm … wie bitte? Der Mann hatte beobachtet, dass Katzen sich häufig am hinteren Zaun von Grundstücken aufhielten und dass der Blitz so gut wie nie dort einschlug. Ich bezweifle ja nicht, dass beide Beobachtungen für sich genommen richtig sind, aber die Verbindung, die er zwischen ihnen herstellte, war einfach unsinnig. Er folgerte, dass wir gegen Blitzeinschlag immun seien und diese Eigenschaften auch auf Zäune übertragen könnten. Die Blitzschutzwirkung einer Katze erstrecke sich über das Dreifache ihrer Körperlänge, den Schwanz miteingerechnet. (Also besser keine Manx-Katzen nehmen!) Ein New Yorker Journalist meinte, wir würden uns im Brandfall als natürliche Sprungpolster eignen. Würde man unten auf der Straße genügend Katzen auf einem Haufen versammeln, könnten die Menschen, die in den oberen Stockwerken von den Flammen eingeschlossen sind, auf uns draufhüpfen. Unsere Reißfestigkeit und Elastizität würden sie vor Verletzungen

bewahren. Und die Kulturfraktion meinte, man solle uns doch auf die Musikschule schicken und in Operngesang unterrichten.

Randbemerkung: Keines der oben geschilderten Projekte wurde je umgesetzt. Die Amerikaner im 19. Jahrhundert hatten durchaus Ideen, was unseren Wert betrifft, aber da auch an ihnen die Jahrhunderte des Aberglaubens und der falschen Vorstellungen nicht spurlos vorbeigegangen waren, konnten sie uns einfach nicht als Gefährten der Menschen sehen. Einige Katzen machten trotzdem Fortschritte. Ein Pärchen namens Tabby und Dixie schaffte es sogar bis ins Weiße Haus. Sie waren ein Geschenk des Außenministers William Seward an Abraham Lincoln. Und dieser erlag unserem Charme so sehr, dass Tabby sogar auf dem Tisch des Präsidenten ihr Abendbrot einnehmen durfte. Ein Kätzchen, das sich im Schoße der Macht verpflegt! Die Gattin des Präsidenten, die immer schon eine Spielverderberin war, protestierte, dass dies ihrem Status schaden würde. Doch Lincoln hatte die richtige Antwort parat. Wenn der frühere Präsident, James Buchanan, an diesem Tisch gegessen hatte, dann konnte man das auch einer Katze erlauben. Tatsächlich wurde Lincoln auch hier seinem Ruf als Kämpfer für die Gleichbehandlung gerecht!

Aber solche Siege waren rar. Man könnte es vielleicht so formulieren: Die Katzen, die es zu höchster Berühmtheit brachten, *waren leider nicht mehr am Leben.* Eine von ihnen erregte das öffentliche Interesse, weil sie im Washington Monument eingesperrt wurde, was das arme Tier dazu zwang, aus einem 180 Meter hoch gelegenen Fenster zu springen. Erstaunlicherweise überlebte die kühne Katze dies, nur um gleich darauf von einem Hund angefallen und getötet zu werden, als sie versuchte, sich humpelnd in Sicherheit zu bringen. Die verrückte Geschichte machte Schlagzeilen. Die Arbeiter am Monument hatten die ganze Sache mitangesehen und nahmen den Körper der Katze mit. Er wurde ausgestopft und war lange im Smithsonian-Museum zu sehen. Und dann war da noch die mumifizierte Katze, die zum Maskottchen des Milwaukee Presseclubs wurde. Das arme Tier wurde in einem Gebäude eingeschlossen, wo es verstarb. Mutter Natur sorgte dann dafür, dass ihr Leichnam zur Mumie wurde. Gegen jede Logik beschlossen die örtlichen Journalisten, dass eine tote Katze das ideale Maskottchen für ihre berufsständische Organisation wäre. Also drapierte man sie in einem barock anmutenden Holzkasten, den man in der Lieblingskneipe der Presse aufstellte. Man prostete der Mumie immer mal wieder zu und trug sie bei Paraden durch die Straßen. Man ernannte sie sogar zur Patronin des lokalen Schriftstellerwettbewerbs. Die Menschen mochten es witzig finden, diese Art von grobschlächtigem Humor auf eine arme Katze zu projizieren, die ein einsames und schreckliches Ende gefunden hatte. Das Schlimmste aber war der Name, den die Lohnschreiber ihr verpassten. Man nannte sie nämlich *Anubis*, nach dem schakalköpfigen Gott der Ägypter. Nun, Schakale gehören zu den *Hunden!*

Für Katzen war Amerika also zunächst ein hartes Pflaster. Doch unsere Stellung sollte sich ein für alle Mal zum Besseren verändern, und das lag an den unerschrockensten Katzen der Geschichte. Die Vereinigten Staaten waren das Land der unbegrenzten Möglichkeiten. Doch in den übervölkerten Städten und Elendsvierteln der Ostküste erfüllte sich dieses Versprechen nur für die wenigsten. Daher zogen die beherztesten unter euch Menschen einmal mehr los, um den unwirtlichen Westen zu erobern. Die Pioniere überquerten die Rocky Mountains und gründeten neue Farmen und Städte. Das Land war gnadenlos. Es vergab nichts. Aber die Leute konnten nach Belieben Land in Besitz nehmen, an einem Ort, an dem die Sonne hell schien und der blaue Himmel sich endlos bis an den Horizont erstreckte. Einem Ort, wo das Versprechen der Freiheit lockte.

Doch der Westen hielt auch weniger erfreuliche »Segnungen« bereit: Millionen von Mäusen. Auf einem so weitläufigen Territorium, dass nur noch die Pfoten der Experten helfen konnten. Im amerikanischen Westen wurden wir wahrhaft gebraucht! Und wieder reagierten wir auf eure Hilferufe. Und so begannen wir Katzen im Verlauf des 19. Jahrhunderts auch das Hinterland Amerikas zu bevölkern. Woher aber kamen diese unerschrockenen Feliden? Manche kamen mit den Trecks der Siedler, die weitsichtig genug waren, eine Katze mit in den Westen zu nehmen. Andere wanderten über Mexiko ein, aus Mittel- und Südamerika, wohin sie an Bord spanischer Galeonen gekommen waren. Sie reisten mit spanischen Missionaren nach Norden und nahmen den Südwesten der Vereinigten Staaten in Besitz. Andere fanden sich allein zurecht, wahre Pioniere, die die großen Städte an der Ostküste verließen und schließlich sogar den Mississippi überquerten.

Wie die Seefahrerkatzen, die die neue Welt kolonisiert hatten, waren auch die Pionierkatzen von Natur aus stark und gewitzt. Sie waren zudem wertvolle »Gebrauchsgüter«, vor allem für die Cowboys. Diese waren häufig mit Lebensmittelvorräten unterwegs, die monatelang halten mussten. Wenn die Feldmäuse sich daran vergriffen, konnte dies den sicheren Tod bedeuten. So unabhängig und stark

diese Männer auch waren, sie brauchten trotzdem unsere Hilfe. Freilich bekommt man das im klassischen Western nie zu sehen, aber viele Cowboys reisten mit einer Katze im Gepäck. Und sie waren bereit, für unsere Dienste einen hohen Preis zu bezahlen.

In der Region Arizona kostete eine Katze in den 1880er-Jahren 10 Dollar. Das war ein stolzer Preis, wenn man davon ausgeht, dass der durchschnittliche Monatslohn kaum über 20 Dollar lag. Den Preis diktierte der Markt, denn es gab nicht genug Katzen, um die Nachfrage zu decken. Die Unternehmer im Mittleren Westen taten sich zusammen und kauften im großen Stil Katzen, um sie mit dem Zug nach Nord- und Süddakota zu bringen. In Alaska wurde unser Gewicht in Gold aufgewogen – im wahrsten Sinne des Wortes, denn die verzweifelten Goldgräber bezahlten uns mit Goldstaub.

Aber waren das nicht die gleichen alten Abhängigkeitsverhältnisse wie früher, werdet ihr vielleicht einwenden. Das stimmt schon, aber sie ergaben sich vor dem Hintergrund einer neuen Welt, in der die alten Rollenmuster neu geschrieben wurden. So ergaben sich Gelegenheiten für all jene, die verwegen genug waren, diese beim Schopf zu packen. Viele Katzen schafften das und beeinflussten so die öffentliche Meinung über uns. Da war zum Beispiel ein mutiger Kater namens Tom, der in Salt Lake City mit einem Mann namens John West zusammenlebte. Die beiden verstanden sich so einigermaßen, bis Tom eines Tages eine Flunder für sich reklamierte, die Mr. West wohl als sein Eigentum betrachtete. (Die Auseinandersetzung darüber, welches Futter wem gehört, beherrscht das Zusammenleben von Mensch und Katze schon seit Urzeiten.) Anstatt friedlich zu verhandeln, wurde Mr. West offensichtlich von der Wut gepackt. Er steckte den armen Tom in eine Reisetasche und stellte sie unter den Eisenbahnsitz eines Zuges, der nach Kalifornien fuhr! Etwa 550 Kilometer später hörte das Zugpersonal Toms Miauen. Die Katze wurde entdeckt und kam vom Regen in die Traufe: Da Tom keinen Fahrschein hatte, setzte man ihn unnachsichtig am Bahnhof von Caliente in Nevada aus.

Aber wie gesagt, Pionierkatzen sind von Natur aus stark und gewitzt. Tom wusste, was zu tun war. Dieses Haus in Salt Lake City war ebenso sein Zuhause wie das von Mr. West. Er sollte verdammt sein, wenn er das so einfach aufgäbe. Also marschierte er stracks immer weiter Richtung Osten. Er überquerte Berge und durchmaß Wüsten. Tagsüber litt er unter der sengenden Hitze, nachts unter eisiger Kälte in einem Land, in dem gefährliche Raubtiere unterwegs waren. Und obwohl er den Weg nicht kannte, stand er drei Wochen später wieder vor der Tür seines Hauses. Natürlich sah er furchtbar mitgenommen aus, aber er wusste nichtsdestotrotz, was ihm zustand: Mit lautem Miauen forderte er sein Abendessen ein. Mr. West war so beeindruckt, dass er ihn auf der Stelle fütterte und schwor, er würde Tom nie wieder vor die Tür setzen. Tom hatte bewiesen, dass

er der Mutigere von beiden war. Und damit hatte er sich seinen Platz zurückerobert.

Cy Warman, ein Dichter, der in seiner Jugend für die Eisenbahn gearbeitet hatte und den Spitznamen »Barde der Rockies« trug, schrieb die Geschichte einer anderen Pionierkatze auf. Als er noch bei der Western Line beschäftigt war, hatte er eine schwarze Streunerin aufgenommen, die es sich daraufhin auf dem Betriebshof der Bahn gemütlich machte. Zusammen hatten sie unzählige Meilen zurückgelegt, und die Katze war Warman ans Herz gewachsen. Als er die Eisenbahn verließ, wollte er die Katze mitnehmen, und so suchte er den Betriebshof auf. Dort lag sie schlafend auf dem Kohletender. Er rief sie. Sie begrüßte ihn mit einem Schnurren und kam auf ihn zu. Aber plötzlich blieb sie auf halbem Weg stehen. Ein Augenblick der Unentschlossenheit, eine greifbare Anspannung und schließlich ein jämmerliches Miau. Die Katze sah Warman an, hielt inne und kehrte nach einer gefühlten Ewigkeit zum Zug zurück, ohne sich auch nur einmal umzudrehen.

Die schwarze Katze wusste, dass ihr Mensch fortgehen würde. (Wir wissen das immer.) Und dass sie eine Entscheidung treffen musste, die ihr sicher schwerfiel. Aber so schön ein bequemes Leben bei einem liebevollen Gefährten auch sein mochte, sie war eine Pionierkatze. Sie entschied sich für den Zug – für einen schmutzigen Kohlehaufen anstelle eines weichen Sofas, für Geschwindigkeit und Abenteuer anstatt fauler Tage auf der Veranda. Lieber die endlosen Weiten als ein gepflegter Garten. Sie entschied sich für das Fahren unter freiem Himmel, den Wind, der um ihre Schnurrhaare strich. Zumindest für die nächsten Jahre. Bis eines schicksalhaften Tages ihr Zug entgleiste. Der Lokführer wurde tot aufgefunden, und ein paar Meter weiter lag die Katze, leblos und gebrochen. Woher sie gekommen war, wusste niemand. Auch nicht, wer sie wohl gewesen war, bevor sie auf dem Betriebshof einzog. Aber die Männer der Western Line wussten, zu wem sie geworden war: zu Amerikas einziger Eisenbahnkatze.

Sie hatte ihren eigenen Weg gewählt und starb, wie sie gelebt hatte: als Pionierin unter Pionieren. Aber so war eben der Wilde Westen! Das Leben war nicht einfach. Gleichzeitig war dies ein Ort, an dem alte Identitäten ausgelöscht wurden und sich neue bildeten. Unter dem einsamen Himmel des Westens entstanden neue Bande. Und das weite Land hatte genug Platz für ein altes Lebensgefühl: die Katze als Gefährten. Die Katzen dort draußen überwanden mehr als eine Grenze auf der Landkarte. Sie fanden ihren Weg zurück in die Herzen der Menschen. Man stelle sich nur das Zugpersonal im Kontakt mit dieser wunderbaren schwarzen Katze vor! Natürlich käme niemand auf die Idee, ihr die Steuerung der Lok zu überlassen! Aber man kam sich näher und verstand sich. Man lachte und miaute im Dunst der verbrennenden Kohle. Oder die Cowboys, die durch die endlosen Weiten ritten, während wir uns hinters Sattelhorn kauerten. Mitten im Nirgendwo lernten sie uns kennen. Und vermutlich ersannen sie in sternklaren Nächten am Lagerfeuer so manchen Song für ihre Katze, während diese zufrieden zu den Klängen der Gitarre schnurrte.

Im Amerika jener Tage flossen Wissen und Kultur gewöhnlich von Ost nach West. Wichtige Ideen entstanden in urbanen Zentren wie Boston oder New York und breiteten sich dann westwärts aus. Mit den Katzen war das anders. Denn die gute Meinung über uns floss von West nach Ost, man zeigte den gebildeten Ostküstenbewohnern, wie sich das Rätsel um die Katze lösen ließ. Unsere geheimen Zwecke waren gar nicht mehr so geheim. Und so erfuhren die Menschen im Osten, vermutlich peinlich berührt, die Antwort auf die Frage nach dem bestmöglichen Einsatz für eine Katze. Das Problem war vermutlich zu simpel gewesen, deshalb waren sie nicht darauf gekommen: Katzen waren einfach gute Freunde!

Wie in Europa verbreitete sich diese Idee zuerst unter Dichtern und Malern. Das erste Jahrzehnt des 20. Jahrhunderts war eine aufregende Zeit, in der sich immer mehr Schriftsteller und Maler vom Hund als Haustier abwandten und uns zuwandten. Bald ergriffen die berühmtesten Autoren Amerikas für uns Partei. Mark Twain nahm mehrere Streuner bei sich in Connecticut auf und meinte, er ziehe uns Katzen den Menschen vor. Mit seinem klassischen Witz (und verblüffender Ehrlichkeit) kam er zu folgendem Schluss: »Würde man einen Menschen mit einer Katze kreuzen, würde man den Menschen verbessern, aber die Katze verschlechtern.« Noch begeisterter war H. P. Lovecraft, der in den Katzen das Gegengewicht zu den Horrorstorys sah, die er schrieb. »Die Katze«, erklärte er, »ist für Menschen, die Schönheit zu schätzen wissen, eine belebende Kraft in einem blinden und sinnlosen Universum.«

So viele Generationen von Schriftstellern und anderen Künstlern machte uns zu Lebensgefährten, dass wir tatsächlich Amerikas Musen wurden. Und das ist kein Witz! Nehmen wir nur mal die erstaunlichsten Kandidaten. Ernest Hemingway war der archetypische harte Mann. Aber er verliebte sich so sehr in eine Katze mit sechs Zehen, die ihm ein Schiffskapitän gebracht hatte, dass er in seiner Heimat Key West eine ganze Kolonie ihrer Nachkömmlinge ansiedelte, die heute noch immer als »Hemingway-Katzen« bekannt sind. Oder William S. Burroughs. Er mochte zwar der Inbegriff von Gegenkultur sein, aber wenn es um seine Tierliebe ging, war er ein absoluter Klassiker: Katzen und noch mehr Katzen! Er glaubte, dass die Bindung zwischen Katze und Mensch übersinnlich sei und dem Menschen zur Erleuchtung verhelfe: »Die Beziehung zu meinen Katzen hat mich vor einer tödlichen, totalen Ignoranz bewahrt!«, schrieb er.

Und unter den bildenden Künstlern ist unser leidenschaftlichster Fan niemand Geringeres als der Größte der amerikanischen Kunstgeschichte: Andy Warhol. Er beherbergte in seinem Heim in der Lexing-

ton Avenue bis zu 25 Katzen auf einmal. Alles Siamesen, die er schlicht und einfach Sam nannte, bis auf eine. Warhols Liebe zu den Katzen ging seinem eigenen Ruhm voraus. Sein erstes, 1954 veröffentlichtes Buch war eine Reihe von Katzen-Lithografien. Mittlerweile ist das Buch so wertvoll, dass einzelne Exemplare für Tausende von Dollar verkauft werden. Warhols Katzen durften sogar über seine Bilder laufen und hinterließen mitunter ihre Pfotenabdrücke darauf. Oje! War das ein Problem? Für Warhol in keinster Weise. Er hatte nichts gegen ein wenig Hilfe von einem Freund.

Gegen Ende des ersten Jahrzehnts des 20. Jahrhunderts hatte sich Amerika zum Katzenland gewandelt. Unser Siegeszug ging schnell, eure Liebe hat uns nahezu überschwemmt. Der Nordosten wurde zum Hotspot der neuen Passion. Die *Boston Post* widmete uns eine eigene Kolumne: »Berühmte Katzen Neuenglands«. Die erste Zeitungskolumne, die ganz im Zeichen der Katze stand. Eine kleine öffentliche Anerkennung für uns Katzen der besonderen Art. Die Geschichten waren spannend, vor allem die von Minnie. Sie kam gleich zwei Mal in die Kolumne, denn sie war tot aufgefunden worden und dann wieder ins Leben zurückgekehrt. Minnie hatte während eines Feuers schwere Verbrennungen erlitten. Die Feuerwehrleute hielten sie für tot, also warfen sie den scheinbar leblosen Katzenkörper einfach auf den Laster, der die verkohlten Überreste entsorgen sollte. Am nächsten Morgen hörten sie ein schwaches Miau. Die bewegungsunfähige Minnie war kohlrabenschwarz, aber sie lebte. Die Männer der Feuerwache kümmerten sich um sie. Es sollte zwar einige Zeit dauern, bis sie sich wieder bewegen konnte, aber sie erholte sich vollständig. Und die Feuerwehrmänner wurden für ihren Einsatz belohnt. Von nun an hatten sie eine liebevolle kleine Freundin. Am Ende waren sie so verschossen in die Kleine, dass sie sie zum Maskottchen der Feuerwache ernannten. »Na und?«, werdet ihr jetzt vielleicht fragen. Nun, Feuerwehrleute hatten eigentlich immer Hunde an ihrer Seite, meist Dalmatiner. Nicht so die Ladder Company 24. Sie entschied sich einstimmig für eine Katze. Haben wir es nicht wirklich weit gebracht?

In diese Zeit des radikalen Wandels wurde eine von Amerikas berühmtesten Katzen hineingeboren, ein Kater namens Jerry Fox. Er war ein Mischling aus Brooklyn, der durch sein gewinnendes Wesen zum Liebling des ganzen Viertels aufstieg. Er wurde zur Borough Cat der Bezirksverwaltung ernannt. Natürlich wurde dieser Posten für Jerry extra geschaffen. Jerrys auffälligstes Merkmal war die Tatsache, dass er eine Brille trug. Wie man das Sehvermögen einer Katze testet, übersteigt zwar meine Vorstellungskraft. Aber Tatsache ist, dass man ihm eine eigene Brille anpasste, die er auch trug, als deutlich wurde, dass seine Sehkraft nachließ.

Von da an saß Jerry auf den Stufen zum Rathaus mit einer Brille auf der Nase. Passanten legten eine Zeitung vor ihm ab, damit er so tun konnte, als lese er. Man nahm sogar an, dass die Brille – respektive ihr Fehlen – für seinen Tod verantwortlich war. Eines Tages im Jahr 1904 ging Jerry ohne seine Brille spazieren und fiel in ein Loch, das Arbeiter gegraben hatten, um eine Hauptwasserleitung zu reparieren. Das Missgeschick wurde zur Tragödie, da die Arbeiter den kurzsichtigen Kater nicht bemerkten, als sie das Loch wieder verschlossen. Sein kleiner Körper wurde erst ein Jahr später entdeckt, als die Leitung wieder gewartet wurde.

Jerrys trauriges Ende tut seiner Bedeutung für die Geschichte der Katzen jedoch keinen Abbruch. Ich habe ihn als eine der großen Katzen Amerikas bezeichnet, obwohl er uns nicht durch Mut oder Stärke beeindruckt hat. So charmant wir die Idee mit der Brille finden mögen, auch sie ist kein Maßstab für seine Größe. Sein Standing unter uns Katzen hat vielmehr mit etwas zu tun, das sich erst nach seinem Tod in aller Deutlichkeit zeigte – bei der Lektüre seines Nachrufs im *Brooklyn Daily Eagle*. Nachdem man Jerrys Leichnam entdeckt hatte, bestätigte die Zeitung seinen tragischen Tod und brachte eine Chronik seines Lebens. Dazu gehörten auch Aussagen berühmter Leute, die belegten, wie sehr die Menschen Jerry geliebt hatten. Hätte jeder Politiker, Geschäftsmann, Richter oder Anwalt im Borough Hall Square einen alten Kollegen verloren, hieß es, so hätte die Trauer nicht tiefer ausfallen können. Ein Stadtrat lobte seine offene Art und seinen Kampfgeist, ein anderer meinte, Jerry sei für Brooklyn, was der Kabeljau für Boston ist. (Für alle, die das bezweifeln: Das ist ein großes Kompliment!) Man erinnerte sich seiner Schrullen, natürlich seiner Brille und wie er immer dasaß mit der Zeitung über den Pfoten. Die Arbeiter der nahe gelegenen Eisenbahn passten auf ihn auf, damit der schwachsichtige Kater keinen Schaden erlitt. So wie man auf den tatterigen, halbblinden Onkel ein Auge hat, und zwar möglichst unauffällig, damit man ihn nicht beleidigt.

Der Nachruf zeichnete keineswegs das Leben einer Katze nach, sondern das einer außergewöhnlichen Persönlichkeit. Und das ist der Grund, weshalb Jerry unter uns Katzen ein so hohes Ansehen genießt. Was die Öffentlichkeit anging, so waren alle Katzen vor Jerry schlicht und einfach *Katzen*. Er hingegen war mehr: die Verkörperung einer Idee, ein Symbol für ganz Brooklyn, ja eine örtliche Legende. Das Zeitalter der Katze hatte seinen ersten Star hervorgebracht. Viele andere sollten folgen. Ihr wisst ja sicher, wie viele Katzen mittlerweile Berühmtheiten sind.

Aber Jerry war der Erste unter ihnen, und deshalb ist ihm ein Ehrenplatz in den Annalen der Katze gewiss. Er war so beliebt, dass die Nachricht von seinem Tod ein ganzes Stadtviertel erschütterte. Dort hatte man ihn schon seit einem Jahr vermisst. Es war klar, dass er tot sein musste, doch als man seinen Leichnam entdeckte und die Vermutung unumstößliche Gewissheit wurde, hielt ganz Brooklyn inne und vergoss eine Träne. Für einen alten Freund, der zufällig eine Katze war.

Der Aufstieg der Katzen war nun nicht mehr aufzuhalten. Selbst Jerrys tragischer Tod konnte daran nichts mehr ändern, denn bald schon ging der Stern einer weiteren Celebrity-Katze auf – buchstäblich und im übertragenen Sinne. Der Ruhm der grauen Tabbykatze Kiddo hatte mit einer speziellen Obsession der amerikanischen Öffentlichkeit zu tun. Man interessierte sich damals für alles, was flog, vor allem für das Abenteuer der Atlantiküberquerung in einem lenkbaren Flugobjekt. Klar ist, dass dies ein höchst verwegenes Projekt war, aber menschliche Tapferkeit beginnt

oft mit Tollkühnheit. Und so machte sich 1910 das Luftschiff *America* auf nach England. Es war der erste Versuch, den Ozean fliegend zu überqueren. Die Crew bestand aus Respekt einflößenden sechs Personen. Und einer Katze.

Dass Kiddo mit an Bord war, lag am Aberglauben seiner Crewmitglieder und hatte nichts mit praktischen Belangen zu tun. Er tat nicht mal so, als wisse er über Aeronautik Bescheid. Doch zur Mannschaft der *America* gehörten auch einige Seeleute, die sich schlicht weigerten, ohne eine Katze »in Luft zu stechen«. Da Kiddo schon zuvor auf Schiffen gedient hatte, wurde er mobilgemacht.

Er hatte allerdings nicht die geringste Lust auf dieses Unternehmen, und merkwürdigerweise ist dies auch der Grund für seinen Ruhm. Als das Luftschiff aufstieg, regte sich Kiddo, der diesem verrückten Unterfangen sowieso misstrauisch gegenüberstand, über die Maßen auf. Und ihr wisst ja sicher, welchen Terz wir veranstalten können, wenn man uns gegen unseren Willen in ein Auto verfrachtet. Aber stellt euch einmal vor, wie sich eine Katze gefühlt haben muss, die in einem Luftschiff eingesperrt war! Der arme Kiddo, so ein Crewmitglied, »miaute herzzerreißend, fauchte und zappelte wie ein Eichhörnchen im Käfig«.

Die *America* war auch das erste Luftschiff, das mit Funk ausgestattet war und insofern Geschichte schrieb, als von dort der erste Funkspruch aus der Luft abgesetzt wurde. Der Kapitän griff sich das Mikro und bellte einen Befehl: »Roy, komm und hole diese gottverdammte Katze!« Diese bahnbrechende Neuerung wurde das Highlight der gesamten Unternehmung, da die *America* es *nicht* bis nach England schaffte. Stattdessen flog sie über Bermuda, bevor sie in den Ozean stürzte. Kiddo und seine Kameraden wurden von der amerikanischen Küstenwache gerettet. Die Menschen waren verständlicherweise peinlich berührt. Dieser Fehlschlag war eine Riesenblamage. Aber die Katze konnte natürlich nichts dafür. Um von der Bruchlandung abzulenken, berichtete man lang und breit über Kiddo. Schließlich hatte die Katze tatsächlich eine Luftreise gemacht. Und war Gegenstand des ersten Funkspruches aus der Luft gewesen.

Nun fehlte dem Kater nur noch ein Spitzname. Die Zeitungen tauften ihn »Flying Cat«, und damit war ein neuer Star geboren. War Jerry Fox noch eine lokale Berühmtheit gewesen, die man nur in Brooklyn kannte, breitete sich Kiddos Ruhm über das gesamte Land aus und trieb ganz eigene Blüten. Als im selben Jahr der Gimbels Department Store eröffnete, der bald zum prestigeträchtigsten Warenhaus in New York werden sollte, hatte Kiddo seinen großen Auftritt, der unzählige Kunden anzog. Er saß in einem goldenen Käfig ganz hinten im Obergeschoss, sodass die Kunden das ganze Warenhaus durchqueren mussten, um ihn zu sehen. Und das taten sie auch – für einen Blick auf diesen wunderbaren grauen Tabbykater, der vor Angst rasend geworden war. Und das alles bloß, weil ein paar Menschen es für eine super Idee hielten, ihn auf dieses schwachsinnige Abenteuer mitzunehmen.

Nach seinem Auftritt in New York tourte Kiddo durch das ganze Land und bezauberte Städte nah und fern. Als er in Pittsburgh Station machte, erfuhr er eine geradezu königliche Behandlung: Er bekam ein Halsband aus Gold und wurde von Hand mit Hühnerfilet gefüttert. Innerhalb weniger Monate war er bis nach Montana gekommen. Eine Lokalzeitung schrieb, man könne ihn buchen – für sage und schreibe 2000 Dollar die Woche. Und das zu einer Zeit, als der Dollar noch etwas wert war.

In Wirklichkeit jedoch war der Hype um Kiddo als erste »fliegende Katze« ein *einziges Märchen!* Die *America* brach im Oktober 1910 zu ihrer Fahrt auf. Dabei hatte der Pilot John Bevins Moisant bereits im August desselben Jahres seine Tigerkatze Mademoiselle Fifi in einen Mantel eingewickelt und ist mit ihr über den Ärmelkanal geflogen.

Aber die Presse war nun mal auf Kiddo fixiert. Er war es, der die Lorbeeren als erste fliegende Katze erntete. Vielleicht waren die angenehmen Seiten des Ruhms ja eine Entschädigung dafür, dass man das arme Tier in einen Zeppelin gezwungen hatte. Am Ende sollten ihn diese Abenteuer in luftigen Höhen auch noch das Leben kosten. Ein Jahr nach dem Debakel mit der *America* wurde Kiddo wieder mit Gewalt an Bord eines Luftschiffes geschafft. Dessen Kapitän, ein zweifelhafter Charakter namens Melvin Vaniman, wollte in einem Luftschiff namens *Akron* den Atlantik überqueren. Für diesen Vaniman habe ich wirklich nur Verachtung übrig. Er kannte die Risiken nur zu gut, war er doch schon Crewmitglied der *America* gewesen. Und hatte als Einziger gegen Kiddos Mitnahme protestiert. Er war überhaupt kein Katzenfreund, vielmehr gehörte er zu der erbärmlichsten Sorte Mensch überhaupt: den Opportunisten. Denn jetzt, da Kiddo eine Berühmtheit war, wollte er ihn unbedingt dabeihaben.

Vanimans Absicht war es, aus der Berühmtheit der Katze für sich Profit zu schlagen. Dass Kiddo auf der *Akron* mit von der Partie war, sicherte seinem Unterfangen eine breitere Aufmerksamkeit. Und Vaniman zog einen riesigen Medienrummel ab. So erzählte er den Reportern, er habe für Kiddo eine Schlafkoje nach Maß anfertigen lassen. Vermutlich ahnt ihr schon, wie die Geschichte enden wird. Genau, am Grund des Ozeans. Die Mannschaft der *America* hatte wenigstens überlebt. Die *Akron* jedoch versank mit Mann und Katze. Ich kann nur hoffen, dass Kiddo als Ausgleich für seine Leiden wenigstens ein letzter Pfad in den Himmel gewiesen wurde – was für diesen Melvin Vaniman sicherlich nicht gilt.

Amerikas zweite feline Berühmtheit erlitt also einen noch tragischeren Tod als die erste. Aber Kiddos Märtyrertum machte uns nur noch bekannter. Als er starb, hatten wir es längst in die Salons der wohlhabenden Amerikaner geschafft. Natürlich hatten diese kein Interesse an den zähen Straßenkatzen, die geholfen hatten, die Nation aus der Taufe zu heben. Sie wünschten sich vielmehr Katzen, die Reichtum und Status signalisierten. Teure, exotische Tiere. Und was wäre exotischer als ein ... Löwe? Ja, tatsächlich. Ein kurioses Kapitel in der Geschichte der Katzen Amerikas trug sich eben zu jener Zeit zu, als die Menschen versuchten, einander sozial zu übertrumpfen. Man schwankte, ob man sich lieber für eine Klein- oder eine Großkatze entscheiden sollte, und daher entwickelte die feine Gesellschaft ein gewisses Faible für Löwen.

Anscheinend gab es einen solchen in jeder größeren Stadt. Die berühmteste unter den Löwenhaltern war Vilma Lwoff-Parlaghy, eine ungarische Prinzessin, die nach New York emigriert war und 1908 ins Plaza Hotel einzog. Sie war unglaublich reich und höchst exzentrisch, was sich unter anderem darin äußerte, dass sie in ihrer Suite eine merkwürdige Menagerie hielt: eine Eule, ein Alligatorbaby und ein Bärenjunges. Das Hotelpersonal war also schon einiges gewohnt, aber das Verrückteste sollte noch kommen: Nach einem Besuch im Ringling Brothers Circus kehrte Vilma mit einem Löwenjungen namens Goldfleck zurück.

Es war Liebe auf den ersten Blick, zumindest für die Prinzessin. Sie musste dieses Tier haben. Auf Nachfrage ließ man ihr sagen, dass Tiere des Zirkus nicht zum Verkauf stünden. Aber natürlich sprach Geld eine überzeugende Sprache. Und die Prinzessin beherrschte sie gut genug, um die Herzen der Ringling Brothers zu erweichen – so wie Goldfleck das ihre berührt hatte. Als die Prinzessin mit dem Löwen ins Hotel zurückkehrte, war das Personal entsetzt und stand dem Zuzug eher ablehnend gegenüber. Aber der Hotelmanager sprach dieselbe Sprache wie die Prinzessin, und da sie von allen Gästen am besten zahlte, entsprach man ihrem Wunsch, die Suite zur Höhle des Löwen zu machen.

Doch bei allem Luxus war das Plaza kein Platz für einen Löwen. Es war ja kein Zufall, dass sich *Wildkatzen* im Zusammenleben mit euch zu *Hauskatzen* entwickelten. Es ist schon schlimm genug, wenn man Großkatzen in einem Zirkus einsperrt. Sie in einer Hotelsuite zu halten ist geradezu monströs. Daher überrascht es kaum, dass Goldfleck jung verstarb. Es ist vielmehr erstaunlich, dass er in Gefangenschaft vier Jahre lang überlebte. Als er das Zeitliche gesegnet hatte, durfte die Prinzessin in der Empfangshalle des Plaza eine Trauerfeier arrangieren. Man sorgte für eine professionelle Beerdigung und Trauergäste, die den Trauerzug begleiteten – 25 Meilen bis zum Tierfriedhof von Hartsdale. Dort entließ man den armen Goldfleck endlich in die Natur – viel zu spät und mit einem Pomp, der 10 000 Dollar verschlang.

Glücklicherweise war diese Mode kurzlebig. Irgendwann hatten die Menschen begriffen, dass in Katzenfragen »groß« nicht immer »besser« heißt. Wozu solltet ihr auch Großkatzen brauchen, wenn sogar die Kleinsten unter uns den Mut eines Löwen entwickeln können! Und was die amerikanischen Katzen angeht, so waren wir vollwertige Bürger dieser Republik. Wir würden sie verteidigen, und das nicht nur in ihren Vorratskammern.

1917 vermeldeten die Schlagzeilen schließlich eine schockierende Neuigkeit – Amerika trat in den Krieg ein. Für unsere unbezwinglichen Katzen hieß das: Wir zogen mit an die Front. Und das in vorderster Reihe!

Die Armee des deutschen Kaiserreichs bekam im Ersten Weltkrieg unerwartet Unterstützung von großen, fiesen Ratten, die den alliierten Truppen an der umkämpften Westfront enorm zusetzten. Als Gegenmaßnahme hatte man Hunde eingesetzt, Gift und britische Katzen – ohne Erfolg. Tatsächlich erwiesen sich diese großen Ratten im direkten Zweikampf als harte Gegner! Doch die edlen englischen Samtpfoten durften sich nach dem Kriegseintritt Amerikas zurückziehen, denn nun waren erprobte Kämpfer auf dem Weg an die Front: Hafenkatzen aus New York, Philadelphia und Baltimore, die zu den besten Rattenjägern der Welt zählten. Aufgrund des Hilferufes der Alliierten wurden die Katzen schon im Dezember 1917 nach Frankreich gebracht, obwohl die amerikanischen Truppen erst Anfang 1918 eintrafen. Es waren wir Katzen, die Kaiser Wilhelm II. eine erste Kostprobe der amerikanischen Feuerkraft gaben.

Auch im Zweiten Weltkrieg erfüllten wir unsere Pflicht. 1941 brach ein schwarzer Kater von Pennsylvania nach Nazideutschland auf, um es zu unterwandern. Captain Midnight, so sein Kampfname, wurde von der Wilkes-Barre Chamber of Commerce entsandt. An Bord eines RAF-Bombers wurde er nach Deutschland geflogen, wo er schließlich Adolf Hitler von rechts über den Weg laufen sollte, sodass dieser vom Pech heimgesucht würde. Captain Midnight wurde in einer rot-weiß-blauen Kiste transportiert, auf der »Sondergesandter« stand. Seine Abreise machte Schlagzeilen im ganzen Land.

Dass es danach keine weitere Berichterstattung mehr über ihn gab, gab den Kritikern des Unterfangens Auftrieb. Es hieß, dass die Briten den Plan als unsinnig abgelehnt hätten. Aber diese Skeptiker hatten natürlich keine Ahnung von militärischen Gepflogenheiten. Eine Mission von so hoher strategischer Bedeutung unterlag natürlich strengster Geheimhaltung, um ihren Erfolg nicht zu gefährden. Captain Midnights Aufenthaltsort musste also top-secret bleiben. Und woher sollen wir dann wissen, ob er Erfolg hatte, fragt ihr euch vielleicht? Nun, denkt doch mal nach, wie es Herrn Hitler bald darauf erging? Haben die Deutschen nicht schon vor den Japanern kapituliert? Vielleicht war daran ja ein schwarzer Kater als Unglücksbote nicht ganz unbeteiligt.

Andere Katzen dienten weniger geheim in der US Army und im Marine Corps. Und natürlich in der Navy, wo wir auf den Schiffen unseren üblichen Pflichten nachgingen. Die höchstdekorierte Militärkatze – die selbst Simon übertraf – war eine amerikanische Tabby namens Pooli, die sich im Zweiten Weltkrieg drei Ordensspangen und vier Tapferkeitsmedaillen verdiente. Ganz Schiffskatze war Pooli in Pearl Harbour auf Hawaii zur Welt gekommen, wo sie bald darauf ihren Posten auf der *USS Fremont* übernahm. Sie nahm an den heftigsten Schlachten der Marinegeschichte teil, unter anderem in Iwojima, auf den Philippinen und bei den Marianeninseln. Da Pooli ihre Auszeichnungen nicht für irgendwelche herausragenden Fähigkeiten bekam, sondern für eine ganz katzentypische Gewohnheit, ist sie der beste Beweis, dass selbst die sanftesten zu wahren Heldentaten fähig sind, wenn es drauf ankommt.

Poolis Lieblingsbeschäftigung war Schlafen. Sie rollte sich zu einem Ball zusammen und fing an zu dösen. Wenn die Kampfhandlungen ihren Höhepunkt erreichten, also Granaten und Bomben explodierten, stand sie auf und begab sich in die Poststelle des Schiffes. Dort suchte sie sich einen bequemen Postsack und schlief weiter. Aber bevor ihr jetzt ein hämisches Grinsen aufsetzt und Poolis Auszeichnungen für einen Witz haltet, solltet ihr die Dinge mal aus der Sicht ihrer Mannschaftskameraden betrachten. Die erzählten nämlich Folgendes: Wenn es wirklich hart auf hart ging und sie nicht sicher waren, ob sie die Schlacht überstehen würden, schickten sie jemanden in die Poststelle. Wenn Pooli dort gemütlich schlief, war klar, dass alles gut gehen würde.

Waren die Kämpfe nicht so heftig, als dass die Schiffskatze davon aufgewacht wäre, konnte die Lage so tragisch nicht sein. Pooli hatte also das Ihre zum Sieg beigetragen. Sie hatte die Auszeichnungen verdient, weil sie die Moral der Truppe stärkte. Sie wusste genau, dass das Bild einer heroisch schlafenden Katze ein sicheres Bollwerk gegen die Angst der Männer war. Und wenn ihr glaubt, dass sie sich doch bloß auf die faule Haut legte, bis das Gröbste vorüber war, dann überlegt mal: Habt ihr je versucht, bei Kanonendonner zu schlafen? Es braucht schon eine gewisse Entschlossenheit, sich von einem derartigen Krach nicht wecken zu lassen!

Als diese Geschichten in den USA bekannt wurden, war die Katze aus dem Sack, was unsere Tapferkeit angeht. In den 1950ern stieg unser Ansehen noch einmal dank eines nationalen Preises, dem *Puss'n Boots Award*. Diese Auszeichnung für außergewöhnliche kätzische Leistungen zum Wohle der Gesellschaft wurde von einer kalifornischen Fischereigesellschaft vergeben, die das gleichnamige Katzenfutter herstellte. Die erste Medaillenträgerin war Clementine Jones, eine schwarze Katze, deren mutige Wanderung im Jahr 1950 Schlagzeilen machte und einmal mehr unsere Treue belegte. Ihre Menschenfamilie, die Lundmarks, war 1949 von Dunkirk im Staat New York nach Aurora in Colorado gezogen, weil Mr. Lundmark dort eine Stellung als Vertriebsmitarbeiter eines Warenhauses in Denver bekommen hatte. Da Clementine gerade trächtig war, entschied man, es sei das Beste, sie bei Verwandten zu lassen.

Und an dieser Entscheidung ist noch nicht einmal etwas auszusetzen. Es ist nur menschlich, eine trächtige Katze nicht durchs ganze Land schleifen zu wollen. Clementine aber war entschlossen, diese Trennung zu einer vorübergehenden zu machen. Ein Jahr später, als ihre Katzenkinder selbstständig waren, verschwand

Liberty
America

Clementine auf einmal. Als sie nach mehreren Wochen immer noch nicht aufzufinden war, ging man in Dunkirk davon aus, dass ihr etwas passiert sein musste. Vielleicht war sie ja überfahren worden. Aber das war nicht der Fall: Clementine war unauffindbar, weil sie unterwegs nach Colorado war.

Sicher wird jetzt der ein oder andere Leser bei der Vorstellung erbleichen, wie eine Katze Tausende Kilometer über offene Straßen zieht, angesichts all der unbekannten Gefahren. Aber haben wir nicht gesehen, dass das typisch amerikanisch ist? Wir haben das Herz dieses Landes erobert, indem wir resolut mit euch in den Westen gezogen sind und in euren Augen unseren Mut bewiesen haben. Clementine Jones war eine »All-American-Cat«, die diesen Pioniergeist geerbt hatte. Vier Monate nach ihrem Verschwinden tauchte sie plötzlich wieder auf. Auf der Schwelle der Lundmarks, vor einem Haus, das sie noch nie gesehen hatte, in einer Stadt, in der sie noch nie gewesen war und zu der ihr nichts und niemand den Weg gewiesen haben konnte. Ihre Wanderung hatte sie über mehr als 2500 Kilometer durch unbekanntes Territorium und die Rocky Mountains geführt, aber sie hatte ihre Menschenfamilie gefunden.

So eine Katze verdient einfach eine Medaille! Aber es gab Menschen, die immer noch nicht bereit waren, Tieren die verdiente Anerkennung zu zollen. »Ach, das kann doch nie und nimmer die gleiche Katze gewesen sein!«, meckerten die Zweifler. »Sicher war das eine Katze, die ihr nur ähnlich sah.« Doch Clementine brachte sie alle zum Schweigen. Sie trug den Beweis an ihren Pfoten, denn sie besaß eine Eigenheit, die wirklich selten ist: Eine ihrer Vorderpfoten hatte *sieben* Zehen. Und diese waren eben vollzählig vorhanden. Ihre Pfoten waren abgelaufen bis auf die Knochen. Kein Zweifel also, dass es Clementine war, die diesen weiten Weg zurückgelegt hatte.

Die Medaille, die Clementine erhielt, bekamen in den nächsten zehn Jahren viele Katzen. Dann aber wurde diese Auszeichnung abgeschafft. Puss'n Boots wurde von einem Konzern aufgekauft, der wohl nicht einsah, wozu man Katzen mit Medaillen auszeichnen sollte. Aber in diesen zehn Jahren erfuhren die Menschen herzerwärmende Geschichten von faszinierenden Katzen. Manchmal waren sie auch einfach nur lustig: So zum Beispiel, als eine Katze, die sich in Connecticut in einer Kirche versteckt hatte, während des sonntäglichen Gesangs so laut zu heulen anfing, dass die Gläubigen fürchteten, der Teufel habe sich in ihre Mitte geschlichen. (Auch diese Medaille ist meiner Ansicht nach wohlverdient.) Die Medaillen und die damit verbundene Publicity stärkten unser Ansehen weiter, denn nun wussten wirklich alle Menschen, was für wunderbare Dinge wir taten. Und das nicht nur für Menschen, sondern auch für andere Tiere.

Da gibt es zum Beispiel diese Geschichte aus Louisiana. 1953 erblindete der Wachhund einer Plantage. Doch jemand sandte ihm einen Schutzengel in Gestalt des Streuners Kitty Billy. Der Kater erkannte wohl, dass der Hund Probleme hatte, und wartete immer vor seiner Hundehütte. Wenn der blinde Hund herauskam, begleitete Billy ihn und lieh ihm seine Augen. Er brachte den Hund sicher über die Straße und sorgte dafür, dass er wieder nach Hause fand. Eine Katze, die zum Blindenführer eines Hundes wurde – wie sehr sich die Rollen in diesem Fall doch umgekehrt hatten. Natürlich waren alle tief beeindruckt von der Geschichte, und Billy hat seine Medaille wirklich verdient. Das Bemerkenswerteste aber ist in meinen Augen: Nachdem der Hund gestorben war, verließ Billy das Anwesen und ward nicht mehr gesehen. Billy hatte also seine eigene Wanderung unterbrochen, um einem Wesen in Not beizustehen. Doch er wollte nicht bei den Menschen bleiben und erwartete keinen Dank. Nachdem er seine Mission erfüllt hatte, ließ er Plantage und Medaille hinter sich und machte sich weiter auf die Reise seines Lebens.

Eine weitere herzerfrischende Geschichte trug sich in Joplin, Missouri, zu. Dort adoptierte eine Katze 1952 einen Wurf Opossumbabys. Die wenige Tage alten Tierchen hatte ein Mitarbeiter der Humane Society im Bauchbeutel der Mutter entdeckt, die von einem Auto angefahren worden war. Die Lage war kritisch, daher brachte man die fünf kleinen Opossums zu einer Katze, die erst kürzlich noch ihre eigenen Jungen gesäugt hatte, und hoffte, dass sie die Kleinen annehmen würde. Tatsächlich gab sie den Baby-Opossums nicht nur Milch, sondern zog sie zusammen mit ihren Kätzchen auf. Was zeigte, dass zwischen den Tierarten doch eine gewisse Harmonie herrscht. Mother Sue, wie man die Kätzin nannte, bekam ebenfalls eine Puss'n-Boots-Medaille.

Da unser Ruhm also wuchs und wuchs, war es keine Überraschung, dass wir irgendwann den höchsten Status erlangten, den es in Amerika gibt. Wir wurden zu Kinostars. Hollywood war eigentlich immer eine Hundedomäne gewesen. Die Regisseure gingen wohl davon aus, dass Katzen zu eigenwillig seien, um zu Schauspielern ausgebildet zu werden. Doch 1912 bewies ein schwarzes Kätzchen namens Pepper, dass dies wieder nur ein Vorurteil war. Sie war unter einer Soundstage der Mack Sennett Studios in Los Angeles zur Welt gekommen, und eines Tages platzte sie mitten in eine Aufnahme. »Spot auf sie!«, rief jemand aus dem Filmteam zum Spaß. Die Kleine zuckte nicht mit der Wimper und machte gleich ein paar Probeaufnahmen. Und das Ergebnis? Pepper war ein Naturtalent und tollte vor der Kamera herum, als wäre diese ein Fenster, durch das die Sonne hereinkam. Innerhalb eines Jahres war sie mit den größten Stars jener Zeit auf der Leinwand zu sehen: unter anderem mit Charlie Chaplin, Fatty Arbuckle und den Keystone Cops.

Doch die Zweifel blieben bestehen. Katzen wie Pepper seien selten, behaupteten die Besserwisser. Und selbst wenn man eine gefunden hatte, bekam sie nie eine Hauptrolle. Wieder einmal wurden wir maßlos unterschätzt. »Wie kann man in dieser Stadt endlich den Durchbruch schaffen?«, mögen sich die Katzen Hollywoods gefragt haben. Und beantworteten diese Frage gleich selbst. Mit Talent natürlich. Einige der größten Katzenstars kamen in den 1950ern und 1960ern zu Ruhm und Ehre und bewiesen, dass all die Besserwisser falschlagen. Und in echt amerikanischer Tradition hatten diese keinerlei Stammbaum aufzuweisen. Die erste Katze, die ein echter Star werden sollte und bis heute zu den berühmtesten Filmkatzen aller Zeiten gehört, war ein roter Tabbykater, den man ... unter einem Busch gefunden hatte.

Der kräftige Bursche hatte sich im Hof einer Dame namens Agnes Murray eingenistet, die in Sherman Oaks lebte, einer Vorstadt von Los Angeles. Zu ihrem absoluten Missfallen machte der Kater keinerlei Anstalten weiterzuziehen. Und sicher wäre die Gute nie auf die Idee gekommen, dass der Streuner einmal der Marlon Brando der Filmkatzen werden sollte. All das trug sich im Jahr 1950 zu, als die Paramount Studios gerade einen Film mit dem Titel *Rhubarb* drehten. Diese verrückte Geschichte handelt von einer Straßenkatze, die ein Baseballteam der ersten Liga erbt, nachdem ihr exzentrischer Besitzer stirbt. Das Studio hatte nur ein Problem: Es konnte die Hauptrolle nicht besetzen! Die Tiertrainer stellten nur *niedliche* Katzen vor. Paramount aber wollte einen Haudegen, der hart im Nehmen war und die Gesetze der Straße mit der Muttermilch aufgesogen hatte. Am Ende lud man verzweifelt zu einem öffentlichen Casting ein. Gesucht für die Hauptrolle in einem Film: bösartiger Straßenkater mit Narbengesicht.

Mrs. Murray warf einen Blick auf den Rowdy, der in ihrem Hinterhof unter den Büschen saß. Auf den würde die Beschreibung doch passen. Also schnappte sie sich den Kater und versuchte, ihn in einen Katzenkoffer hineinzubringen. (Was kein leichtes Unterfangen war, wie ich euch versichern kann!) Dann fuhr sie mit ihm nach Hollywood. Und die Leute von Paramount? Waren begeistert. Denn es stellte sich heraus, dass Orangey, wie man ihn später nannte, durchaus schauspielerisches Talent hatte. Er erhielt den längsten Filmvertrag, den je eine Katze bekommen hatte. Und Orangey brachte noch andere Dinge zustande, wie sich zeigen sollte. Er konnte kratzen und beißen wie keine andere Katze vor ihm, und seine Auseinandersetzungen mit der *Rhubarb*-Crew boten Stoff für Legenden. Seine Starrolle trug ihm 1952 sogar einen Patsy Award ein – das tierische Gegenstück zum Oscar. Von der Straßenkatze zum Oscar-Gewinner? Ein beeindruckender Karrieresprung, vor allem, weil Orangey die erste Katze war, die diesen Titel verliehen bekam.

Orangeys Karriere dauerte über 15 Jahre. Sein Trainer meinte, er hätte so viele Aufritte gehabt, dass er bei 200 aufgehört hätte zu zählen. Hollywood setzte ihn ein, wann immer man eine Katze brauchte: für *Mission Impossible* und *Verliebt in eine Hexe*,

MOVIE
Presented to
BABA
Best Feline
A-cat-emy Award
2018

für *Das Tagebuch der Anne Frank* und *Village of the Giants*. Und was war nun Orangeys berühmtester Auftritt? Der in *Frühstück bei Tiffany*. Ja, genau! Der rote Tabbykater neben Audrey Hepburn ist niemand Geringeres als der große, böse Straßenkater, der in Sherman Oaks unter einem Busch lebte. Für seine Rolle bekam er 1961 noch einen Patsy Award, was ihn zu der einzigen Katze machte, die den Preis zwei Mal geholt hatte. Eine echte Leistung! Und was für eine Katze! Denn er biss und kratzte das Studiopersonal und seine Co-Stars bis zuletzt, fauchte die Manager an und ließ die Produktion zum Stillstand kommen, wenn er weglief und sich versteckte. Mit anderen Worten: ein echter Hollywoodprofi eben!

Orangey öffnete für alle Katzen die Tore der Traumfabrik. So zum Beispiel für eine Siamkatze namens – nun ja – Cy A. Meese, die 1959 ebenfalls einen Patsy Award gewann für ihre Darstellung von Pyewacket, Kim Nowaks Katze, mit deren Hilfe sie ihren Nachbarn, gespielt von James Stewart, in *Meine Braut ist übersinnlich* verzaubert. Aber Orangey und Cy wurden bald in den Schatten gestellt von einem weiteren felinen Star, der 1965 für volle Kinokassen sorgte. Eine klassisch-amerikanische Geschichte nach dem Motto »Vom Tellerwäscher zum Millionär«. Der Siamkater Syn wurde einem Tierheim im kalifornischen Ontario übergeben, da sein herzloser Besitzer ihn einfach nicht mehr haben wollte. Da saß er dann in seinem kleinen Käfig und wurde immer mutloser, sodass er nur noch schwer zum Fressen zu bewegen war. Bis ein Tiertrainer vorbeikam und in dem unerwünschten Kater etwas Besonderes sah. Als Syn wieder all die Liebe erhielt, die er brauchte, erwies er sich als sehr gelehrig und lernte in kürzester Zeit eine Menge Tricks. Er absolvierte ein Casting bei Disney, wo er eine Nebenrolle in *Die unglaubliche Reise* erhielt. Dabei beeindruckte er die Studiobosse so sehr, dass man ihm die beste Rolle anbot, die das feline Kino zu bieten hatte: die Hauptrolle in *Alles für die Katz*.

Der einstige Tierheim-Kater mimte darin einen Geheimagenten. Der Film räumte in Sachen Einspielergebnisse so richtig ab und ließ die Konkurrenz weit hinter sich. Sogar das Musical *The Sound of Music* mit Julie Andrews, das in derselben Woche Premiere feierte und bis heute zu den vier erfolgreichsten Musikfilmen Amerikas zählt. Doch die Kinobesucher zogen die Katze vor. Und *Alles für die Katz* lockte auch später noch unzählige Zuschauer ins Kino und ins Theater. Der Film spielte mehr als 28 Millionen Dollar ein, womit er landesweit auf Platz 5 lag. Die *New York Times* schrieb über Syns Talent: »Clark Gable auf dem Höhepunkt seiner Karriere hätte keinen besseren Kater spielen können.« Ein dickes Lob also. Und Syn war auch außerhalb der Filmwelt populär. Er zierte das Cover unzähliger Zeitschriften, und jedes Starlet ließ sich gerne mit ihm ablichten. Und falls ihr euch jetzt fragt, was wohl Syns früherer Besitzer denken mochte, wo sein Kater nun solchen Ruhm erlangt hatte … Nun, an diesen übellaunigen Zeitgenossen erinnert sich niemand mehr. Er geriet völlig

1951
FRANCIS
(MULE)
1952
RHUBAR
(CAT)

RD
ERS

in Vergessenheit, während Syn Hollywood eroberte.

Ich habe euch ja gesagt, dass die Katzen Amerikas von besonderer Art sind. Beweisen das nicht die vielen Geschichten, die ich euch erzählt habe? Alle Katzen, die ich euch bisher vorgestellt habe, haben viel für das Ansehen unserer Art getan. Aber keine von ihnen repräsentiert wirklich die Quintessenz der amerikanischen Katze. Diese Ehre kommt in meinen Augen einer einfachen Schulkatze aus Los Angeles zu, die den prosaischen Namen *Room 8* trug. Ich muss gestehen, dass ich auch zu den Katzen aus Los Angeles gehöre, also bin ich vielleicht ein klein wenig voreingenommen. Denn es gab und gibt noch andere brave Katzen an Schulen, Bibliotheken und Orten, die der Lehre gewidmet sind. Fast jeder amerikanische Bundesstaat hat so eine Katze, und manche davon sind echte Berühmtheiten geworden.

Stellt euch nur mal das kleine Kätzchen vor, das mitten im Winter 1988 völlig herzlos in die Bücherrückgabe einer Bibliothek in Iowa gesteckt wurde, wo häufig Temperaturen weit unter null herrschen. Am nächsten Tag wurde es gefunden, halb erfroren. Wer hätte sich in dieser eisigen Nacht vorstellen können, dass das Katerchen, das so gewissenlos abgeschoben wurde, einmal zur bekanntesten bibliophilen Katze weltweit aufsteigen würde? Die Bibliothekare pflegten ihn und tauften ihn auf den Namen Dewey Readmore Books. Bald nahm er seinen Platz als Bibliothekskatze ein und tat dort 18 Jahre lang fleißig Dienst. Auch er war ein roter Tabbykater und bald der bekannteste Einwohner des Städtchens. Die Geschichte seines Lebens (und Wirkens) sicherte ihm Freunde in aller Welt.

Doch selbst angesichts solch herzzerreißender Geschichten ist die von Room 8 etwas ganz Besonderes. Über seine frühen Jahre und seine Herkunft ist nichts bekannt. Als er zum ersten Mal in der Elysian Heights Elementary im Echo-Park-Viertel von Los Angeles auftauchte, war er vielleicht fünf oder sechs Jahre alt. Es war im Herbst 1952, als die Schülerinnen und Schüler nach der großen Pause in ihr Klassenzimmer zurückkehrten und entdeckten, dass ein heimatloser Kater, ein grauer Tiger, sich über ihr Mittagessen hergemacht hatte. Zugegeben: ein wenig geglückter Auftakt. Aber wir Katzen sind nun mal Überlebenskünstler, und ein hungriger Streuner muss tun, was er eben tun muss. Ein unbeaufsichtigtes Mittagessen ist quasi eine Einladung zum Stehlen.

Natürlich waren die Kinder empört und warfen dem Eindringling die übelsten Beschimpfungen an den Kopf. Standardverhalten bei solchen Zwischenfällen wäre, sofort das Weite zu suchen. Doch der graue Tiger blieb und ließ alle Unmutsbezeugungen geduldig über sich ergehen. Das Leben auf der Straße ist eben ein guter Lehrmeister. Währenddessen erblickte der Kater in den Gesichtern der Kinder etwas, das er selbst noch nicht kannte. Nein, keine Angst, denn glaubt mir, die kennt jede Straßenkatze nur zu gut. Bei aller Wut lag

noch ein anderes Gefühl auf den Gesichtern: echte, aufrichtige Zuneigung. Und die war für die Katze noch verlockender als die Sandwiches. Und so blieb der Kater einfach da.

Seine großen Augen leuchteten, und als er die Kinder ansah, löste sich all ihr Unmut in Luft auf. Kinder lassen sich nicht täuschen. Sie blickten hinter die Fassade des rauen Straßenkaters und erkannten sein gutes Herz. Und so fragten sie die Lehrerin, ob er denn bleiben dürfe. Sie stimmte zu, denn auch ihre Augen erkannten die offensichtliche Wahrheit. Natürlich verbreitete sich die Nachricht, dass eine der Klassen eine Katze hatte, in Windeseile an der ganzen Schule. Der Kater solle lieb und klug sein, und wenn er auf eine Schulbank springe, dürfe man mit ihm spielen. Kein Wunder, dass die ganze Schule ihn kennenlernen wollte, und schon bald alle dem Charme des Katers erlagen, der die Pausenbrote geklaut hatte.

Man kam überein, dass das Tier einen Namen brauchte, und da er in Raum 8 gefunden worden war, wurde das sein Name. Eigentlich hatte die Lehrerin nur erlaubt, dass der Kater »vorübergehend« bleiben dürfe. Aber Schule und Kater gehörten einfach zusammen, und so wurden aus dem »vorübergehend« 16 Jahre, der Rest seines Katzenlebens auf dieser Erde. 16 Jahre an einer Grundschule? Offensichtlich war er der erfolgreichste Durchfaller im Schulbezirk von Los Angeles. Er wurde nie versetzt und kam jeden Herbst in die gleichen Kurse. Und es entspricht natürlich der Wahrheit, dass er bei Prüfungen stets miserabel abschnitt und nie Hausaufgaben machte. Und doch schien das keinen zu stören.

Obwohl Room 8 in der Grundschule aufgenommen worden war, behielt er – ganz Streuner – ein Leben lang seine Unabhängigkeit. Er wünschte sich gar kein festes Zuhause bei einem einzigen Menschen. Was eure Art häufig erstaunt, gerade so, als dürfe eine Katze keinen anderen Wunsch haben, als bei euch zu leben. Aber dafür war Room 8 einfach zu eigenwillig. Er war eine Bindung zu den Schülerinnen und Schülern im Allgemeinen eingegangen, und mehr Gesellschaft wünschte er sich offenbar nicht. Wenn die Schule vorbei war, ruhte er sich in den Büschen im Pausenhof aus oder streifte in der Nachbarschaft herum. Er kannte alle Ecken und Winkel, alle dunklen Verstecke, die nur eine Katze finden kann. Und doch kam er jeden Morgen zurück, sobald die Schule begann.

Und im Sommer, wenn die Schule geschlossen war? Dann verschwand er, und so mancher Mensch mochte sich gefragt haben, ob er je wiederkommen würde. Aber er tat es, ganze 16 Jahre lang! Mit der Zeit wurde seine Rückkehr zu einem eigenen Ritual. Bei Schulanfang warteten schon die Reporter auf sein Erscheinen. Und Room 8 enttäuschte sie nie! Denn er musste ja zurückkommen: Trotz seiner Unabhängigkeit wusste er, dass sein Platz an der Schule war. Er selbst hatte beschlossen, sein Leben mit den Schulkindern zu teilen. Das Band, das dort geknüpft worden war, war zur Essenz seines Lebens geworden.

Ich sage euch freiheraus, dass ihr Room 8 vermutlich nicht besonders hübsch finden werdet. Er war nun mal eine ganz einfache Straßenkatze. Wenn ihr meint, das sei gemein: Nein, das ist keine Beleidigung. Wir Katzen haben sowieso andere Maßstäbe, was Schönheit angeht – und Kinder auch. Room 8 war einfach eine propere Katze, die zu der Elysian Heights Elementary School passte. Er war ihr Vorzeigekater. Sein Bild zierte die Bücher in der Bibliothek und die Wände der Schule. Und sein in Beton gegossener Pfotenabdruck war am Eingang zu sehen, als wäre er ein großer Hollywoodstar.

Die Geschichte von Room 8 verbreitete sich über die Grenzen von Los Angeles hinaus, sodass die ganze Welt erfuhr, wie eine Schule und ein Kater einander adoptiert hatten. Der Kater bekam Fanpost, manchmal bis zu 100 Briefe am Tag. Und die Kinder übernahmen die Assistenzaufgaben für ihn, da sich Room 8 so gar nicht für seine Korrespondenz zu interessieren schien. All diese Privilegien sind für gewöhnlich den großen Stars vorbehalten, doch Room 8 war längst ein solcher geworden. Und das in der Stadt der Superstars! Die lokalen Zeitschriften berichteten über sein Tun und Lassen, und schließlich erschien sogar ein Buch über ihn. Eine Biografie, die der Schuldirektor zusammen mit einem der Lehrer verfasst hatte. In mehr oder weniger regelmäßigen Abständen kamen Fernsehteams und folgten dem Kater übers Gelände – das Mikro immer bereit, sollte er sich gnädig zu einem Miau herablassen. Man gründete sogar eine Stiftung in seinem Namen, um heimatlosen Katzen zu helfen.

Room 8 hat mit seinem reinen Herzen das Leben aller berührt, die je seine Bekanntschaft machen durften. Er hat sein Umfeld verändert und wurde durch schicksalhafte Fügungen vom Straßenkater und Pausenbroträuber zur Seele der Schulgemeinschaft. Aber die Zeit kennt kein Erbarmen, nicht einmal mit herzensguten Katzen. Die Magie der gemeinsamen Jahre konnte das finale Glockengeläut nicht auf ewig hinauszögern. 1968 verstarb Room 8 in erstaunlich hohem Alter. Er war etwa 21 oder 22 Jahre alt geworden, doch da man nichts über seine Jugend wusste, ließ sich das nicht mit Sicherheit sagen. Zum ersten Mal seit 16 Jahren würde das Schuljahr anfangen – *ohne Katze*. Könnt ihr euch das vorstellen?

Die ganze Schule trauerte. Aber die Geschichte von Room 8 war damit noch nicht zu Ende. Ein geliebter Gefährte war nicht mehr, aber man würde seiner immer gedenken. Zuerst widmeten die Kinder ihrem Katerfreund eine ganze Ausgabe der Schülerzeitung. Man ließ ein Porträt malen und hängte es vor der Tür von Raum 8 auf. Dort sollte es für immer hängen und alle an der Schule an die Freundschaft und Liebe erinnern, die der Kater ihnen geschenkt hatte.

Und Room 8 sollte noch mehr Ehrungen erfahren. Man betonierte alle Wege um die Schule neu. Dort hinein konnten die Kinder ihm zu Ehren Gedenksprüche ritzen. Diese kann man heute noch sehen. Jeder, der auf die Schule zugeht, liest die Liebesbotschaften, die die Freunde des Katers hinterlassen haben. Manche sind ganz simpel: »Wir vermissen Dich, Room 8. Wir vermissen Dich so sehr.« Ein Mädchen schrieb: »Er kam in unser Klassenzimmer und setzte sich auf mein Pult. Ich liebte ihn.« Andere sind poetischer: »Man sagt, Room 8 habe neun Leben gehabt. Glaubt nur das nicht! Dieser Kater wird in den Herzen glücklicher Kinder weiterleben – für immer!« Auch Erwachsene verfassten Botschaften. Man zitierte Journalisten, die über Room 8 berichtet hatten. Am Ende ergab das einen Weg durch 16 Jahre liebevoller Hingabe. All das lässt sich hier natürlich nur ansatzweise wiedergeben. Einen

Spruch aber möchte ich noch zitieren, weil er meiner Ansicht nach einfängt, was der Kater uns als Erbe hinterlassen hat: »Er gab uns seine Liebe, und wir sind damit gesegnet.«

Schließlich beschloss man, dass Room 8 endlich ein dauerhaftes Heim haben sollte. Natürlich widersprach dies seiner Natur. Er war ja ein Streuner und behielt bis zuletzt seine Unabhängigkeit. Aber in diesem Fall hätte wohl auch er eine Ausnahme gemacht. Doch für eine Grundschule stellte es eine beträchtliche finanzielle Belastung dar, Room 8 eine letzte Ruhestätte zu geben. Im Schulbudget war einfach nicht genug Geld für ein Katzengrab! Und so fing man an, Spenden zu sammeln, in der Hoffnung, genug für einen einfachen Grabstein im Los Angeles Pet Memorial Park zusammenzubringen. Schließlich hatten so viele Menschen ihr Entzücken über den Kater geäußert. Vielleicht würde der ein oder andere auch seine Brieftasche zücken?

Und ob! Es kam so viel Geld zusammen, dass Room 8 einen der größten Grabsteine auf dem Tierfriedhof bekam. Dazu muss man wissen, dass dort einige der weltweit berühmtesten Katzen begraben liegen. Die Tiere so mancher Hollywoodgröße haben hier ihre letzte Ruhestätte gefunden: Valentinos Hund ebenso wie die Haustiere von Humphrey Bogart und Lauren Bacall oder die von Abbott und Costello. Daneben finden sich die Grabmäler berühmter Pferde aus den Hochzeiten des Westerns sowie vieler anderer Tiere, verwöhnte Gefährten der Reichen und Schönen. Und all diese Gedenksteine überragt das Grabmal ... eines Streuners. Die Menschen hatten Room 8 tatsächlich nicht vergessen.

Und daran hat sich bis heute nichts geändert, denn der schönste Tribut sollte noch kommen: Das Grab von Room 8 gehört zu den meistbesuchten des ganzen Friedhofs. Wir haben ja nun eine Menge Katzen kennengelernt, die Großes vollbracht haben. Einige waren Filmstars, andere haben Auszeichnungen erhalten, und viele haben mehrere Tausend Meilen hinter sich gebracht. Room 8 hat nichts dergleichen getan. Und trotzdem besuchen die Menschen immer noch sein Grab, ein halbes Jahrhundert nach seinem Tod. Viele der Schülerinnen und Schüler von damals sind heute Rentner und kommen immer noch vorbei, um das Grab mit Blumen zu schmücken oder ein Gebet zu sprechen. Einem Freund Hallo zu sagen, der vor langer Zeit ihr Herz berührt hat. Ein Streuner, der von den Menschen nur eines erbat: ihr Freund sein zu dürfen. Und als man ihm diese Möglichkeit gab, war er damit zufrieden. Ich habe über Room 8 gesagt, dass er die Quintessenz der amerikanischen Katze darstellt. Tatsächlich ist er für mich das vollkommenste Abbild unserer Art. Seht euch nur mal seine Geschichte an. Er war keine verwöhnte Rassekatze, sondern ein Ausgestoßener, der auf der Straße durch die Schule des Lebens ging. Doch diese harten Bedingungen vermochten es nicht, ihn aus der Bahn zu werfen. Und wie die bemerkenswerten Begründer der Felinen

and peace
DARNTON
CAT
AND MYTH

1952

1968

Staaten von Amerika hatte er sich seinen Platz in der Gesellschaft erkämpft. Er war so unabhängig, wie eine Katze nur sein kann, und gleichzeitig offen genug, um den Menschen, deren Gesellschaft er sich ausgesucht hatte, etwas von sich zu geben. Anfangs sah das vielleicht nach wenig aus, aber zu guter Letzt hatte dieses simple Geschenk das Leben unendlich vieler Menschen bereichert. Und deshalb hat man ihn nie vergessen.

Das ist nun mal der Zauber von uns Katzen, wenn ihr mir dieses selbstbewusste Urteil gestattet. Die Menschen der Antike erkannten dies. Sie bauten uns Tempel und erhoben uns zu Gottheiten. Und ich hoffe, dass die Reise, die wir gemeinsam unternommen haben, euch das ebenso gelehrt hat. Aber der Mensch übertreibt halt gerne, daher werde ich euch ein letztes Geheimnis verraten, bevor unsere Wege sich trennen: Wir brauchen all das gar nicht, die Tempel, die Vergöttlichung und den ganzen Unfug! Alles, was wir von euch je wollten, war: ein Streicheln hin und wieder, ein paar nette Worte und ein gutes Abendessen. Unsere Beziehung war immer schon viel einfacher, als die Menschen dachten.

Ja, das war's also. Ich habe mich ohnehin schon viel zu lange aufgehalten.

– Aber Baba, du wirst uns doch jetzt nicht einfach verlassen? –

Wir haben uns auf eine lange gemeinsame Reise begeben, meine Freunde. Aber jede Reise kommt mal an ihr Ende, und ich habe einfach keine Zeit mehr. Die Pflicht ruft. Da sind Fenster, in denen ich sitzen muss, Bäume, die erklommen werden wollen, und natürlich Mäuse, die auf ihren Jäger warten. (Ja, das hört selbst nach all den Jahrhunderten nicht auf.) Mit Verlaub werde ich mich jetzt verabschieden, aber vielen Dank, dass ihr mich bis hierher begleitet habt. Ich hoffe, dass ihr gefunden habt, was ihr suchtet. Und vielleicht noch ein bisschen mehr.

Aber das Ganze hat keine Eile, denn die Geschichte kennt kein Ende. Irgendwo auf dieser weiten Welt schreiben wir sie weiter. Nicht, um sie zu erzählen, sondern um sie zu erleben – mit der Katze, die euer Leben teilt. Denn wie ich von Anfang an gesagt habe: Geschichte schreibt nicht der Mensch allein. Daher wünsche ich euch alles Gute für die Reise, die ihr zusammen unternehmen werdet. Ich, Simon, Trim, Black Jack, Room 8 und all die anderen, ja selbst die kleine *Felis:* Wir wünschen euch von Herzen *bon voyage!*

ROOM 8
1947 — 1968

Gegen Ende des 19. Jahrhunderts hatten die Amerikaner uns in ihr Herz geschlossen. Dieser Grabstein auf dem Friedhof der Animal Rescue League in Boston ist Ausdruck des Dankes für eine Katze, die ihr Frauchen tröstete, als deren Ehemann, ein Hauptmann der Armee, 1899 bei einer Explosion ums Leben kam.

DEWEY
1898—1910.
"HE WAS ONLY A CAT"
BUT HE WAS HUMAN
NOUGH TO BE A GREAT
OMFORT IN HOURS OF
ONELINESS AND PAIN.

Travels 4 Months, N. Y. to Denver

Cat Finds Family By 1600-Mi. Hike

Meet Clementine Jones, traveler. She didn't actually carry the suitcase on her 1600-mile trek to Denver from Dunkirk, N. Y.
—Rocky Mountain News Photo by Dick Davis.

By ROBERT L. PERKIN
Rocky Mountain News Writer

Clementine Jones was home again yesterday, wiser and a bit wilder after seeing 1600 miles of America on a four-month solo trip.

Clementine is a big black cat.

She was, and is again, the pet of Mr. and Mrs. Robert Lundmark, 1416 Navajo st.

They left Clementine in Dunkirk, N. Y., a year and a half ago when they moved to Denver, Mrs. Lundmark said. Four months ago, Clementine disappeared from the Dunkirk home of a sister-in-law.

Thursday night, the Lundmarks heard a meowing on their doorstep in the Lincoln Park Homes. Mr. Lundmark went to the door.

* * *

IT WAS CLEMENTINE, jet black except for the two distinctive white spots on her tummy, meowing to be taken in.

The Lundmarks will guess with anybody on how Clementine got from Dunkirk to Denver and what animal radar guided her padding steps over the 1600 miles between the two cities.

"We were just thunderstruck," Mrs. Lundmark said. "We just couldn't believe it.

"Then I talked with a couple of cat experts, and they told me there have been other cases where a cat followed a family a long way across the country."

Mrs. Lundmark insisted there is no possibility of mistaken identity. She said Clementine's unique white belly markings distinguish her from all other cats, and the wanderer now has settled down completely on Navajo st., obviously satisfied her long quest is over.

* * *

"SHE LOOKED pretty rough when we opened the door for her Thursday night," Mrs. Lundmark said, "and she's still awfully wild and jumpy.

"But we've brushed her up, and she's had all the milk and fish she could eat, so she doesn't seem much worse for wear. She slept almost all the time for the first three or four days, but her pads don't seem to show much damage."

Clementine abandoned three kittens about four months old when she took off from Dunkirk last May, Mrs. Lundmark said.

"My sister-in-law wrote that Clementine had disappeared," she sair, "and we thought, of course, that we would never see her again. So I had written to have Bob's sister save us one of the kittens."

The Lundmarks moved to Denver from Dunkirk following his graduation from college. Mr. Lundmark is employed here as a salesman for Montgomery Ward & Co.

CAT CAME BACK 337 MILES.

Mountains and Deserts Traversed by "Tom" of Salt Lake.

Special to The New York Times.

SALT LAKE, April 10.—Traveling a distance of 337 miles, climbing mountains, and crossing stretches of the desert, a cat came back. This feline adventurer is red and is known by the name of Tom. He belonged to John M. West of Salt Lake.

Three weeks ago Tom stole a flounder. West put him into a bag and concealed him under a seat in a day coach on the San Pedro, Los Angeles and Salt Lake Railroad. The cat was discovered and turned loose at Caliente, Nevada. To-day, weak and emaciated, he appeared at the West house and begged for food. He got it.

Denver Cat's Lengthy Walk Earns Award

Clementine Jones, a Denver cat, Thursday owned the Puss'n Boots bronze medal in recognition of her four-month, 1,600-mile trek last summer from Dunkirk, N. Y., to Denver.

Clementine's owners, Mr. and Mrs. Robert Lundmark of 232 Iola street, Aurora, said they still receive leters from cynics who doubt the cat really walked 1,600 miles to join the Lundmark family.

But Mrs. Lundmark said there is no doubt of the cat's identity.

"Jonesy here has seven toes on one paw and a burnt place on her shoulder," she said.

The Puss'n Boots bronze medal highest award in catdom, is bestowed upon worthy felines by the Coast Fishing company.

Der Beweis, dass Katzen alles andere als träge sind: Die Zeitungsausschnitte erzählen die Geschichte von Tom, der im April 1904 bis nach Salt Lake City wanderte, und über den sogar die *New York Times* berichtete. Und die Geschichte von Clementine Jones, die sich im September 1950 zutrug und in den *Rocky Mountain News* veröffentlicht wurde.

EW YORK TIMES, SUNDAY, MARCH 1

CAT PATROL IN THE CAPITOL KEEPS IT FREE OF ALL MICE

IN the Capitol at Washington there are two cats that are as important as any of the employes in keeping governmental machinery running. They are named Mary and Dirty.

All who remember their "Alice in Wonderland" will recall the conversation between Alice and the mouse, the latter exclaiming: "As if I would talk on such a subject! Our family always hated cats: nasty, low, vulgar things! Don't let me hear the name again."

And, judging from the absence of mice in precincts patrolled by Mary and Dirty, mice and rats in the Capitol feel exactly the same way.

Many can remember when there was no Mary; then from somewhere she appeared and established headquarters in the basement office of David Lynn, the building's superintending architect. Mary is not prett to look at, nor very careful about he personal appearance. She often ap pears in a soiled coat of white, re lieved by dark, brindly splotches. Bu it is on mousing that Mary stakes he reputation, and it is asserted that he record in that is unequaled in th Capitol field.

Mary starts her day about 4 P. M by strolling forth from the basemen room where she sleeps; from then on until 5 A. M. her movements are known only to herself.

At 5 A. M. she returns to her sleeping quarters to partake of a breakfast of liver offered to her by Mrs. Ida Hughes, forewoman of the Capitol char force.

Dirty is unlike Mary in that she proudly displays her spoils, laying

sort.

CAT AS AN AID T

Eleanor B. Simmons Finds It Helps to Have One Around.

Cats and successful authorship apparently have nothing to do with each other, but that is just where would-be writers make a big mistake, according to Eleanor Booth Simmons, journalist and author, who spoke yesterday at the hobby luncheon given by the Book-Sharing Week Committee at the Hotel Biltmore.

Undesirable as cats might be to some people, owning one of the quiet and philosophical animals is the first requisite toward turning out a good book, Miss Simmons declared.

Mrs. Sherman Post Haight, who presided, and Warden Lewis E. Lawes are co-chairmen of the committee's campaign to obtain 1,000,000 books for distribution to hospitals, prisons and charitable institutions. Central headquarters of Book-Sharing Week, which runs from April 16 to 23, are in the Hotel Biltmore.

WHERE CATS ARE IN DEMAND.

DUBUQUE, Iowa, April 19.—A new and decidedly novel industry has sprung up in this city. A man is here buying cats, for which he pays from 50 cents to $1 each, according to age and size. He ships them to Dakota, where he sells them for $3 each. They are in great demand there, where they are wanted to destroy the mice which swarm by thousands around the corn and wheat bins, doing great damage. Cats are very scarce in Dakota. Thus far two carloads of cats have been shipped from this city and another load is being secured.

Katzen heiß begehrt! Nicht nur im Westen brauchte man uns. Nunmehr nahmen wir unseren Platz ein – im Kapitol von Washington und in den Salons der Literaten. Im 20. Jahrhundert wollte jeder eine Katze haben. Und zwar nicht nur als Mäusefänger. Die amerikanischen Schriftsteller hatten uns, wie ihre europäischen Kollegen, zu ihren Musen erkoren.

A FAMOUS UNITED STATES ARMY CAT

THE COLONEL.

Bomber to Tote Black Cat Across the Path of Hitler

Special to THE NEW YORK TIMES.

WILKES-BARRE, Pa., Aug. 1—A black cat which R. A. F. fliers will carry in a bomber over Germany until it has crossed the path of Adolf Hitler, was put on a plane here this afternoon, bound for Britain by the way of New York and Canada.

The cat, named Captain Midnight, is owned by a Dallas family which preferred to remain anonymous.

The arrangements for the trip were made through the local Chamber of Commerce and the family is paying transportation costs.

A red, white and blue label on a crate described Captain Midnight as "a special envoy."

UNCLE SAM'S CATS

Several of the watchdogs of the treasury who are anxious to cut down government expenses so that the government can have more money to spend have sniffer round and found that there is quite a large item included in the annual appropration bills for cats. The item is not so big as that for pensions or warships or seeds, but it is a muckrakable proposition.

The army allows $18.25 a year each for its cats. These cats are provided for all commissary storehouses, etc., and they save the government much more than they cost. They catch lots of mice, but Uncle Sam has found that no cat will do her best on mice alone; she must have a little butcher's meat and milk now and then to vary her diet.

Bids for cats' meat for the government cats are regularly let each year, but the limit is five cents a pound; porterhouse steak is never supplied to the official cats. The postoffice department spends quite a sum each year, all told, to provide for the cats in the big postoffices over the country, but it is money wisely spent.

WAR VETERAN—Pooli, who rates three service ribbons and four battle stars, shows she can still get into her old uniform as she prepares to celebrate her 15th birthday. The cat served aboard an attack transport during World War II.

Times photo

ARMY CATS BETTER OBEY ORDERS

NEW YORK, Dec. 20.—Army cats had better start obeying the regulations or they'll be sorry. Cats not in quarters between 7:30 p. m. and 6:30 a. m. at Fort Jay, Governor's Island, will be kicked right out of the army into the S. P. C. A. pound, the commanding officer ordered.

Wie wichtig wir für das Militär waren, wird heutzutage gerne vergessen. Dabei brachten es einige Katzen im Militärdienst zu Ruhm und Ehre: The Colonel zum Beispiel, der in den 1890ern auf dem Militärstützpunkt Presidio in San Francisco Dienst tat und als bester Mäusejäger galt, den die Armee je beschäftigt hatte. Und natürlich Pooli, die Schiffskatze mit den meisten Auszeichnungen weltweit.

Cat Veteran of War Has 15th Birthday

A World War II veteran cat today celebrates her 15th birthday.

And she can still get into her old uniform with its three service ribbons and four battle stars.

The cat, Pooli, short for Princess Papule, was born July 4, 1944, in the Navy yard at Pearl Harbor, her present owner, Benjamin H. Kirk, of 757 W 106th St., said.

'Taken Aboard Ship'

Kirk explained that Pooli was taken aboard the attack transport USS Fremont that day by his nephew, James L. Lynch, of 2725 Wynwood Lane, now a specialist in administrative services for the Board of Education.

Pooli saw action at the Marianas, the Palau group, the Philippines and Iwo Jima. And she became a shellback when the ship crossed the equator.

Kirk revealed that when battle stations rang Pooli would head for the mail room and curl up in a mail sack.

wartime casualty when some sailors aboard the home-bound ship thought of throwing her overboard after fearing quarantine in San Francisco because of her. A 'round-the-clock guard was given Pooli for three days and she docked with the ship and without incident, Kirk said.

Now, Pooli is deaf. She has only her front teeth, and she sleeps most of the day.

"But when she was younger she never lost a battle to any dog or cat in the neighborhood," Kirk said.

Rechte Seite: Wie wäre es mal mit einem Lächeln, Sergeant? Wer könnte es dem Ausbilder verübeln, dass er sich von dem Tierchen hat bezaubern lassen, das er im Arm hält? Und er wusste sicher auch Bescheid, wie wichtig wir fürs Militär waren, denn bevor es moderne Pestizide gab, bildeten wir die einzige verlässliche Front gegen die Überfälle der Nager.

Kurze Verschnaufpause: Das Soldatenleben war hart, hielt aber auch Augenblicke der Zärtlichkeit für die Katzen bereit, die mit in den Krieg gezogen waren. Dieses Kätzchen gehörte während des Ersten Weltkriegs zur Company B des 316th Military Police Detachment, das in Frankreich stationiert war.

And Now Comes "Pepper," a New Photoplay Star

His Salary Is Not Enormous, But He Is Worth It

THE most valuable cat in the world is "Pepper," a half-grown Maltese, who has won name and fame acting in Mack Sennett comedies.

"Pepper" has been insured for five thousand dollars, and is worth a great deal more than that sum. "Pepper's" unique value lies in the fact that there will never be another cat like her. She has the fighting heart of a bull-dog. Like Gunga Din, she "doesn't seem to have no use for fear."

You can discharge a .45 Colt close enough to singe "Pepper's" hair, and all she does is to look around with mild surprise. All dogs she regards with contemptuous indifference.

One day they put fly-paper on "Pepper's" feet. An ordinary cat would have proceeded to go insane. "Pepper" tried several experiments. She tried to bite the fly-paper off. When she found the biting wasn't good, she tried to scratch the paper off with the other leg. Finding there was no merit in that method, she tried to take the fly-paper by surprise. After playing 'possum for a minute, she made a sudden wild leap. But, to her disgust, the vigilant fly-paper leaped right along with her. With that "Pepper" philosophically abandoned the struggle. "Oh, well," "Pepper" seemed to say, "one fly-paper doesn't make a summer."

The most severe trial that afflicts "Pepper's" young life is a white rat which lives at the studio and which also acts in Mack Sennett

NO LETTERS IN "PEPPER'S" MAIL-BOX (MACK SENNETT COMEDIES)

pink, quivering nose up to smell around "Pepper's" face. As no well-bred actress cat would consent to kiss a rat, even in the interests of Art, "Pepper" always moves away with a baleful look and a most indignant meouw.

The only actor on the lot with whom "Pepper" is not on terms is the little black bear. "Pepper" always gives the bear a most respectful and a very wide berth. Bears are uncertain critters, and no one knows it better than "Pepper." Instinct has informed her that the bear is likely to be taken at any minute with a burning curiosity to know how his big, gleaming teeth would feel sliding around thru a piece of cat. Consequently, when the bear is acting, "Pepper" finds it appropriate to have an engagement with herself up on the roof of the "light" studio.

A ball of yarn conceals almost uncanny delights for "Pepper." She will start to unwind it and roll over and over in the yarn until finally she is all wound up in it—a cocoon with a kitten inside. "Pepper" is a marvelously skillful Nimrod, and she does her fishing by using her tail for a fishing-rod. There is a tank of fish in the studio that will bite on anything, and when "Pepper" discovered their voracity, she took a huge delight in sticking her tail in the tank and at the first nibble making a quick leap with Mr. Fish clinging to her handy fishing-rod.

Alas! that it must be related, the breath of scandal has involved "Pepper." The whole

Oben: Beiträge wie dieser in *Photoplay* machten Pepper zum Star. Ein Riesenschritt für die Katzen dieser Welt und ein Zeichen, dass man uns nun wieder mit Respekt begegnete. Nur dass Pepper kein Kater war, wie man oben schreibt, sondern eine Katze. Seufz!

Linke Seite: Zwei echte Pioniere: der Pilot John Moisant und seine furchtlose feline Gefährtin, Mademoiselle Fifi, auf einer Fotografie aus dem Jahr 1910. Fifi soll gut 14 Flüge hinter sich gebracht haben. Ihre Katzentoilette stand unter dem Passagiersitz. Kein Wunder also, dass man Moisant »Captain Kitty« nannte.

HOLLYWOOD'S

KING RHUBARB

Here's the success story of an alley cat. But it was a tough fight — for humans

THERE was no love lost between "Orangey," a 14-pound alley cat who became a movie star overnight, and Frank Inn, the equally burly trainer who put him through his paces before the cameras.

"Orangey" is the star — stealing the billing from such accomplished humans as Ray Milland and Jan Sterling — of a picture called "Rhubarb," based on the H. Allen Smith novel of the cat who became the owner of the Brooklyn Dodgers.

Mr. Inn is a well-known animal trainer in Hollywood, once helped train Lassie, and in his day has played dramatic coach to every conceivable type of animal actor — running the gamut, you might say, from aardvark to zebra.

Hard To Handle

HE HAS kind words for most of these beasts. But he and Orangey simply did not hit it off. They hardly tried to conceal their mutual dislike, in fact. Inn's hands and forearms were mottled with the marks of Orangey's claws and disapproval.

The Humane Association was there to see that Mr. Inn confined his feelings to words. The organization watches pretty closely when Hollywood makes a picture with animals — lest the equine, canine or feline actors get the same kind of treatment accorded some of the humans.

In the feud between Orangey and his trainer, the fault was not altogether Mr. Inn's. In its search for "Rhubarb," Paramount advertised for a "foul-tempered, scar-faced sourpuss" of a cat. Orangey, everybody seemed to agree, filled the bill.

My own impression of Orangey was not favorable. He spat at me without provocation.

So temperamental was this particular tabby that 22 similarly marked and dispositioned alley cats had to be hired to serve as stand-ins and doubles. Cats in general get bored quickly. A fresh cat had to be substituted at every turn to keep the cameras rolling and the human actors occupied.

Orangey, the best as well as the worst actor of the lot, got the star billing, star's dressing room, signed contract and extra saucer of cream.

Extra Inducements

EVEN these forms of persuasion were not sufficient to keep him in line. Police dogs were stationed at key spots to block off the unscheduled entrances and exits that Orangey insisted on making. **Liver paste was smeared on Milland's fingers to insure a show of affection, or at any rate tolerance. Catnip was resorted to when Orangey seemed bored.**

Apparently it worked. The picture was finished. But it will be a long time before Orangey is signed up for another film.

Hollywood does not like its stars to be independent.

— LOUIS BERG

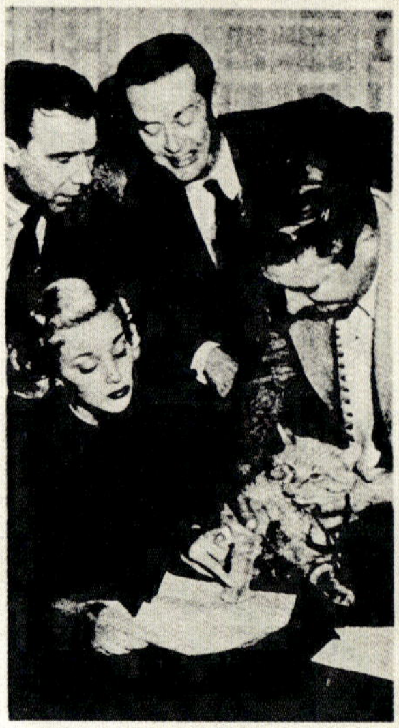

CONTRACT makes him world's best-paid kitty

JOSEPH HEPPNER

STAR'S ENTRANCE. Even in his alley days, "Orangey" never had it so good

Oben: Diese Programmvorschau für das Theaterstück *Rhubarb* vereint eine ganze Reihe echter Stars: Ray Milland gewann 1945 einen Oscar, Jan Sterling 1954 einen Golden Globe. Ließ Orangey sich davon beeindrucken? Wohl kaum, denn er stach sie beide aus – er bekam gleich *zwei* Patsy Awards verliehen.

Linke Seite: Hollywoods neuer König in einem Artikel, der am 23. September 1951 in den Sonntagsausgaben verschiedener Zeitungen erschien. *Rhubarb* war an der Kinokasse nicht gerade der Renner, aber das war nicht Orangeys Schuld. Das Drehbuch war seiner einfach nicht würdig. Sein Auftritt wurde jedoch von den Kritikern gewürdigt. Das war ein erster Vorgeschmack auf seinen künftigen Ruhm.

THE
PUSS'N
BRONZE
AWARD
HONOR-MERIT

Oben: Da Orangey mittlerweile ein Star war, durfte er auch Werbung machen. Der erste Kunde? Das Unternehmen, das das Katzenfutter der Marke *Puss'n Boots* herstellte. Der Pfotenabdruck? Sorry, aber der ist nur aufgestempelt. Ihr glaubt doch nicht wirklich, dass eine Katze ihre Pfote in Tinte tauchen würde?

Linke Seite: eine Original Puss'n-Boots-Medaille. Sozusagen der Nobelpreis für Katzen! Diese wurde nicht mehr verliehen, weil man die Aktion einstellte. Und das war schlicht menschliche Faulheit, denn man hätte in den Weiten der USA sicher noch andere verdienstvolle Katze finden können.

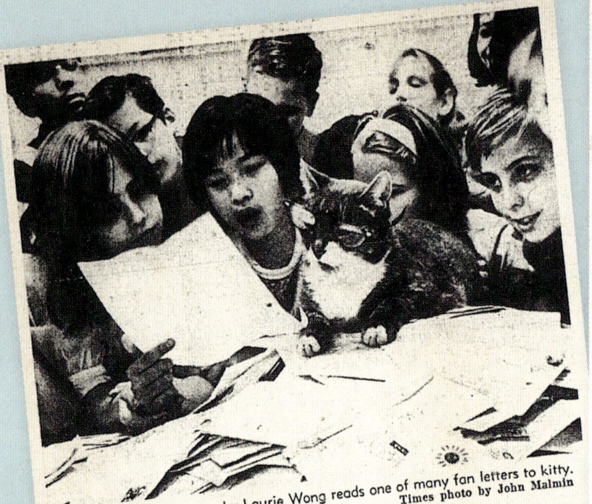

MAIL CALL—Sixth-grader Laurie Wong reads one of many fan letters to kitty.
Times photo by John Malmin

HE'S STILL COOL CAT

School Paper Sparks Fan Mail for Room 8

Not every oldster has a flock of secretaries answering more than 100 fan letters a day, but there is a cool old cat out Elysian Park way doing just that.

Long famed locally as The Cat Who Came to Dinner—or rather, lunch—his name is Room 8, official mascot of Elysian Heights Elementary School. Fourteen years ago he strolled in, raided the lunchbags, and never went home.

Now, in his sunset years, national fame has come his way because The Weekly Reader, a newspaper circulated to grammar school pupils across the nation, printed a few paragraphs about him last January.

Since then, mail ha poured in from the young sters. Each has received reply from one of Roo 8's school chums.

A giggle arose as Laur Wong, 11, read a no from Alabama that w written in big, block l ters.

"Are you a boy or girl?" it asked.

Room 8 yawned settled down for a cat as if to say that things don't matter n any more.

LOS ANGELES • BEVERLY HILLS • PASADENA • SAN F

Herald-Examiner Photos

OLD SCHOOL MASCOT, ROOM 8, AND FRIENDS
Death has claimed Elysian Heights tomcat

FINAL BELL TOLLS FOR FAMED TOMCAT

When bells toll the start of fall classes at Elysian Heights Elementary School Sept. 16, things won't be the same—Room 8 is dead.

A kidney ailment yesterday claimed the life of the ancient tomcat who, for 15 years, was on hand as the school threw open its doors to almost a full generation of children, whose affection for Room 8 made him a legendary character—perhaps America's best-known cat.

Veterinarians estimated the school mascot's age at 22 years, the equivalent to 154 years in human terms.

He showed up at the school doors for the first time in 1953, and hadn't missed an opening day. Most of his days during the school year were spent hanging around the school grounds and wandering in and out of hallways and various classrooms, particularly the school's Room 8, from which he was given his name.

With the passing years, his loyalty to the school and its children commanded numerous news stories, television appearances and publication of a book written by Elysian Principal Beverly Mason.

The publicity brought Room 8 many fans and resulted in more than 10,000 letters addressed to the cat. School students answered the letters, using the cat's paw print as the signature.

A tough old animal, Room 8 recovered four years ago from a bout with pneumonia after many people had given up hope he would live. His return to school was greeted by The Herald-Examiner then: "For children at Elysian Heights Elementary School, Christmas came a week early today."

He is survived by hundreds of little boys and girls, and men and women who remember Room 8 from their childhood.

Room 8 war ein beliebtes Thema für die Reporter der *Los Angeles Times*, des *Herald Examiner* und der *Valley Times*. Und er bezauberte nicht nur die Menschen in Los Angeles. Man berichtete landesweit über ihn, weshalb er bald massenhaft Fanpost bekam. Die er natürlich nicht selbst beantwortete. Man kann einer Katze doch nicht mit solchem Unfug kommen!

Ein Zeitungsfoto aus dem *Los Angeles Herald Examiner* zeigt Room 8 mit einer Gruppe von Schülerinnen und Schülern der Elysian Heights Elementary School. Er stand immer im Mittelpunkt der Aufmerksamkeit, obwohl er hier so dreinschaut, als wäre ihm langweilig.

NACHWORT

Ein kurzes Wort von Babas Mensch

Hallo! Nachdem unsere Erzählerin sich plötzlich aus dem Staub gemacht hat, bin ich es, ihr menschlicher Gefährte, dem die Aufgabe des Schlusswortes zufällt. Kein Wunder. Ich habe ja mittlerweile gelernt, hinter ihr aufzuräumen.

Baba kam aus dem Tierheim zu mir, dem North Central Animal Shelter an der Lacy Street in Los Angeles. Das ist nun schon einige Jahre her, aber der Augenblick, als wir uns begegneten, hat sich mir unauslöschlich ins Gedächtnis gebrannt. Zu meiner Beschämung muss ich sagen, dass eigentlich *nicht* sie die Katze war, die ich an jenem schicksalhaften Tag mit nach Hause nehmen wollte. Tatsächlich hatte ich mich für ein anderes Tier entschieden. Einen beeindruckenden Kater, ein langhaariger Silver-Tabby, der mein Augapfel werden sollte – zumindest hatte ich mir das so vorgestellt.

Ich zählte die Tage bis zu dem Zeitpunkt, an dem ich ihn abholen konnte. Man teilte mir mit, wann ich kommen sollte, und ich erschien überpünktlich und musste warten, bis das Tierheim öffnete. Als es so weit war, erwartete mich eine bittere Enttäuschung. Wegen eines Irrtums war der Silver-Tabby, den ich in der Woche seiner Quarantäne täglich besucht hatte, einer anderen Person anvertraut worden. Deprimiert zog ich wieder ab, wobei ich an einer Reihe Käfige vorbeimusste, in denen die neu eingetroffenen Samtpfoten saßen.

Da streckte sich plötzlich eine Pfote heraus und hielt mich auf. Sie gehörte zu einer braunen Tigerkatze, die höchstens sechs Monate alt war. Diese schlug ihre Krallen in mein T-Shirt und zog mich näher heran. »Du bist ja ganz schön frech«, dachte ich mir, als ich zum ersten Mal in Babas Augen sah. Die mir wortlos erklärten, dass die Katzen ohnehin alles ganz anders geplant hatten. Sie sollte mit mir nach Hause kommen, nicht der Silberkater.

Wie immer wussten es die Katzen einfach besser, denn ich hätte sonst nie eine so passende Gefährtin gefunden. Baba lernte leicht, und ihr Interesse an geschichtlichen Dingen deckte sich mit meinem. Wir verbrachten viele Stunden mit dem Studium abgegriffener Manuskripte, während ich für meine Bücher recherchierte. Die neugierige Katze setzte sich neben mich auf den Schreibtisch oder auf meinen Schoß und musterte die Papiere mit außergewöhnlicher Intensität. Wie viel sie davon verstand, entzieht sich meiner Kenntnis, aber eines Tages machte ich die Probe aufs Exempel: Ich drehte die Seite um, sodass sie auf dem Kopf stand. Und flugs nötigte mich eine ungehaltene Pfote, das Papier wieder richtig hinzulegen. Ihre Verehrung für das geschriebene Wort war so groß, dass sie so eine Narretei nicht dulden konnte.

Schließlich beschlossen wir, dass ich nicht allein den Ruhm einheimsen konnte für das, was in Babas Augen Gemeinschaftsarbeit war. Jetzt sollte sie die Autorenrolle übernehmen und ein Buch über die Geschichte der Katzen für ein menschliches Publikum verfassen. Ich gelobte, ihr nach besten Kräften zu helfen, denn Katzen sind in Archiven und Bibliotheken leider nicht zugelassen. (Baba ist vermutlich der Meinung, dass dies ein Grund mehr ist, um dieses Buch zu schreiben, denn hat man in diesen Einrichtungen noch nie etwas von Room 8, Dewey oder Black Jack gehört?)

Da es meine Aufgabe war, die Quellen aufzustöbern, die Baba brauchte, kann ich zur Recherche doch etwas sagen. Wir haben uns nicht nur an modernen Büchern über Katzen orientiert (die Baba natürlich alle kannte), sondern auch an speziellen Texten wie zum Beispiel Moncrifs *Histoire des chats*. Selbst diesen unsäglichen Comte de Buffon haben wir studiert. Alte Zeitschriften erwiesen sich als unschätzbare Quelle wichtiger Informationen. Auf deren zerlesenen Seiten fanden wir die wunderbarsten Geschichten über feline Leistungen im 19. und 20. Jahrhundert, sodass wir sie aus dem Papierkorb der Geschichte retten konnten. Wir kämpften uns tagelang durch modrige Zeitschriftenstapel, die man aus den Archiven der Bibliotheken holte. Unser besonderer Dank gilt dabei der Huntington Library in San Marino, den UCLA Libraries und Special Collections, der Los Angeles Public Library und der PDSA in London für Originalfotos von Simon von der *HMS Amethyst*. Und natürlich danken wir aus ganzem Herzen der Elysian Heights Elementary School für alles Material über Room 8.

Viele Menschen werden sich zweifellos fragen, wie es zu all den Fotos von Baba kam. Wie jedem Katzenmenschen hat es mir immer besonders viel Spaß gemacht, Baba zu fotografieren. Aber wir beschlossen bald, dass wir weitergehen wollten, mit Kostümen, Perücken und anderen Requisiten. Auch hier deckten sich unsere Interessen, und Baba stellte sich als talentiertes Model heraus. Wie menschliche oder andere feline Modelle kann sie ihren Ausdruck jederzeit ändern und die verschiedensten Charaktere interpretieren.

Die Fotos sind jedoch mehr als schlichte Porträts. Sie sind ein lebendiges Beispiel der Kommunikation zwischen den Arten, die das Band zwischen uns noch verstärkt hat. Ich versuche, mit meinen beschränkten menschlichen Mitteln klarzumachen, worum es bei einer Pose geht und welchen Ausdruck sie erfordert. Erstaunlicherweise macht Baba dies meist schon beim allerersten Mal richtig. Noch erstaunlicher wird es allerdings, wenn sie danebenliegt, denn dann ist es meist so, dass ihr Blick auf den Charakter schärfer war als meiner.

Ihre Garderobe ist deutlich umfangreicher als die meine, was nicht heißen soll, dass ich nichts anzuziehen habe, doch Babas Kleiderschrank ist sicher besser ausgestattet als die einer Haute-Couture-Liebhaberin. Aber wie jede modebewusste Dame kauft sie nichts von der Stange. Sie spielt gerne das Model, aber nicht in so ordinären Fummeln, wie sie in realen und virtuellen Tierhandlungen angeboten werden. Mir tun die Leute immer leid, die glauben, sie könnten ein gutes Foto von ihrem Gefährten in solch schäbigen Klamotten machen. Alle Katzen, von den verwöhntesten und teuersten bis zur einfachen Straßenkatze, sind sich da einig: Sie legen großen Wert auf ihr Aussehen, und ich kann euch versichern, dass keine wirklich gerne in ein solches Outfit schlüpft. Ich sag's mal so: Wenn ihr so viel Zeit mit der Fellpflege verbringen würdet wie eine normale Katze, würdet ihr euch da gerne in ein schäbiges Clownskostüm für 10 Euro zwängen lassen?

Sicher nicht. Ich habe meine Lektion gelernt und für Baba zu schneidern begonnen. Alles ist genau auf den Charakter abgestimmt, den sie darstellen soll. Und das war Baba ganz recht. Viele der Sachen werden aus alten Puppenkleidern oder Teddybärkostümen geschneidert. Andere werden nur für Baba angefertigt. Und für alles, was meine bescheidenen Künste übersteigt, hat Baba Freunde unter Hollywood-Kostümbildnern, die auch gerne für Katzen schneidern. (Hier ein dickes Dankeschön an Desirae Hepp, sozusagen der Alexander McQueen der Katzencouture. Baba und ich sind ihr ewig dankbar.)

Außerdem haben wir in den letzten Jahren gemeinsam den ein oder anderen Trick gelernt: Puppenperücken von 35 Zentimeter Durchmesser passen einer Katze gewöhnlich ganz gut. Der Kragen sollte immer recht hoch geschnitten sein, um die fehlende Schulterbreite zu kompensieren. Und wusstet ihr, dass ein kleiner Streifen Toupet-Tape Bärte an felinem Fell festhält, ohne die Katze zu nerven? Das sind wichtige Tipps für feline Fashionistas. Und noch was: Fotografiert nie eine Katze in einem viktorianischen Outfit, wenn eine lebende Maus im Raum ist. (Eine lange Geschichte, die ich eurer Vorstellungskraft überlassen möchte.)

Ich würde sagen, dass Baba und ich aus dem, was wir einander zu geben haben, das Beste gemacht haben. Viele Menschen sagen mir, wie gut wir doch zusammenpassen. Das würde ich natürlich nie leugnen. Unsere Interessen und unsere Persönlichkeit passen perfekt zusammen. Was mich nicht überrascht, denn Katzen sind voller Weisheit. Und ich habe euch ja gesagt, dass sie mich ausgesucht hat. Sie hat erkannt, dass ich für sie der ideale Gefährte bin. Ich musste nur klug genug sein, meinen Teil des Vertrags einzuhalten.

Aber wenn die Leute bekritteln, dass sicher keine Katze außer Baba sich zum Tragen solcher Kostüme herabgelassen hätte, kann ich wirklich nur lachen. Woher wollen sie denn das wissen? Haben sie ihren felinen Gefährten gefragt? Auch ich hätte mir das an jenem schicksalhaften Tag im North Central Animal Shelter nicht vorstellen können. Aber das Leben mit einer Katze ist ein steter Lernprozess, und Baba hat mir mehr beigebracht, als ich jemals gedacht hätte.

Und das bringt uns zu der Lektion, die wir euch beide in diesem Buch unbedingt vermitteln wollten: Katzen können eine Menge Dinge, die Menschen ihnen nie zugetraut hätten. Sie müssen nur einfach die Gelegenheit dazu bekommen.

BIBLIOGRAFIE

Zur weiteren Lektüre

Baba möchte euch hier einige ausgewählte Werke vorstellen. Die Recherche über Katzen ist harte Arbeit, vor allem für den Menschen. Aber für all jene, die ein wenig mehr über deren Geschichte wissen wollen, ist diese Leseliste ein guter Anfang.

Biografien berühmter Katzen

- Alexander, Caroline. *Mrs. Chippy's Last Expedition: The Remarkable Journal of Shackleton's Polar Bound Cat.* New York: HarperPerennial, 1999.
- Berman, Lucy. *Famous and Fabulous Cats.* London: Peter Lowe/Eurobook, 1973.
- Brown, Philip. *Uncle Whiskers.* London: André Deutsch Limited, 1975.
- Cooper, Vera. *Simon the Cat* (HMS Amethyst). London: Hutchison, 1950.
- Finley, Virginia and Beverly Mason. *A Cat Called Room 8.* New York: Putnam, 1966.
- Flinders, Matthew. *Trim: Being the True Story of a Brave Seafaring Cat.* Pymble, New South Wales: Angus and Robertson, 1997 (reprint of 1733 manuscript).
- Myron, Vicki with Bret Witter. *Dewey: The Small-Town Library Cat Who Touched the World.* New York: Grand Central, 2008.
- Paull, Mrs. H.H.B. *»Only a Cat« Or, The Autobiography of Tom Blackman, A favourite Cat which lived for seventeen years with members of the same family, dying at last of old age.* London: Elliot Stock, 1876.

Feline Geschichte und Studien

Altman, Roberta. *The Quintessential Cat: A Comprehensive Guide to the Cat in History, Art, Literature, and Legend.* New York: Macmillan, 1994.

Beadle, Muriel. *The Cat: History, Biology, and Behavior.* New York: Simon and Schuster, 1977.

Choron, Sandra, Harry Choron, and Arden Moore. *Planet Cat: A Cat-alog.* Boston: Houghton Mifflin, 2007.

Clutton-Brock, Juliet. *Cats: Ancient and Modern.* Cambridge, Massachusetts: Harvard University Press, 1993.

Engel, Donald. *Classical Cats: The Rise and Fall of the Sacred Feline.* London: Routledge, 1999.

For Contributing to Human Happiness: Thirty True Stories about Cats who have Received the Puss'n Boots Bronze Award and Citation for Commendable Characteristics and Achievements. Garden City, NY: Country Life Press, 1953.

Kalda, Sam. *Of Cats and Men: Profiles of History's Great Cat-Loving Artists, Writers, Thinkers, and Statesmen*. New York: Ten Speed Press, 2017.

Lewis, Val. *Ships' Cats in War and Peace.* Shepperton, UK: Nauticalia Ltd., 2001.

Malek, Jaromir. *The Cat in Ancient Egypt.* Philadelphia: University of Pennsylvania Press, 1993.

Mery, Fernand. *The Life, History, and Magic of the Cat, translated by Emma Street.* New York: Grosset and Dunlap, 1975.

Morris, Desmond. *Catlore.* New York: Crown, 1987.

Rogers, Katherine M. *Cat*. London: Reaktion Books, 2006.

Sillar, Frederick Cameron and Ruth Mary Meyler. *Cats*: Ancient and Modern. London: Studio Vista, 1966.

Tabor, Roger. *Cats*: The Rise of the Cat. London: BCA, 1991.

Tucker, Abigail. *The Lion in the Living Room: How House Cats Tamed Us and Took Over the World.* New York: Simon and Schuster, 2016.

Van Vechten, Carl. *The Tiger in the House.* New York: Alfred A. Knopf, 1920.

Vocelle, L.A. Revered and Reviled: *A Complete History of the Domestic Cat.* San Bernardino, CA: Great Cat Publications, 2016.

Katzen in Mythos, Folklore und Magie

Briggs, Katharine M. *Nine Lives: Cats in Folklore*. London: Routledge and Kegan Paul, 1980.

Conway, D.J. *The Mysterious, Magical Cat*. New York: Gramercy Books, 1998.

Dale-Green, Patricia. *Cult of the Cat*. New York: Weathervane, 1963.

Dunwich, Gerina. *Your Magical Cat: Feline Magic, Lore, and Worship*. New York: Citadel Press, 2000.

Gettings, Fred. *The Secret Lore of the Cat*. New York: Lyle Stuart Books, 1989.

Hausman, Gerald und Loretta Hausman. *The Mythology of Cats: Feline Legend and Lore Through the Ages*. Bokeelia, Florida: Irie Books, 2000.

Howey, M. Oldfield. *The Cat in Magic and Myth*. London: Bracken, 1993.

Jay, Roni. *Mystic Cats: A Celebration of Cat Magic and Feline Charm*. New York: Godsfield Press/Harper Collins, 1995.

Moore, Joanna. The Mysterious Cat: *Feline Myth and Magic Through the Ages*. London: Piatkus, 1999.

O'Donnell, Elliott. *Animal ghosts; Or, Animal Hauntings and the Hereafter*. London: William Rider and Son, 1913.

Stephens, John Richard und Kim Smith (editors). *Mysterious Cat Stories*. New York: Galahad, 1993

Allgemeine Geschichte der Tiere

Grier, Katherine. *Pets in America*. Chapel Hill: University of North Carolina Press, 2006.

Henninger-Voss, Mary J. (editor). *Animals in Human Histories: The Mirror of Nature and Culture*. Rochester, New York: University of Rochester Press, 2002.

Kete, Kathleen. *The Beast in the Boudoir: Petkeeping in Nineteenth-Century Paris*. Berkeley: University of California Press, 1994.

Perkins, David. *Romanticism and Animal Rights*. Cambridge: Cambridge University Press, 2003.

Velten, Hannah. Beastly London: *A History of Animals in the City*. London: Reaktion Books, 2013.

Verity, Liz. *Animals at Sea*. London: National Maritime Museum, 2004.

Historische Quellen und klassische Katzenliteratur

Champfleury, M. *The Cat, Past and Present, from the French of M. Champfleury, with Supplementary Notes by Mrs. Cashel Hoey*. London: G. Bell, 1885.

Drew, Elizabeth und Michael Joseph (editors). *Puss in Books: An Anthology of Classic Literature on Cats.* London: Geoffrey Bles, 1932.

Hoffmann, E. T. A. *The Life and Opinions of the Tomcat Murr,* translated and annotated by Anthea Bell with an introduction by Jeremy Adler. London: Penguin, 1999.

Moncrif, Augustin Paradis de. *Moncrif's Cats: Les chats de François Augustin Paradis de Moncrif,* translated by Reginald Bretnor. London: Golden Cockerel, 1961.

Patteson, S. Louise, Pussy Meow: *The Autobiography of a Cat.* Philadelphia: Jacobs, 1901.

Repplier, Agnes. The *Fireside Sphinx.* Boston: Houghton Mifflin, 1901.

The Cat: Being a Record of the Endearments and Invectives Lavished by Many Writers upon an Animal Much Loved and Much Abhorred, collected, translated, and arranged by Agnes Repplier. New York: Sturgis and Walton, 1912.

Online-Quellen

hatchingcatnyc.com (nineteenth and early twentieth century animal stories from New York City)

milwaukeepressclub.org/about-us/story-of-anubis-the-cat/ (information on Anubis the Cat)

purr-n-fur.org.uk (focuses on well-known cats and feline history, with a particular emphasis on Britain)

DANK

Unser besonderer Dank gilt:

der Huntington Library (San Marino, CA); den UCLA Libraries und Special Collections; der Los Angeles Public Library; der New York Public Library; der Torrance Library and Historical Society (CA); der Denver Public Library; dem Bowers Museum (Santa Ana, CA); der Boston Public Library; der University of Southern California Library; der Library of Congress; der Bucchleuch Collection; der British Library; der California State Library; der PDSA in London (Ilford); und der Margaret Herrick Library of the Academy of Motion Picture Arts and Sciences (Beverly Hills, CA).

Sie alle haben uns mit Zeitungsausschnitten und Archivmaterial unterstützt.

BILDNACHWEIS

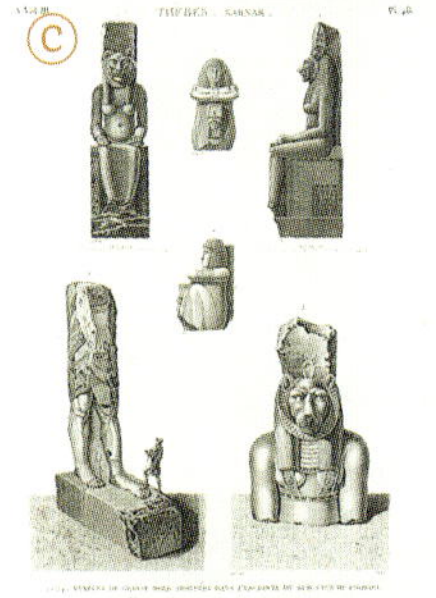

Soweit nicht anders angegeben, stammen alle Fotos und Archivmaterialien aus der Sammlung von Babas Mensch, Paul Koudounaris.

A **4-5** und **163.** Die Crew der *USS Nahant* mit Maskottchen. Das Foto wird Edward H. Hart zugeschrieben, (Negativ D4-20049), 1898. Detroit Publishing Company Photograph Collection, Library of Congress Prints and Photographs Division, Washington.

B **6** und **204-205.** »Rattown Tigers«, Louis Prang and Co. The New York Public Library Digital Collections, 1865–1899. Aus der Miriam und Ira D. Wallach Division of Art, Prints and Photographs: Print Collection, The New York Public Library.

C **49.** Theben, Karnak 1 – 5: Statuen aus schwarzem Granit aus dem südlichen Bezirk; 6: Sicht auf die Kolossalstatue am Eingang der Säulenhalle zum Palast. Aus: Jomard, Edmé-François, *Description de l'Égypte*, 1821–1828. Gefunden in der Abteilung für seltene Bücher der New York Public Library.

D **50-51.** Theben, Karnak 1 – 3: Abbild und Details einer der Sphingen am Haupteingang des Palastes. 4: Detail einer der Sphingen in der südlichen Allee. 5: Kleiner Torso aus Granit, gefunden in der Nähe der Südpforte. Aus: Jomard, Edmé-François, *Description de l'Égypte*, 1821–1828. Gefunden in der Abteilung für seltene Bücher der New York Public Library.

E **82.** »*Dgi-Guerdgi Albanois qui porte au Bezestein des foyes de mouton pour nourrir les chats*«, Stich von Gérard Scotin nach Jean-Baptiste Vanmour, 1714. Aus der Miriam und Ira D. Wallach Division of Art, Prints and Photographs: Art & Architecture Collection, The New York Public Library.

F **84.** Surimono, »Frau mit Katze«, Yashima Gakutei, 1820. Aus der Miriam und Ira D. Wallach Division of Art, Prints and Photographs: Print Collection, The New York Public Library.

G **85.** »Katze und getrockneter Fisch (Katsuo-boshi)«, Hokuba Arisaka, 1814. Aus der Miriam und Ira D. Wallach Division of Art, Prints and Photographs: Print Collection, The New York Public Library.

H **116.** »Portrait of Henry Wriothesley, 3rd Earl of Southampton«, 1603. Jean de Critz. Broughton House, Northamptonshire (UK). The Buccleuch Collections/Bridgeman Images.

I **122.** »Le chat botté«, Charles Émile Jacques, 1841–1842. Aus der Miriam und Ira D. Wallach Division of Art, Prints and Photographs: Print Collection, The New York Public Library.

J **202.** »Kitty« aus dem Blatt *Kitty. Peachblow, Beryl and Pet* (Weihnachtskarten, die junge Mädchen mit Katzen, Vögeln, Blumen und Hüten darstellen). Louis Prang and Co. The New York Public Library Digital Collections, 1865–1899. Aus der Miriam und Ira D. Wallach Division of Art, Prints and Photographs: Print Collection, The New York Public Library.

K **202.** »Le rendez-vous des chats«, Édouard Manet, 1868. Aus der Miriam und Ira D. Wallach Division of Art, Prints and Photographs: Print Collection, The New York Public Library.

L **205.** »At the Party«, aus dem Blatt *Prints entitled ›At the Party‹ and ›The Minstrels‹*. Louis Prang and Co. The New York Public Library Digital Collections, 1865–1899. Aus der Miriam und Ira D. Wallach Division of Art, Prints and Photographs: Print Collection, The New York Public Library.

M **228.** Kiddo an Bord des Luftschiffes, 1910. Aus der George Grantham Bain Collection, Library of Congress Prints and Photographs Division, Washington.

N **260-261.** Foto der Company B, 316th Military Police, Ninety-first Division, Montigny de Roi, Haute Marne, Frankreich 1918. War Dept. General Staff. Katalog der Official A.E.F. Photographs, Library of Congress Prints and Photographs Division, Washington.

O **262.** John B. Moisant mit seiner Katze »Mademoiselle Fifi«, 1911. Library of Congress Prints and Photographs Division, Washington.

P **269.** Room 8 im Klassenzimmer (Fotograf: Art Worden), 1964. Los Angeles Herald Examiner Photo Collection, Los Angeles Public Library.

ÜBER DIE AUTOREN

Baba ist eine Kurzhaar-Tabbykatze, mit Vorliebe für Geschichte und Abenteuer. Obwohl sie weniger als neun Pfund wiegt, hat sie ein großes Herz. Und natürlich lässt sie nie zu, dass sich ihr eine Katze oder ein Mensch in den Weg stellt, wenn sie etwas will. Sie ist in den rauen Straßen von Los Angeles aufgewachsen und landete schon in jungen Jahren im Tierheim, wo sie ihren menschlichen Co-Autor Paul Koudounaris kennenlernte. 2015 fing sie mit dem Modeln an und hat seitdem Auftritte in Zeitschriften aus aller Welt sowie im Internet. Manche ihrer Konterfeis wurden in Galerien gezeigt oder zu Postern gemacht. *Auf Samtpfoten durch die Geschichte* ist ihr erstes Buch, und sie meinte, es würde wohl auch ihr letztes sein, da die Schreiberei so anstrengend ist. Sie lebt immer noch im Süden Kaliforniens und hat eine Schwester, der sie das Futter klaut, auch wenn sie sie ansonsten komplett ignoriert.

Paul Koudounaris ist promovierter Kunsthistoriker und Autor von *Katakombenheilige, Im Reich der Toten* und *Memento Mori*. Alle drei Bücher beschäftigen sich mit der visuellen Kultur des Todes. Koudounaris' Fotos werden international in Galerien ausgestellt. Der Autor begann bereits vor einigen Jahren, sich mit der Geschichte der Katze zu beschäftigen, denn die Verdienste der Samtpfoten sind in seinen Augen ein bedauerlicherweise völlig vernachlässigtes Forschungsfeld. Seitdem ist er ein gefragter Vortragsreisender, was die Leistungen historischer Katzen angeht, über die er gerne auch in TV und Radio berichtet.